芸府縹緗

四庫全書設計系統之研究

翟愛玲 著

浙江大學出版社
ZHEJIANG UNIVERSITY PRESS

本書為浙江省文化廳課題（課題編號：ZW2016105）及
杭州市哲學社會科學規劃課題（課題編號：M20JC071）的結題成果

題記

二十年前，與翟愛玲君初識京門，知其欲作乾隆時代《欽定四庫全書》書籍版式設計及其人事管理系統研究，讚嘆之餘，將信將疑。二十年後，此稿既成，付梓在即。聞訊至此，驚訝而至感佩矣。萬卷『四庫』，工程浩瀚，三百年來引無數志士文人為之窮經皓首，力圖有所貢獻。設計事小，然終關全局，事無巨細，複雜難辨；從文化傳承計，更非可有可無。從系統管理角度為之記下考察點滴，誠為時代所需。辛丑仲春，愛玲攜稿及夫婿吴曉明博士來聚，囑為之作序，不敢違命，又豈能冒名，聊作數語，忝為《題記》，以示敬賀，更為勉勵之志矣。

許平辛丑桃月杭州謹識

目錄

引言

中國有久遠深厚的記史修書傳統，從三墳、五典、八索、九丘到青銅器上的不朽銘文，從春秋戰國時期的百家著述到西漢時期的皇家校書，從漢唐的佛教譯經到宋明程朱理學、陸王心學的煌煌巨著，這些歷史中沉澱下來的文化典籍承載了綿延不絕的華夏文明。至乾隆時期，隨著社會財富的激增、文化積累的繁榮，盛世修書成為貫徹文治思想、彰顯皇朝正統的標誌。

清代乾隆時期纂修的《四庫全書》，無論是書籍的設計理念、裝幀方式、版式特徵、藏書樓及園林景觀設計、藏書樓管理、書籍陳列設計等都完整地體現了中國古代『天人合一』的哲學理念，對這一設計遺產的繼承與創新，可以為當下重建民族信仰、重塑國民精神、恢復民族自信提供有益啟示。

第一節 《四庫全書》簡介

一、《四庫全書》纂修

《四庫全書》是纂修於清代乾隆時期的一部大型綜合性叢書，對乾隆朝以前中國歷代典籍文獻作了全面的整理。《四庫全書》的纂修從乾隆三十七年（1772）至乾隆五十二年（1787），歷時15年基本完成，前後參與的人員達四千多人。《四庫全書》共收書3503種，合卷數為79337卷，字數約9.97億字，另外存目的有6819種、94034卷，分為經、史、子、集四部，其下又分若干子類，涉及政治、經濟、社會、歷史、天文、地理、制度、百工技藝、諸子百家、詩詞歌賦等。《四庫全書》是中國古代纂修的一部規模最大、卷帙最多的綜合性叢書，是中國古代思想文化遺產的重要組成部分。《四庫全書》還收錄了傳入中國的西洋科技書籍，也收錄了日本、朝鮮、越南等亞洲國家的優秀著作。這些外國人的著作被收入《四庫全書》，表明乾隆對西方科技著作和東方學者著述的重視，亦可見《四庫全書》收書範圍比較寬廣，視野比較開闊。[壹]

《四庫全書》先抄成四部（圖一），

後又增抄三部，並將從《永樂大典》中輯出的珍本秘笈用專門設計的木活字排印了《武英殿聚珍版叢書》，同時專門營建七座藏書樓，即『七閣』用於全書的貯藏與陳列。

基於鞏固皇權和延續文化道統的需要，乾隆及四庫館臣為《四庫全書》書籍入編確定了基本的標準：一、坊肆所售舉業時文及民間無用之族譜、尺牘、屏幛、壽言等類，不收；二、其本人無實學，不過嫁名馳鶩，編刻酬倡詩文瑣屑無當者，不收；三、其歷代流傳舊書，內有闡明性學治法，關係世道人心者，自當首先購覓；四、至若發揮傳注，考覈典章，旁暨九流百家之言有裨實用者，亦應備為甄擇。五、歷代名人洎自本朝士林宿望，向

圖一：文溯閣本《四庫全書》書影[貳]

注

壹：參見顧志興：《文瀾閣四庫全書史》，杭州：杭州出版社 2018 年版，第 14—15 頁。

貳：圖一：文溯閣本《四庫全書》書影，梅叢笑：《文瀾遺澤——文瀾閣與〈四庫全書〉陳列》，北京：中國書店 2015 年版，第 16 頁。

叁：參見中國第一歷史檔案館編：《纂修四庫全書檔案》，上海：上海古籍出版社 1997 年版，第 2 頁，乾隆三十七年正月初四諭旨。

有詩文專集，及近時忱潛經史，原本風雅如顧棟高、陳祖范、任啟運、沈德潛輩，亦各有成編，並非勦說。卮言可比，亦應查明酌情收入。[叁]乾隆對於徵集的書籍採取『勵臣節、正人心』的標準，因為即使是天下已定，但朝中仍有不同政見，社會上反清的思潮並未斷絕，所以乾隆在書籍的編纂中尤其重視是否對朝綱有益。為了『聿資治理』、鞏固皇權，據黃愛平《四庫全書纂修研究》中統計：被禁毀書籍三千一百多種，佔據收書總量的百分之一以上，銷毀書籍版片約八萬塊以上，如此眾多的典籍文獻被毀是中國文化的一次空前劫難，雖然乾隆的文字獄給中國典籍帶來不可估量的損失，但是從另一個角度來看，全面總結、整理、校勘的工作還是對保存典籍文獻做出了相應的貢獻。

在《四庫全書》的編纂體例上，乾隆認為《古今圖書集成》因類取裁，不能悉載全文、沿流溯源，徵其來處。而《永樂大典》所用韻次，不依唐宋舊部，以《洪武正韻》為斷，淩雜不倫。而經訓為群籍根源，卻不以易、書、詩、禮、春秋為序，前後錯亂，甚至載入六書篆隸真草，而導致支離無謂。類書最大的問題就是將典籍按條目進行了切割，對於查閱整部書籍尤為不便，在文獻的保存上有缺陷。於是乾隆取法四部分類的編輯思想，認為四庫書目，應以經、史、子、集為綱領，裒輯分儲，由此《四庫全書》確立了以叢書體例進行編纂的原則。

為了將《四庫全書》的纂修成果惠及士林，有益於世道人心，以達到文化治國的目標，在第一部全書歷經九年抄錄完畢後，又增抄六部，並專門營建了七座藏書樓用於七部全書的庋藏。『七閣』分別為『北四閣』，即故宮的文淵閣、圓明園的文源閣、瀋陽的文溯閣和承德避暑山莊的文津閣；『南三閣』即杭州的文瀾閣、揚州的文滙閣和鎮江的文宗閣。其中『北四閣』設置在北方的皇宮和行宮中，『南三閣』則設置在江浙兩省的行宮中。為庋藏《四庫全書》而專門營建的七座藏書樓俱以寧波范氏天一閣為範，園林式的建築將皇家藏書樓和文人園林藝術相結合造就了中國藏書樓史上的集大成之作。

表一：『七閣』《四庫全書》簡表[肆]

閣名	所在地	建閣時間	成書時間	存毁情形
『北四閣』（又稱內廷四閣）				
一、文淵閣	北京故宫文華殿后	乾隆四十一年（1776）	乾隆四十七年（1782）	存，現存臺北故宫博物院。
二、文溯閣	瀋陽故宫	乾隆四十七年（1782）	乾隆四十八年（1783）	存，現存甘肅省圖書館。
三、文源閣	北京市西郊圓明園	乾隆四十年（1775）	乾隆四十八年（1783）	燬，咸豐十年（1860）被英軍燒燬。
四、文津閣	熱河承德避暑山莊	乾隆四十九年（1784）	乾隆五十年春（1785）	存，現存中國國家圖書館。
『南三閣』（又稱江浙三閣）				
五、文宗閣	鎮江金山寺	乾隆四十五年（1780）	乾隆五十二年（1787）	燬，道光二十二年（1842）曾遭英軍破壞，咸豐三年（1853）被太平軍燬。
六、文滙閣	揚州大觀堂	乾隆四十五年（1780）	乾隆五十二年（1787）	燬，咸豐四年（1854）被太平軍燬。
七、文瀾閣	杭州西湖畔聖因寺行宫	乾隆四十七年（1782）	乾隆五十二年（1787）	殘存，經過三次補鈔後現存浙江圖書館。

注

叁：參見中國第一歷史檔案館編：《纂修四庫全書檔案》，上海：上海古籍出版社1997年版，第2頁，乾隆三十七年正月初四諭旨。

肆：表一：『七閣』《四庫全書》簡表，俞小明主編：《四庫縹緗萬卷書——『國家圖書館』館藏與〈四庫全書〉相關善本敘錄》，臺北：『國家圖書館』2012年版，第6—7頁。

乾隆三十九年（1774），杭州織造寅著奉命至浙江寧波范欽八世孫范懋柱的天一閣考察，並詳細繪製了天一閣圖紙，於是從乾隆三十九年（1774）到乾隆四十七年（1782），歷時八年仿天一閣『天一生水，地六成之』的設計理念建成了七座藏書樓。

表一：『七閣』《四庫全書》簡表列出了各閣藏書的閣名、所在地、建閣的具體年代、成書的時間和目前的存毀情況。從表一可看出，現文源閣、文滙閣、文宗閣及三套全書已毀，僅剩下『北四閣』中的文淵閣、文溯閣、文津閣和『南三閣』中的文瀾閣及其四套全書，其中文瀾閣現存的《四庫全書》除了部分為原手鈔本外，還包括三種補鈔本。清咸豐十一年（1861），文瀾閣全書散失大部，為恢復全書原貌曾發起三次大規模的補鈔工作，分別是光緒時期的丁氏補鈔、民國時期的乙卯補鈔和癸亥補鈔。因補鈔本具有相當的文獻和歷史價值，已成為文瀾閣《四庫全書》的有機組成部分，所以亦是本書的研究範圍。

二、《四庫全書》修書緣起

《四庫全書》的編纂從輯佚《永樂大典》中的珍本秘笈開始，這些文獻由於《永樂大典》絕大部分的亡佚而顯得彌足珍貴。《永樂大典》初名《文獻大成》，永樂元年（1403）明成祖敕令纂修，其內容豐富，規模宏大，全書計二萬二千八百七十七卷，目錄六十卷，一萬一千零九十五冊，是中國歷史上最大的類書，滙經、史、子、集百家之書，天文、地理、人倫、國統、道德、政治、制度、名物以至奇聞異見、庾詞逸事無不滙集。其中不少是元代以前的善本，全書以《洪武正韻》為綱，用韻統字，以字繫事，每字之下先列音讀、字體，次分類滙輯各書有關內容，或以一字一句分韻，或析取一篇，以篇名分韻；或全錄一書，以書名分韻，所采古今圖書達七八千種。在編纂過程中，前後參與纂修、謄錄的文人學者約二千餘人，於永樂六年（1408）告竣，明成祖親製序文，賜名《永樂大典》。這部中國歷史上最大的類書因其抄錄有大量歷代珍稀文獻而顯得彌足珍貴。《永樂大典》成書之後，曾擬刊刻刷印，但因工費巨大

圖二：〔明〕解縉等輯：《永樂大典》封面書影一，中國國家圖書館藏。伍

注

伍：圖二：〔明〕解縉等輯：《永樂大典》封面書影一，任繼愈主編：《中國國家圖書館古籍珍品圖錄》，第161頁。

而未能實行。永樂十九年（1421），《永樂大典》貯藏於北京文樓。嘉靖四十一年（1562），宮禁失火，為防不測，嘉靖遂命重錄一部副本，至穆宗隆慶元年（1567）竣工。此後，正本貯文淵閣，副本藏皇史宬。傳明代嘉靖皇帝以《永樂大典》正本殉葬，從此正本不知所蹤，副本於清代時移存翰林院。（圖二）

歷代帝王的文治武功彰顯在典籍文獻的纂修整理之中，因此諸如此類的文化工程常常成為昭示盛世的文化象徵。無論是建立『儒藏』，還是傳播秘笈，無論是學術的發展，還是道統的延續，這都迫切需要有超越個人和一般團體的力量來為文化請命。至乾隆中期，當國力昌盛，具足了這種因緣之後，乾隆順應民心，召集四庫館臣以及當時社會上的精英學者擔當起這一歷史使命，全面系統地整理中國歷代典籍，才促成《四庫全書》的纂修。因此，《四庫全書》能在相對較短的時間內匯集民間善本，與廣大士人的支持分不開，也是順應歷史潮流的體現。

在乾隆下詔訪求珍本秘笈時，安徽學政朱筠於乾隆三十七年（1772）十一月提出搜訪校錄書籍的四條建議：其一，舊本鈔本緊急搜求；其二，中秘書籍，當標舉現有者以補其餘；其三，著錄與校讎並重；其四，金石之刻、圖譜之學必錄；其四，擇取翰林院所藏《永樂大典》中完整的古書分別繕寫成書，以備著錄。[陸]朱筠提出的建議以及軍機大臣議定的措施，不僅適應了乾隆原計劃在全國範圍內大規模搜訪書籍的要求，而且也迎合了其『稽古右文』的需要和體現其文治武功的目的。禮樂之興，必藉崇儒重道，以會其條貫，訪書校書都是最有效的方式。於是四庫館臣將《永樂大典》詳加別擇校勘並擇其醇備者付梓流傳，其餘則錄存匯輯，與各省所採集的典冊以及武英殿所有官刻諸書，按經、史、子、集編為《四庫全書》。因此，《永樂大典》不僅成為乾隆纂修《四庫全書》的緣起與楷模，同時也成為其超越的目標和改革的動力。

雖然歷代王朝對典籍都頗為重視，上至朝廷下至民間，常常通過營建藏書樓甚至打造金匱石室用以書籍的保藏，但是，典籍還是會在朝代的更迭之中灰飛煙滅，再加上管理不善，以及水、火、蟲蛀等自然災害的影響和家族衰落等原因，屢屢給藏書帶來毀滅性的命運。筆者在查閱文瀾閣《四庫全書》補鈔本的過程中曾數次落淚，不僅感念先哲們為保護庫書及藏書樓付出的巨大艱辛，同時也為書籍的亡佚而扼腕歎息！茲列舉中國歷史上的『十厄』，希冀仁人志士能引以為戒，為書籍的保藏和文化的接續做些力所能及的事情。

古代官藏圖書，屢遭厄運，稱『書厄』，隋代牛弘提出『五厄』，明代胡應麟又補充『五厄』，不過書籍遭受的浩劫遠不止這十厄。一厄為秦始皇焚書坑儒。除了秦國史書和醫藥、農業之書外，官藏與民藏一律銷毀，並坑埋儒生四百六十餘人。然西楚項羽滅秦後，火燒咸陽宮三月餘，官方所存典籍皆毀於一炬，從書厄來看比秦始皇更甚。二厄為王莽之亂。漢末農民變亂使禮樂分崩、典文殘落，西漢上百年藏書被焚燒殆盡。三厄是董卓之亂。東漢末年董卓挾天子以令諸侯並火燒洛陽城，圖書縑帛一時燔蕩。四厄是禍延十六年的西晉八王之亂。三萬卷秘閣藏書一度飄零離散。五厄是江陵焚書。梁武帝滅齊建梁，兵火延燒秘閣，經籍遺毀。六厄是隋末大亂。三十七萬卷藏書無一留存。七厄是安史之亂。唐朝從貞觀之治到開元盛世，兩京典籍尺簡不藏。八厄是黃巢之亂。五萬餘卷藏書化為灰燼。九厄是靖康之難。金軍攻陷汴京，北宋秘閣被掠，

注

陸：參見中國第一歷史檔案館編：《纂修四庫全書檔案》，第20–21頁，乾隆三十七年十一月二十五日朱筠奏摺。

次年金人攻臨開封，圖書狼藉泥中。十厄是紹興之難。蒙古軍攻陷臨安，南宋典籍蕩然無存。而明清之際，戰亂頻仍，珠囊玉笈、丹書綠字化為飛塵、蕩為烈焰。歷史的不斷重演促使藏書家在痛苦中反復思考典籍的留存和貯藏方式。

明代末年，學者曹學佺仿《大藏經》和《道藏》保存典籍的方式提出修『儒藏』的設想，认为佛、道經典因修藏而有助於在歷史變亂中保存下來，儒家典籍也可茲以參考此種方式。至乾隆初年，周永年再倡『儒藏說』，認為自漢以來，官私藏書著錄亦豊，然未有久而不散者。秘閣典籍藏之一地，不能藏之於天下，藏之一時，不能藏之於萬世。因而提出將秘本不甚流傳者先行活字印刷刊行，逐步建立『儒藏』，使古人著述之可傳者永無散失，以與天下萬世共讀，此建議得到廣泛響應。桂馥還協助周永年買書抄書，同築藉書園，招致四方文人學士以習其業、流通其書。順治時也曾數次下令收羅有關天啟、崇禎二朝典冊，又因修《明史》廣集明季史冊。康熙時期則成立了專門的刻書處，編書成為常態，這都為乾隆朝大規模纂修《四庫全書》奠定了豐厚的基礎和刻書的經驗。至乾隆中期，隨著國家統一的最後完成，中國又一次進入盛世。社會政治、經濟、文化發展都具足这些因緣後，清廷把統治重點轉向文治教化，由官方組織文人学士全面系統整理中國歷代典籍的任務被提上日程，乾隆仿歷代修書做法，利用集權專制廣泛搜求天下秘典，最終促成了《四庫全書》的编纂。

三、《四庫全書》成就

乾隆時期的文治策略大大促進了文化事業的蓬勃發展，四庫館的開館促使社會上諸多廣負盛名的學者參與到《四庫全書》底本的輯佚、校勘、編目等工作中，使得文字學、音韻學、訓詁學、校勘學等學問蔚然成風，同時也促進了專科學術的發展，為樸學成為學術的主體奠定了基礎。

從《永樂大典》輯佚出的珍本秘笈通過活字印刷的《武英殿聚珍版叢書》得以廣布流傳，遂使輯佚成為專門學問，並誕生了一大批優秀的校勘學家。《四庫全書》的問世以及校勘、刊印俱佳的衍生品《武英殿聚珍版叢書》的刊行極大地帶動了後世大型叢書的陸續刊印。其中《知不足齋叢書》《學津討原》《墨海金壺》《借月山房匯抄》《龍威秘書》《藝海珠塵》《函海》等大型綜合性叢書均成為有清一代叢書的鴻篇巨製。與綜合性叢書相對應的專科性圖書也有同步大幅度地增加，例如乾嘉時阮元的《皇清經解》、光緒時王錫祺的《小方壺齋輿地叢鈔》等叢書的問世。據《中國叢書綜錄》統計，自中國第一部叢書誕生的南宋時期至清乾隆以前的五百餘年間，各類叢書總計不過四百種左右，而乾隆至清末的一百多年時間裡，叢書總數達上千種，發展速度十分迅速，以至晚清時期有的目錄學著作，要在經、史、子、集四部之外別立叢書一部。後世學者稱『我朝稽古右文，廣開四庫，遺書大出，是正訛誤，往往匯成巨帙，刊布於世，在乾嘉之時為極盛』，確實反映了清代輯刊叢書的盛況。[柒]明、清時期大量叢書的編纂為《四庫全書》這一大型類書的纂修積累了豐富的經驗。

據顧志興《文瀾閣四庫全書史》記載，乾隆六十年（1795）《四庫全書總目》有杭州刊本，與《四庫全書簡明目錄》一樣均為地方最早刊本，通稱為『浙本』。阮元於嘉慶初年任浙江學政時作的《附紀》曾言及此書的刊刻情況：『欽惟我皇上稽古右文，

注

柒：黃愛平：《四庫全書纂修研究》，北京：中國人民大學出版社 1989 年版，第 380 頁。

恩教稠疊。乾隆四十七年，《四庫全書》告成。特命如內廷四閣所藏，繕寫全冊，建三閣於江浙兩省。諭士子願讀中秘書者，就閣傳寫，所以嘉惠藝林，恩至渥、教至周也。四庫卷帙繁多，嗜古者未及遍覽，而《提要》一書，實備載時、地、姓名及作書大旨。承學之士，抄錄尤勤，毫楮叢集，求者不給。乾隆五十九年，浙江署布政使司臣謝啟昆、署按察使司臣秦瀛、都轉鹽運使司臣阿林保等，請於巡撫兼署鹽政臣吉慶，恭發文瀾閣藏本，校刊以惠士人。貢生沈青、鮑士恭等，咸願輸資，鳩工集事，以廣流傳。六十年工竣。學政臣阮元本奉命直文淵閣事，又籍隸揚州。揚州大觀堂所建閣曰文滙，在鎮江金山者曰文宗。每見江淮人士瞻閱二閣，感恩被教，忻幸難名。茲復奉命視學兩浙，得仰瞻文瀾閣於杭州之西湖，而是書適刊成，士林傳播，家有一編。由此得以津逮全書，廣所未見。文治涵濡，歡騰海宇，豈有既歟。臣是以敬述東南學人歡忭感激之忱，識於簡末，以仰頌皇上教育之恩於萬一云爾。內閣學士兼禮部侍郎、浙江學政臣阮元恭紀。』[捌]阮元所撰《附紀》有幾點值得注意：一是『承學之士，鈔錄尤勤』，以至『毫楮叢集，求者不給』，反映了《四庫全書總目》受到學者、士子歡迎之程度，以致是書供不應求，客觀上有刊刻之必要。二是這部《四庫全書總目》的刊刻是由官方出面，民間集資，就文瀾閣藏本刊印的。這裡需要說明的是，所謂文瀾閣藏本《四庫全書總目》，過去學者都認定是武英殿刻本，據崔富章《〈四庫全書總目〉版本考辨》考定，實為四庫館頒發文瀾閣所繕之初繕本，崔說富有說服力，為研究是書一成果。[玖]可見文瀾閣全書在當時就對江南文人士子產生了巨大影響力。

四、乾隆與《四庫全書》纂修

（一）乾隆纂修《四庫全書》的目的

乾隆的文化事業以學習漢族文化為主要出發點，是在繼承漢族文化傳統——集大成的概念上進行的，但其目標卻是以滿人的身份統治漢人，同時爲了王朝的穩固還伴隨著對思想的嚴密控制和積極引導，以漢治漢是其文治策略。其間內府開展了一系列大規模的文獻整理工程，包括《十三經》石刻、《篆文六經四書》刻本等。中國古代皇室自古以來就有收藏與保存典籍的傳統，也是彰顯帝王正統的標誌之一，乾隆纂修《四庫全書》，就是繼承了這一傳統。

歷來研究《四庫全書》者通常認為乾隆編《四庫全書》的目的是「寓禁於徵」，徵書上諭是陰謀，是為其後禁書、毀書和開文字獄做準備。筆者以為此說不免以偏概全，乾隆的文化工程——包括纂修《四庫全書》實質上大部分仰賴的是南方文人的支持與合作，其背後的目的也不乏籠絡人心之意，融入的同時也的確實施了控制，這也是他開始大型文化工程的目的之一，但並非唯一之目的。

據顧志興《文瀾閣四庫全書史》研究，乾隆三十七年（1772）正月初四日的諭旨記載了當時只是廣徵天下遺書，還沒有編纂《四庫全書》的具體設想，還不存在「寓禁」。再若徵書為禁，則可嚴命督撫廣徵嚴查，凡書皆徵，一舉銷毀即可，何用「先將各書敘列目錄，注係某朝某人所著，書中要旨何在，簡明開載，具折奏聞。候匯齊後，令廷臣檢核，有堪備覽者，再開單行知取進」？所以他徵書本意是使宮廷藏書「四庫七略，益昭美備」，為其「稽古右文，聿資治理」。以其一貫對藏書的態度，且歷代帝王徵集天下遺書之舉乃為常理，亦可佐證。在中國漫長的封建社會裡，除了秦始皇實

注

捌：參見顧志興：《文瀾閣四庫全書史》，第85—88頁。

玖：［清］阮元：《揅經室集》卷八，《皇清經解》本，第6—8頁。

行焚書坑儒政策以外，凡稍有作為的帝王都重視皇家內府典籍的收藏，以資治理國家，這可以說是史不絕書。[拾]

『稽古右文』是乾隆朝的基本文化政策，繼承歷代盛世修書的傳統也是為了彰顯太平盛世的繁榮景象。在國力漸盛之時，乾隆即開始大規模收集天下遺書以充內府，並相繼下令刊印了《十三經》《通鑑輯覽》《三通》及《綱目》三編等書。通過『稽古右文』進行『聿資治理』，通過文治鞏固皇權的統治。在《四庫全書》的纂修過程中，的確為了皇權穩固，一定程度上鉗制了漢族文人思想，寓禁於徵也是存在的，對於有礙於清廷統治的書籍乾隆制定了一系列的標準進行篡改和銷毀，對典籍的完整性和真實性產生了不可估量的損失。例如，宋代的李薦在其《濟南集》中因其發出『漢徹方秦政，何乃誤至斯』的言論，乾隆認為其直呼漢武帝的名諱而對其下了『輕妄』的論斷，認為『自古無道之君，至桀紂而止，故有指為獨夫受者。若漢之桓靈，昏庸狂暴，逐至滅亡，亦未聞稱名指斥，何於武帝轉從貶抑乎。』於是乾隆下詔：『諸臣辦理《四庫全書》，親加披覽，見有不協於理者，……隨時釐正。惟準以大中至正之道，為萬世嚴褒貶，即以此衡是非。』[拾壹]而關於社會大眾普遍認可的代表忠義精神的關羽等先賢事跡之書則確定了要多加收入的原則，希望通過皇權的力量使忠君的思想深入到文人士大夫的觀念中。而對抗金名將岳飛的著作中抗金的環節進行了刪改，只保留了其中忠君的內容，因此可見一開始時就制定了收書的底線——皇權高於一切。縱觀整個中國帝王專制集權的政治體制，國家的穩定和利益高於一切，文化作爲邦國的精神核心，必然會被政治所左右和利用。從這個角度去理解，乾隆的舉措就是歷史的必然了。可見看待歷史事件和人物都應回歸到客觀的歷史環境中去，不應偏頗。

乾隆在文淵閣《四庫全書》題記中表達了他的觀點，『國家荷天庥，承佑命，重熙累洽，同軌同文，所謂禮樂百年而後興，此其時也。』[拾貳]乾隆繼承和發揚了康、雍時期的文化政策，通過大規模地搜求遺書、整理刊刻，對史料進行全方位地篩選和刪改，不僅鉗制了不利於清廷的思想，更重要的是推廣了其倡導的儒家執政理念和文治思想。乾隆利用聖賢傳道的邏輯，將天命、天心和王道相統一，將王權歸屬注入合法性和合理性，這也是其修書的動力之一。

乾隆元年（1736）的諭旨中載『從來經學盛則人才多，人才多則俗化茂，稽諸史冊，成效昭然。我皇祖聖祖仁皇帝，道隆羲頊，學貫天人，凡藝圃書倉，靡不博覽。而尤以經學為首重，御纂《周易折中》《尚書彙纂》《詩經彙纂》《春秋彙纂》等編，又有《朱子全集》，性理精義，正學昌明，著作大備。……朕思諸書，實皇祖惠教萬世，皇考頒行天下之典籍，安可不廣為敷布，著直省撫藩諸臣，加意招募坊賈人等，聽其刷印通行鬻賣，嚴禁胥吏阻撓需索之弊，但使坊賈皆樂於刷印，斯士子皆易於購買，庶幾家傳戶誦，足以大廣厥傳。……古今數千年，宇宙數萬裡，其間所有之書雖多，都不出四庫之目』[拾叁]，通過纂修如此浩大的《四庫全書》可以彰顯清廷的豐功偉績，王權的至高無上。清代大量的官修圖書被納入《四庫全書》，從內容上也為清廷的正統性貼上了合理標籤。

（二）乾隆的文化主張

班固在《漢書》中曾言『六藝者，王教之典籍，先聖所以明天道，正人倫，致至治之成法也。』[拾肆]因此歷代帝王對於圖書都採取了積極搜求、整理和

注

拾：以上三段參見顧志興：《文瀾閣四庫全書史》，第5—6頁。

拾壹：［清］阮元：《揅經室集》卷八，《皇清經解》本，第6—8頁。

拾貳：［清］弘曆：《御製文二集》卷十三，清乾隆間武英殿刊本，第1頁。

拾叁：王重民：《辦理四庫全書檔案》上冊，北平：北平圖書館1934年版，第5頁。

拾肆：［漢］班固：《漢書》卷八十八，北京：中華書局1962年版，第3589頁。

編撰的政策，也取得了令人矚目的成績。清朝入關，大力推行漢化政策，纂修典籍超邁前代。乾隆在《文淵閣四庫全書題記》中曾說：『禮樂之興，必藉崇儒重道，以會其條貫，儒與道，匪文莫闡，故予蒐四庫之書，非徒博右文之名，蓋如張子所云「爲天地立心，爲生民立道，爲往聖繼絕學，爲萬世開太平」，胥於是乎繫。……於以枕經葄史，鏡己牖民，後世子孫，奉以爲家法。』[拾伍]乾隆借用漢代張載的言論將修書的目的做了闡明，一則是為了天下黎民蒼生的福祉考慮，希望典籍的整理能從信仰的高度為國家和社會樹立最高的楷模。二則，從個人的角度鑒古喻今、發抒性靈，充實秘閣，為後世子孫積累精神財富。乾隆修書雖有鞏固帝王基業的考慮，然而其深受儒家文化濡養，也置身於該序列之中，亦將傳承道統奉為圭臬。

乾隆少年之時就受到了正統的儒家教育，終身與四書五經等儒家經典為伴。（圖三）在其《樂善堂文集》中載：『少有餘閒，未嘗不考鏡經史，以自觀省……余生九年始讀書，十有四歲，學屬文，今年二十矣，其間朝夕從事者，四書、五經、《性理綱目》、《大學衍義》、《古文淵鑑》等書。』[拾陸]可見，乾隆的蒙童教育時期即開啟了對傳統經史的學習。在《東華錄》中又說：『朕在潛邸，六經諸史，皆嘗誦習。自承大統，勅毖萬幾，少有餘閒，未嘗不稽經讀禮。』[拾柒]乾隆作為一代帝王，尤擅立言載道，認為對經史典籍的校讎、保存至為重要。在《御製重刻二十一史序》中認為『七錄之目，首列經史，四庫因之，史者輔經，以垂訓者也。……朕既命校刊十三經注疏本，後念史爲經翼，監本亦日漸殘闕，並敕校讎，以廣刊布。其辨訛別異，是正爲多，卷末考證，一視諸經之例。明史先經告竣，合之爲二十二史，煥乎冊府之大觀矣。』[拾捌]深受漢文化影響的康、雍兩朝以治亂得失爲鑑，相繼編纂了大量典籍，至乾隆時，國勢盛極，對典籍的整理與庋藏超越了康熙和雍正兩朝，形成蔚為大觀的局面，編纂更為宏大的典籍圖書成為歷史的必然。

乾隆為『十全老人之寶』璽印撰文曰『十全本以紀武功，而十全老人

圖三：［清］佚名：《乾隆寫字像》軸局部，絹本設色，100.2cm×63cm，故宮博物院藏。拾玖

注

拾伍：［清］弘曆：《御製文二集》卷十三，第1頁。

拾陸：［清］鄂爾泰：《國朝宮史》卷二十四，文淵閣《四庫全書》本，第11頁。

拾柒：《大清高宗純皇帝實錄》卷二八六，臺北：華聯出版社1964年影印，第7頁。

拾捌：《大清高宗純皇帝實錄》卷二八六，第7頁。

拾玖：圖三：［清］佚名：《乾隆寫字像》軸局部，朱賽虹編：《盛世文治——清宮典籍文化展》，北京：紫禁城出版社2005年版，第88頁。

之寶，則不啻此也。……夫老人之十全，則尚未全也，蓋君子之職，豈止武功一事哉！』[貳拾]由此可見乾隆並未滿足於武力，寓志藝林，於文治上有所建樹是其守成的目的。乾隆自視才氣天縱，對事理體察入微，又樂於翰墨。其在經筵御論中曾表達過他的心氣：『天地之德不可見，而見於博厚高明。聖人之德不可見，而見於悠久。惟悠久故積累之至而爲博厚，發越之極而爲高明。』[貳拾壹]乾隆在其七十歲高齡之時曾言：『三代以下爲天子而壽登古稀者，纔得六人，已見之近作矣。（注云：自三代以下，帝王年愈七十者，漢武帝、梁高祖、唐明皇、宋高宗、元世祖、明太祖，凡六帝）……即所謂得古稀之六帝。元、明二祖爲創業之君，禮樂政刑有未逴焉。其餘四帝予所不足爲法，而其時其政，亦豈有若今日哉！是誠古稀而已矣。』[貳拾貳]乾隆一生勤於政事，事必躬親，仰仗其全勝之武功，藉以鼎盛之國威，開創空前文化巨製，將三代以後同享高齡的六位帝王並加睥睨，其非凡的自信心和強大的決斷力在日後《四庫全書》纂修中處處得以體現。

乾隆幼時即受到儒家文化的濡養，尤其是其祖父康熙『尊崇理學，崇尚雅正』和雍正『尚未時用，清真雅正』的思想對其的影響。在傳統詩教的浸淫下，乾隆形成了『醇正典雅、溫柔敦厚』的文學觀，『言之有物，抒情言志』的詩學觀，以及『經世致用，有裨時運』的政治觀。受清代學術的影響，逐漸形成了程朱理學與乾嘉樸學並重的文化策略，將『以史為鑒』的為政之道與『慈惠愛民』的社會倫理之道、結合『修身立命』格物致知之道形成了『文以載道、教化人心』的文治觀念。主張『尚用為本』『關乎時運』『推闡經義』『尚論古人』『裕治平之理，措治平之業』為文學創作的主要內容。堅持『因人舉言』『因人存詩』的文學取捨觀，以儒家的文人道德倫理為文學的取捨標準。在古文的品鑒上提出『溫婉平和』『出入風雅』的審美原則，將『鎔經鑄史』作為文學創作的典範來推廣。通過纂修《御定四書文》提出『詞達理醇、有補於世』的文學創作規範，通過對《欽定四庫全書》的審定，根據樂府詩集的風雅精神提出『典麗歸正、崇雅黜浮』的遴選原則。將詞的風格分為『雅』『清婉』『高秀』『慷慨』『纖秾』五類。因此，乾隆的『醇正典雅』『溫柔敦厚』的文學觀對乾嘉之後的文學主流思潮的形成起到了至關重要的作用，尤其對桐城派文藝理論的形成與發展具有明顯的指導意義。清代詞學形成的清新、典雅的詞風與其提出的『典麗歸正』的詞學主張不無關聯。小說和戲曲創作的內容則符合了清廷倡導的『寓教於樂』主流思想。

乾隆本人通曉滿、漢、蒙、藏、維五種語言，這對各民族之間的思想和文化的交流起到了橋梁作用，尤其在邊疆民族關係的處理中起到了良好的成效。其對文化建設用功極深，這為王朝鞏固思想樹立了典範，明確了方向，維護了社會的穩定與安寧。

（三）乾隆與《四庫全書》纂修

乾隆四十七年（1782）第一部《四庫全書》繕寫完畢後的上諭中曾闡述修四庫的原因，『朕稽古右文，究心典籍，近年命儒臣編輯四庫全書，特建文淵、文溯、文源、文津四閣，以資藏庋。現在繕寫頭分告竣，其二、三、四分限於六年內按期蒇事，所以嘉惠藝林，垂示萬世，典至鉅也。因思江浙為人文淵藪，朕翠華臨莅，士子涵濡教澤，樂育漸摩，已非一日，其間力學好古之士、願讀中秘書者，自不乏人。茲四庫全書允宜廣布流傳，以光文治。如揚州大觀堂之文滙閣、

注

貳拾：[清]弘曆：《御製文三集》卷四，第13頁。

貳拾壹：[清]弘曆：《御製文二集》卷二，第9頁。

貳拾貳：[清]弘曆：《御製文二集》卷二，第5頁。

鎮江金山寺之文宗閣、杭州聖因寺之文瀾閣，皆有藏書之所，著交四庫館再繕寫全書三分，安置各該處，俾江浙士子得以就近觀摩謄錄，用昭我國家藏書美富、教思無窮之盛軌。』[貳拾叁]於是乾隆下諭旨給福隆安、和珅，令其傳諭閩浙總督兼浙江巡撫陳輝祖、兩淮鹽政伊齡阿、浙江布政使署理杭州織造盛住落實三閣藏書事宜。並明確指出將杭州聖因寺之後的玉蘭堂改建為文瀾閣，並安置書格備用，而修建書格等項工費，則命浙江商人捐辦。乾隆深諳『北四閣』均在宮禁之內，一般士人無緣得見，於是續抄《四庫全書》三份，並在揚州、鎮江、杭州再建三閣予以貯書，以光文治。雖然當時有館臣匯報浙江商賈願意出資承辦『南三閣』全書，乾隆還是動用官銀進行了續繕，並分別庋藏於杭州文瀾閣、揚州文滙閣及鎮江文宗閣。

歷代明君莫不以提倡文化為己任，這不僅是對帝王的內在精神要求，也是歷史對其文治功業的一種評鑒，因而歷代帝王對於文化工程尤為重視。乾隆從小受到嚴格的儒家思想文化薰習濡養，文人士大夫內在的精神追求必然會對其觀念、行動與實踐產生根本影響。作為文化的傳承者，乾隆亦將繼承道統作為其理想。其人文思想及哲學觀念是《四庫全書》一系列設計生態形成的內在原因。王紅在《明清文化體制與文學關係研究》中有言：『明清文化與權利的關係主要不是文化參與改造政治，而是文化為皇權政治所規範，進一步說就是皇權作為一種重要的政治力量，通過對文士的薰染浸潤，對書籍的規範來引導和規約文學的發展』。[貳拾肆]因而《四庫全書》的纂修成為帝王遴選和審視文化、規範文化的表徵。嚴迪昌先生認為：『在中國詩史上從未有像清王朝那樣，以皇權之力全面介入對詩歌領域的熱衷和控制的。』[貳拾伍]從皇權對詩學的重要影響可窺一斑。因而，《四庫全書》的纂修是清廷的文化策略和政治主張的集中體現，一為綿延文脈、繼承道統，二為安邦定國、維護皇權。

明末清初知識分子固守華夷之辯，對清廷的統治極為不利，基於對其自身文化層次以及人口不足現狀的認知，為便於籠絡和鉗制漢人，遂推行了同文同軌、以漢治漢的懷柔政策來加強文化統治。歷經康熙、雍正兩朝百餘年的文化統治，所修各種類書已遠超前代。乾隆對漢文化也從其先祖的被迫選擇轉為主動接納與自主學習，全面漢化成為必然。雖説清廷以武力統治了中原，然而中華文化卻以強大的包容性和綿綿不絕的態勢將異族文化統攝進來，並最終從內核上改變了其基因。

《四庫全書》是乾隆在文治上的集大成之作，代表著盛世修書的傳統。乾隆前後曾下達二十五道聖旨指導、策劃所有與纂修《四庫全書》相關的具體環節，從搜求典籍、選擇底本、抄寫書籍、校勘疑誤到書籍的體例制定、取捨原則、改編方式、藝術設計、典藏陳設、文化傳播等方面，乾隆都精心策劃，事必躬親，乾隆對該書之編纂重視程度可見一斑。從《四庫全書·凡例一》中可看到相關的記載，『是書卷帙浩博，為亙古所無。然每進一編，必經親覽，宏綱巨目，悉稟天裁，定千載之是非，決百家之疑似，權衡獨運，袞鉞斯昭，睿鑒高深，迥非諸臣管蠡之所及。隨時訓示，曠若發蒙，八載以來，不能一一殫記，謹錄歷次恭奉聖諭為一卷，載諸簡端，俾共知我皇上稽古右文，功媲刪述，懸諸日月，昭示方來，與歷代官修之本，泛稱御定者，迥不相同。』[貳拾陸] 雖然館臣評鑒難免有溢美之詞，但確實也反映出乾隆全方位地參與了《四庫全書》的編纂以及對《四庫全書》纂修的高度重視。

注

貳拾叁：中國第一歷史檔案館編：《纂修四庫全書檔案》，第1589頁，乾隆四十七年七月初八日諭旨。

貳拾肆：王紅：《明清文化體制與文學關係研究》，成都：巴蜀書社2010年版，第30頁。

貳拾伍：嚴迪昌：《清詩史》，北京：人民文學出版社2011年版，第17頁。

貳拾陸：四庫全書研究所編：《欽定四庫全書總目·凡例》，北京：中華書局1997年版，第31頁。

第二節 《四庫全書》設計背景

一、《四庫全書》修書軍事、政治、經濟背景

貫穿於十八世紀的清代康、雍、乾三朝，經濟富庶、社會安定，國家從政治、軍事、經濟、文化等各方面均已進入快速上升時期，構築起了中國古代社會最後一道輝煌——『康乾盛世』。在軍事方面，康熙、雍正兩朝奠定了基本格局，乾隆通過一系列軍事行動鑄成十全武功，隨著西藏、青海問題的順利解決，清廷不僅遏制了不斷東擴的俄國對蒙古及清朝西北地區的蠶食，也對地緣鄰國形成了強大的震懾力，為社會的穩定奠定了基礎。

在政治方面，乾隆通過在邊疆地區實施將軍制、盟旗制、封爵制、伯克制、郡縣制、駐藏大臣制等政治制度，以信仰聯合謀求政治統一，保障了中央對地方行政事務的管理。六世班禪東行朝覲對穩定蒙、藏地區也產生了巨大作用，為後世的民族和解、團結統一奠定了穩固的基礎。而『金瓶掣簽』制度的確立使得中央政府直接主導了班禪、活佛的繼承制，並依律加強了

圖四：《平定伊犁回部得勝圖》，天一閣博物館藏。貳拾柒

對宗教事務的管理，在西藏的全面施政使中央對西藏的管理發展到了相對完備階段。通過對中俄邊界的劃分遏制了沙皇俄國的南侵東擴，平定伊犁使得中亞諸國悉數臣服於清廷。（圖四）六世班禪與清廷的積極配合也使其在施政中貫徹了中央對地方的各項統治權。以藏傳佛教為核心紐帶的一系列懷柔策略的制定使得清廷與蒙古族、藏族的關係得到進一步加强，邊疆得到基本穩定，社會秩序得到進一步穩固。莊嚴國土、護國利民成為西藏佛教的基本教義，保障國家的最高利益和民族的整體利益被置於首位。這既保证了西藏地區政权交接时的社會穩定，又維繫了中央對地方的有效控制，对維護國家統一起到了非常積極的作用。乾隆依靠強大的軍事震懾制定的一系列政治制度，加強了中央政府對地方事務的管理，使國家主權得到進一步穩固，不僅鞏固了邊防，還促進了不同民族之間的經濟文化交融，從而開創出四方賓服、萬國來朝的景象。

注

貳拾柒：圖四：《平定伊犁回部得勝圖》，梅叢笑：《文瀾遺澤——文瀾閣與〈四庫全書〉陳列》，第41頁。

清廷不僅消除了來自滿族貴族內部各種敵對勢力對皇權的威脅，而且有效地防止了宰相擅權、外戚干政、宦官弄權等各種對皇權極易造成威脅的因素。通過這一系列的政治和軍事的策略使國家機器得到高度強化，皇權也不斷集中，中央對地方擁有了絕對的控制力，為《四庫全書》的纂修提供了強有力的政治保障。

武力定國後，清朝統治者逐步改變自身民族落後的文化，開始大量吸收漢文化精髓，並制定了一系列的經濟與文化策略。歷經康熙、雍正兩朝發展，至乾隆時期，不僅政治穩定、軍事強大，各方面日趨完備的典章制度也保障了經濟的持續發展。乾隆承繼中國古代農業立國的傳統，通過興修水利、填海圍塘、蠲免賦稅、獎勵農耕、對外貿易和鼓勵工商等經濟政策，不僅減輕了農民的負擔、緩和了社會矛盾，也促進了經濟的發展與繁榮。土地開發和利用的程度也達到高峰，財富急劇積累的同時保障了人口持續增長與經濟發展的平衡，農業文明經過近百年的恢復，達到歷史高峰。而農業和手工業的蓬勃發展，加上對外貿易形成的巨大順差，使得社會經濟的繁榮達到頂峰。十八世紀中葉的中國是當時全世界最富庶的國家之一，據李常慶《四庫全書出版研究》記載，乾隆朝「國民總產值至少占世界的15%。當時政府每年的財政收入有白銀4000多萬兩，國庫儲備常在七、八千萬兩」。[貳拾捌]有專家論證，中國是個貧銀的國家，但為什麼貨幣採取銀本位，當時外國的白銀流入中國的就有幾億兩，十八世紀的中國被稱為世界的銀庫，可見中國當時在世界上佔有重要位置。[貳拾玖]

雖然統治者還在極力維持集權，但是其採取的一系列措施有力地促進了工商業的崛起，使經濟得到了蓬勃發展，財富空前集聚，為《四庫全書》的纂修奠定了雄厚的物質基礎。

二、《四庫全書》修書文化背景

清起於遼東，雖然能以強大武力暫定天下，但文化上仍然處於絕對弱勢，而漢文化在東亞地區作為文化母體，對周遭的地緣文明形成強大的統攝力。雖然康熙中葉以後，清王朝的統治趨於穩定，但政治的高壓依然很強大。為鞏固統治政權，除採取種種措施直接鎮壓反抗以外，更利用文字獄等手段加強思想文化領域的控制，嚴厲打擊漢族知識分子的反清思想。隨著清王朝政權被慢慢接受，知識分子迫於文化高壓政策，逐漸淡化經世致用的學術宗旨。清初顧炎武等人提倡以文字訓詁明經達道，學術界由此擺脫理學樊籬，恢復漢代經學傳統。受清初進步思想家如顧炎武、黃宗羲、王夫之、傅山等人的影響，學風開始演變，社會以反對玄談，追求治學求實為風尚。考據作為一種治學方法，其把求真作為學術的目的，文字音韻、訓詁、校勘等務必極盡精微。明末至清初，考據學風日甚，對典籍善本的渴求成為知識界普遍的現象，輯佚古書遂成時風。類書因不能滿足需要，因此對於各種叢書的編纂成為要務。北宋初年的《開寶藏》和清初的《龍藏》保存和彙集了佛、道兩家的經典，儒藏的闕如顯得尤為突出，乾隆間周永年提倡『儒藏說』，[叁拾] 其作為社會的普遍呼聲而成為《四庫全書》修纂的學術背景之一。加上康熙、雍正時的文字獄使得大批有識之士不敢妄議時弊，

注

貳拾捌：參考李常慶：《四庫全書出版研究》，鄭州：中州古籍出版社2008年版，第2頁。

貳拾玖：張德錘、李曉峰：《乾隆盛世的歷史啟迪》，《承德民族師專學報》2004年第3期，第6頁。

叁拾：參考周永年的《儒藏說》（收入松鄰叢書甲編，1918年仁和吳氏雙照樓刊本，第三冊。）

紛紛將目光和才情轉到了訓詁學、音韻學、考據學、校勘學、經學、史學等古典文獻的整理工作中，創造出蔚為壯觀的學術成就，這批學者也成為日後《四庫全書》纂修工作的中堅力量。

康熙『稽古右文，崇儒興學』的文化主張和策略對雍正和乾隆影響至深，也集中體現在內府圖書的校勘、編纂與刊刻上。內府圖書包括中央各殿、院、司、局、各部、署、監、館等機構所修之書，其中最重要的就是武英殿修書處所刊刻的書籍。清代『欽定』書籍的數量蔚為大觀，以康、雍、乾三朝為最。作為宮廷的重要修書場所，武英殿修書發端於康熙朝，成熟於雍正朝，至乾隆時達到鼎盛，無論是在書籍的編撰還是在刊刻和裝潢上都樹立了更高的標準，也成為坊間效仿和追慕的典範。但由於不同時期帝王治國方針、文化策略、以及各自的文化修養、藝術審美不同，內府圖書也呈現出不同的時代風貌。

有清一代對書籍的刊刻採用了統一管理的模式，通過把欽定編纂的書籍諭令頒發到宮廷內外，並准予坊間書賈依照範式進行翻刻和流通。利用文化國策闡發政治觀點，控制言論思想，倡導文化藝術，以此反映帝王編撰書籍的目的，更重要的是通過典籍來闡述其統治思想和治國方略。乾隆為維護其統治，在思想層面奠定基調，尋求文化哲理上的合理依據，使王公大臣、黎民百姓均能公忠體國，實心任事。帝王通過典籍從思想上強化其君主專制，使得其治國理政方針得以迅速實施。同時在推動文化傳播上，宮廷修書的權威性和表率性亦對社會上的學術風氣產生持久而深刻的影響。因為歷來社會的不穩定首先體現在思想領域，因此，統治階層對思想的引導和鉗制都極為重視。基於滿族入關產生的巨大動蕩，漢族的地下反滿活動頻繁，清初即以尊孔為號召，確立以儒治國方略，希冀通過對經典的學習整飭人心，贏得漢人對滿族統治者的認同。清初，康熙就極為重視朱子小學之書，並以之命題課士，雍正即位後因循古制，並將《小學集注》在武英殿進行刊刻。雍正元年四月，雍正為孔子先世五代封爵，以此闡明其對儒學的崇尚。乾隆繼續前朝的文治策略，將全面吸收漢文化作為國策，整個社會呈現出前所未有的恢弘氣象和集大成的態勢。安定富庶的社會環境，為學者從事研究提供了良好的條件，由此學術文化有了高度發展，整個江南地區更是書院林立、人文薈萃，這為從事大規模的文化建設創造了良好的社會環境。

編纂各類叢書的風氣起於明末，在這種風氣下誕生了如曹溶的《學海類編》、吴省蘭的《藝海珠塵》、張潮的《昭代叢書》、鮑廷博的《知不足齋叢書》、畢沅的《經訓堂叢書》和盧文弨的《抱經堂叢書》等叢書。而乾嘉時鮑廷博、鮑士恭父子刊印的《知不足齋叢書》、嘉慶時張海鵬刊印的《學津討原》等叢書內容宏富、校勘精良；《墨海金壺》則以文瀾閣《四庫全書》傳鈔本為主編纂而成；《借月山房匯抄》《龍威秘書》《藝海珠塵》《函海》等大型綜合性叢書的刊印也都成為有清一代叢書的鴻篇巨製。與綜合性叢書相應的專科性圖書同步也有大幅度增加。明、清時期大量叢書的編纂為《四庫全書》這一大型類書的纂修積累了豐富經驗，其中尤以《永樂大典》和《古今圖書集成》這兩部規模宏大的類書編纂最爲直接。

清廷經過百餘年的圖書典籍積累至乾隆時達到鼎盛，有明一代官修書籍兩百餘種，而清宮則有一千三百餘種。圖書的需求隨著經濟文化的繁盛空前增長，各種修書館應運而生，早在清順治初年，《實錄》《聖訓》《明史》等大型圖書的編纂就專設了修書館。康熙朝常設機構有國史館、起居注館、特開書館，從順治至乾隆朝的百餘年間，以特開書館居多，先後開設過數十個[叁拾壹]。豐厚的藏書為修書提供了範式和文本，也為參與修書的碩學鴻儒提供了查閱、學習文獻的機會。

注

叁拾壹：如明史館、明紀綱目館、三通館、續三通館、通鑒綱目館、三禮館、經史館、八旗滿洲氏族通譜館、全唐文館、同文志館、通鑑輯覽館、八旗上諭館、孝經館、春秋館、律呂正義館、圖書集成館、四庫全書館、四庫全書薈要處、藏經館（經咒館）、清字經館、朱批諭旨館、醫宗金鑒館、文穎館等。

武英殿修書處始於康熙十九年（1680）十一月，是內務府專門負責刻書的機構，所刻之書稱為『殿本』書或者『殿版』書，其書校勘精良、筆精墨妙、紙張瑩潤、刊刻俱佳。清王朝順應並促成了學術潮流的轉向，繼順治年間組織學者注釋經書之後，康熙和雍正也都注重文治，以官修方式，不僅對《易》《詩》《書》《春秋》等儒家經典重加疏解，而且還薈萃群書，編成《古今圖書集成》等一大批類書。歷經康雍兩朝編成的《古今圖書集成》總結了以往類書編纂的成就，為《四庫全書》衍生品《武英殿聚珍版叢書》木活字的實驗及《武英殿聚珍版程式》的經驗總結提供了保證。

《古今圖書集成》初名《文獻彙編》或稱《古今圖書彙編》，後改名《古今圖書集成》，康熙四十年（1701）至四十五年（1706）編成初稿，雍正三年（1725）改編成書，雍正六年（1728）以銅活字排印成書。全書按類編排，分為6編，32典，6109部，共1萬卷，約1.6億字。分曆象編、方輿編、明倫編、博物編、理學編、經濟編，是迄今為止中國現存規模最大的一部類書，基本包括了該類書編撰之前所有的知識門類，其內容宏闊，體例嚴密。該書銅活字字體方正，點畫謹嚴，木版的插圖更是具有極高的藝術價值，可惜乾隆時期銅活字被熔鑄後移做他用，該書遂成絕版。《古今圖書集成》在彙編、整理、校注、輯佚古籍上取得了顯著的效果，該書編纂體例嚴整，資料宏富，為檢索文詞典故和用例提供了方便，也為廣大士子提供了更為全面的學習典範，極大地促進了有清一代刻書業的蓬勃發展。《古今圖書集成》曾在《四庫全書》纂修之初用於獎勵積極獻書的藏書家，不僅庋藏於皇極殿、乾清宮，同時也貯藏在專門為《四庫全書》營建的七座藏書樓之內，亦可見乾隆對其重視程度非同一般。

乾隆還大規模地組織學者校勘了十三經、二十一史、《綱目三編》《通鑑輯覽》及《三通》等文獻集成。由於皇家的推崇和一系列優厚政策的制定，在社會上形成了考核典章，旁暨九流百家的風尚。在尊崇宋明理學的同時大力提倡漢學，使之很快成為清代學術的主流，並使其逐漸走上通達經典、重視實證的道路，至此學界進入對傳統文化全面總結與整理的階段，為《四庫全書》的開館提供了必要的學術條件和廣闊的文化背景。[叁拾貳]典籍對於文化種子的保存與萌發起到了至關重要的作用，文人與典籍之間的互動為文化綿延與發展提供了鮮活的生命力。乾隆統治前期大規模的典籍整理為《四庫全書》的修撰提供了豐厚的文化土壤，皇家啟動更大規模的文獻整理成為時代呼喚。

清代宮廷將歷代藏書視為珍秘，並設專室以供庋藏。建於乾隆九年（1744）的昭仁殿設『天祿琳琅』和『五經萃室』用於善本圖書的珍藏，並於皇史晟、乾清宮收藏歷朝《實錄》《聖訓》和《玉牒》等，作為典藏皇家檔案文獻之所。由於有清一代高度重視皇族教育，宮廷各處用於庋藏圖書的場所星羅棋布。如建於雍正初年的乾清宮上書房和懋勤殿，儒家經典、類書總集、正史地理、金石目錄等多有陳設。同時，長春書屋、味餘書屋以及寧春宮也陳設了大量的善本典籍作為帝王修心養性的滋養。慈寧花園的慈蔭樓、寶相樓、吉雲樓、咸若館等佛堂處則陳列了諸如《楞嚴經》《大乘妙法蓮華經》《無量壽經》和蒙、藏文《文殊師利贊》等佛經，以及《內範衍義》《三國志》等各種滿、漢文書籍。內廷豐富的藏書不僅為皇室日常禮佛、調養身心或者消遣娛樂之用，同時也作為四庫纂修參與者培育其文化藝術修養之用。

注

叁拾貳：參見黃愛平：《四庫全書纂修研究》，第7—8頁。

在古代中央權力高度集中和發達的時期，統治者的文化修養對大型叢書的修纂起了至關重要的作用。

武英殿修書處不僅是清代宮廷重要的修書機構，同時還兼具藏書的功能。文華殿對面的內閣掌敷奏本章，內閣大庫則存貯明代檔案文獻、清朝盛京舊檔案、內閣各種行政檔案、衙門機構的公事檔案、官修書籍的底稿、史書、錄疏、實錄副本、起居注及前代帝王功臣畫像等文獻。作為宮廷御醫工作的太醫值房和壽藥房則收藏了各種醫藥典籍以及各種治療檔案等，這些文獻對政府官衙處理公務行政具有重要的參考價值。

至乾隆時，考據之學逐漸取代義理之學成為學術界主流，這為《四庫全書》徵集遺書的辯偽考證工作奠定了時代學風和文化基礎。因此，乾隆及其四庫館臣順應潮流，全面系統地整理中國歷代典籍，促成了《四庫全書》的纂修。

三、《四庫全書》修書相關設計背景

中國古代最早的書籍設計即先秦簡牘因其功能和需求的不同而呈現出相對穩定的形制。用於典章的竹簡通常長度為二尺四寸，一尺二寸或八寸，而「六經」因其在典籍中的重要性，通常使用二尺四寸的竹簡，《孝經》因是中國人人倫的洪範，通常為一尺二寸之簡，《論語》則是八寸之簡。清內府書籍開本大小也因重視程度和內容需要的差異呈現出不同的形制。通常各種皇家欽定的《方略》《會典》《則例》等書冊開本會比文集、類書、叢書等略大。其時，還誕生了各種刊刻俱佳、便於攜帶的「巾箱本」。無論是紙張選擇還是開本設計，無論是書籍裝幀還是刊刻印行，清代內府書籍設計都堪稱中國古代書籍設計史上的巔峰，並呈現出一定的規律性，在繼承傳統的基礎上不斷創新，集古籍設計之大成。

清代內府設計的書籍在封面裝幀、書函用材和色彩設計上有嚴格的規制，體現出皇權的森嚴等級。常用色彩多為黃、紅、藍色。其中藍綾打底，輔以明黃的書籤設計是皇家欽定書籍的常用規制，多用於皇家『宗譜』『實錄』『聖訓』『本紀』『方略』『會典』『則例』等。而藍色多用於子部和集部，傳承了古籍文質彬彬的書卷氣。清代內府書籍更加重視色彩的設計，呈現出不可逾越的尊卑等級，在精雅鮮豔的書衣外，還輔以書簽、書函、書別等精緻配飾。書函不僅色彩繁多，材質也涉及到布面，錦緞、以及多層背紙壓合的紙板等等，其形式也異彩紛呈，有卍字套、雲頭套、如意套、四合套、六合套等等。即使在書函的書別上也異常講究，常有木別、鍍金別、駝骨別、象牙別、玉別、琺瑯別等等。書函則多為楠木、杉木、紅木、紫檀等材質，常以朱色進行雕飾，還伴有雕漆、鑲嵌、描金、鍍金、掐絲等工藝，美輪美奐。書簽則多以紙張、泥金箋、灑金箋或者黃綾、藍綾、藏經紙等進行貼合，結合文人雅士的書跡，將藝術和工藝完美地融合在一起，體現出中國古籍極盡精雅的藝術審美。

清內府刻書中曾經出現過推蓬裝，其裝幀形式現存兩種，即清雍正元年（1723）刻本《摩訶般若波羅蜜多心經》和乾隆內府刻本《御譯大雲輪請雨經》，這種裝幀形式因書名橫向書寫，書頁上下翻頁，與其他形式迥然有別。清代內府刻書中的梵夾裝和蝴蝶裝也彰顯了高超的藝術水準（圖五），如乾隆十七年（1762）武英殿刻本《平定兩金川方略二十六卷圖說一卷》。而《大清會典圖》插圖版畫和裝訂技術更加精美絕倫，在書籍設計史上亦屬罕見，整版雕刻為四個半頁或八個半頁，整紙印刷，文字書寫於左右半頁，中間兩個半頁合為整幅版畫，每版兩個書口，左右兩個半頁加長並回折，裝訂薄厚均勻，似金鑲玉做法，與蝴蝶裝頗為相似，此種裝訂形式也是清內府書籍裝幀的創新。

乾隆時的皇家藏書樓分佈於紫禁城外朝與內廷各處。清宮藏書處主要有太和門兩側的文淵閣、武英殿各殿，及文淵閣邊上的會典館、國史館書庫、紅本庫、實錄庫，以及包括沿著神武門、乾清宮、太和門的中軸線兩側的英華殿、敬勝齋、靜怡軒、重華宮、位育齋、延暉閣、摛藻堂、古董房、景祺閣、景福宮、建福宮、咸福宮、鐘粹宮、御書房、景陽宮、萃賞樓、三友軒、頤和軒、樂壽堂、壽安宮、長春宮、翊坤宮、永和宮、養性殿、閲是樓、永壽宮，乾清宮兩側的養心殿、齋宮、味腴書室、毓慶宮、惇本殿、皇極殿。乾隆時期皇室藏書樓星羅棋布，內廷對於典籍庋藏之所的營建或改建、書籍的陳列及管理等都為藏書樓的營建積累了豐富的經驗。（圖六）

圖五：［清］佚名：《般若般若密多心經》梵夾裝，滿蒙漢四體合璧泥金寫本，故宮博物院藏。

叁拾叁

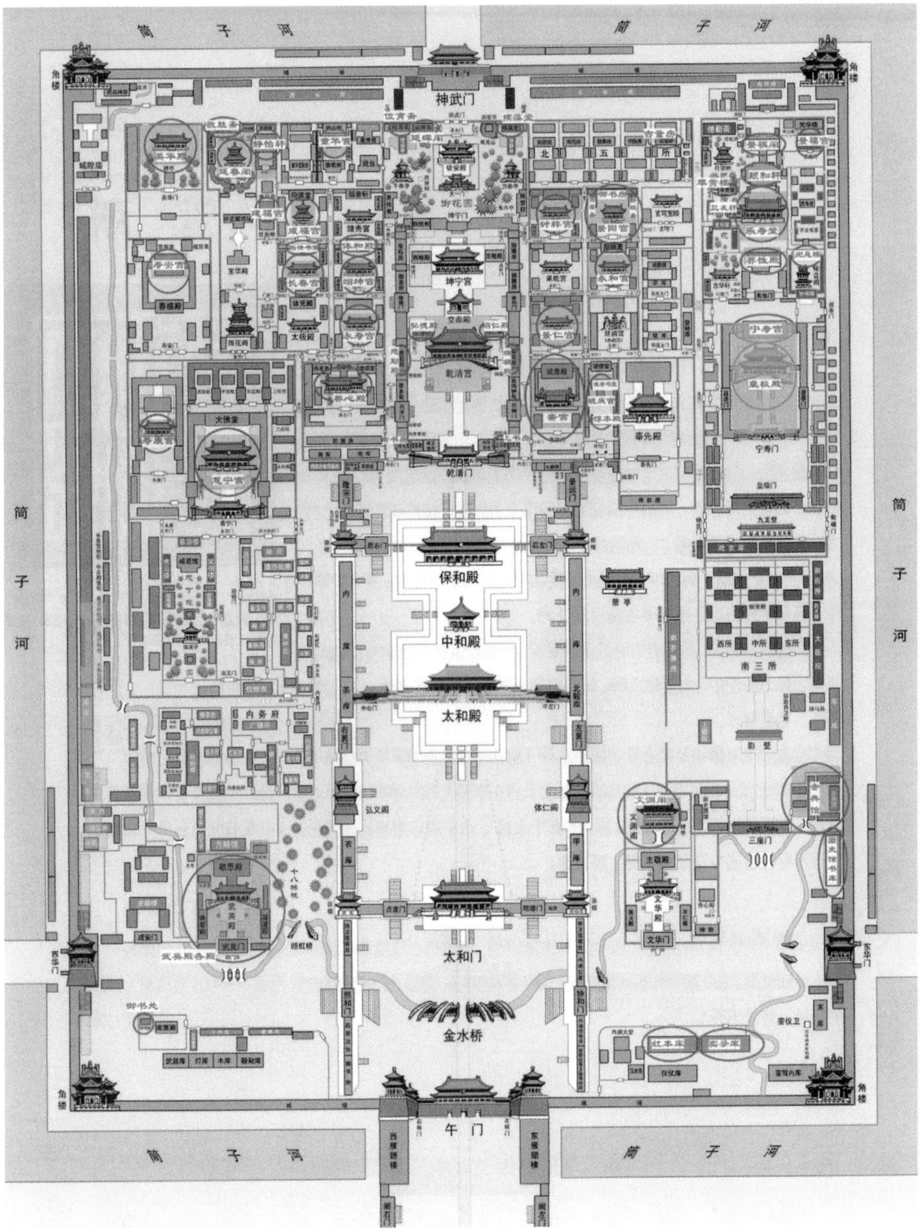

圖六：清宮藏書處分佈圖[叁拾肆]

注

叁拾叁：圖五：［清］佚名：《般若般若密多心經》梵夾裝，朱賽虹編：《盛世文治——清宮典籍文化展》，第179頁。

叁拾肆：圖六：清宮藏書處分佈圖，朱賽虹編：《盛世文治——清宮典籍文化展》，第18頁。

第三節　關於本書研究說明

一、相關研究綜述

在《四庫全書》成書後的兩百多年裡，研究者多從文獻學、目錄學、版本學的視角研究『四庫學』，也有相關學者從文化史的視野進行研究，並取得了令人矚目的成就。第一個階段為成書到清末，主要是版本學的研究，屬於清代乾嘉考據學的一部分。第二階段為民國成立至今，對四庫進行版本學的研究仍然是大宗，並且細緻入微，多有成效。因共和建立，四庫成為天下公器，在研究方面也沒有了禁區，所以圍繞四庫纂修的相關研究出現了不少代表性成果，如民國時期郭伯恭的《四庫全書纂修考》[叁拾伍]、民國時期任松如的《四庫全書答問》[叁拾陸]、黃愛平的《四庫全書纂修研究》[叁拾柒]、吴哲夫的《四庫全書纂修之研究》[叁拾捌]、李常慶的《四庫全書出版研究》[叁拾玖]。

關於《四庫全書》具體設計方面的代表性研究成果主要有：梁思成的《文淵閣測繪圖說》[肆拾]；吴哲夫在臺北《故宮文物月刊》上發表的一系列論文：《四庫全書的兄弟》[肆拾壹]《圖書

的裝潢——歷代圖書形制的演變》肆拾貳《武英殿本圖書》肆拾叁《四庫全書的配件》肆拾肆《縹緗羅列、連楹充棟——四庫全書特展詳實》肆拾伍《四庫全書修纂動機的探討》肆拾陸；陳東輝的《〈四庫全書〉絹面顏色考辯》肆拾柒；梅叢笑的《文瀾遺澤——文瀾閣與〈四庫全書〉陳列》肆拾捌；黃灩的《文津閣園林的生態美學分析》肆拾玖、張群的《〈四庫全書〉南北閣本形制考》伍拾；顧志興的《文瀾閣四庫全書史》伍拾壹；李曉敏的《乾隆書法師承研究》伍拾貳；虞浩旭的《嫏嬛福地天一閣》伍拾叁；張升的《四庫全書館研究》伍拾肆。

可以說從民國到近期，這些圍繞四庫的研究逐漸成為蔚為大觀的『四庫學』，但是關於《四庫全書》設計

注

叁拾伍：郭伯恭：《四庫全書纂修考》，上海：商務印書館 1937 年版。

叁拾陸：任松如：《四庫全書答問》，上海：上海書店 1992 年 12 月據啟智書局 1935 年版影印。

叁拾柒：黃愛平：《四庫全書纂修研究》，北京：中國人民大學出版社 1989 年版。

叁拾捌：吳哲夫：《四庫全書纂修之研究》，臺北故宮博物院 1990 年版。

叁拾玖：李常慶：《四庫全書出版研究》，鄭州：中州古籍出版社 2008 年版。

肆拾：梁思成：《文淵閣測繪圖說》，《梁思成全集》第 3 卷，北京：中國建築工業出版社 2001 年版，第 110 頁。

肆拾壹：吳哲夫：《四庫全書的兄弟》，臺北：《故宮文物月刊》一卷五期，1983 年 8 月，127—131 頁。

肆拾貳：吳哲夫：《圖書的裝潢——歷代圖書形制的演變》，臺北：《故宮文物月刊》一卷十二期，1984 年 3 月，第 46—47 頁。

肆拾叁：吳哲夫：《武英殿本圖書》，臺北：《故宮文物月刊》二卷八期，1984 年 11 月，第 94—98 頁。

肆拾肆：吳哲夫：《四庫全書的配件》，臺北：《故宮文物月刊》五卷二期，1987 年 5 月，第 64—69 頁。

肆拾伍：吳哲夫：《縹緗羅列、連楹充棟——四庫全書特展詳實》，臺北：《故宮文物月刊》五卷五期，1987 年 8 月，第 20 頁。

肆拾陸：吳哲夫：《四庫全書修纂動機的探討》，臺北：《故宮文物月刊》七卷四期，1989 年 7 月，第 62—71 頁。

肆拾柒：陳東輝：《〈四庫全書〉絹面顏色考辯》，《社會科學戰線》1997 年第 3 期，第 225 頁。

肆拾捌：梅叢笑：《文瀾遺澤——文瀾閣與〈四庫全書〉陳列》，北京：中國書店 2015 年版。

肆拾玖：黃灩：《文津閣園林的生態美學分析》，《美術大觀》2017 年第 3 期，第 132 頁。

伍拾：張群：《〈四庫全書〉南北閣本形制考》，《圖書館雜誌》2017 年第 11 期，第 29—36 頁。

伍拾壹：顧志興：《文瀾閣四庫全書史》，杭州：杭州出版社 2018 年版。

伍拾貳：李曉敏：《乾隆書法師承研究》，渤海大學 2019 年碩士學位論文。

方面的研究主要分散在版本學和纂修研究之中，一直沒有受到足夠的重視，已有相關設計的研究也多停留在局部問題的探討上，缺乏全面、系統和深入的研究，成為『四庫學』比較欠缺的環節。

二、關於本書研究的相關說明

（一）研究內容

本書將《四庫全書》書籍設計、書函設計、書架、書櫥設計、藏書樓設計及書籍的貯藏與設計管理作為一個整體的生態系統進行研究。《四庫全書》書籍設計是其內核，在書籍設計的各個環節，從構思、選材、設計到工藝都體現出書籍的整體設計理念，從而達到書籍形式與內容、審美與實用的統一。其後為了庋藏規模宏大的《四庫全書》，以其書籍設計為核心的書函、書架、藏書樓、書籍陳列及景觀園林設計構築成一個完整的設計生態系統。而最高統治者深度參與以及四庫館的機構運作為保障《四庫全書》修書的設計管理環節。因此對《四庫全書》書籍設計、藏書樓設計及設計管理的一體化研究成為本書的主要思路。

本書具體研究的內容包括《四庫全書》及其相關衍生品的書籍設計、為庋藏《四庫全書》專門營建的七座藏書樓『七閣』的設計、書籍的陳列設計及其相關設計管理等方面。本書試圖從設計的角度考察十八世紀末中國政治、經濟、文化背景下，《四庫全書》相關設計的特點、《四庫全書》在書籍設計史和『七閣』在藏書樓設計史上的歷史地位，以及所反映出的乾隆時期政治文化的象徵意義和中國古代思想文化的內涵。

本書涉及到的具體研究內容包括《四庫全書》及其附產品書籍的封面、內文版式、書籍裝幀、書函、書架設計等方面。封面設計中四色和版式是論述的重點，內文設計則對書籍的紙張、字體、開本、天地、版框、行款、插圖、版面裝飾、鈐印等方面進行詳細闡述；衍生品的設計將主要分析《武英殿聚珍版叢書》的書籍設計和《武英殿聚珍版程式》的編纂及設計。結合傳統中國古籍相關的概念和研究成果，在當代設計視野下，深入剖析《四庫全書》的翻閱設計、封面色彩設計、簽條設計背後的形成原因、文化淵源和思想內涵，希冀對當代中國設計的傳承與創新提供有益啟示。藏書樓設計研究將主要包括藏書樓設計理念、建築形制及其室內陳列設計等方面。與藏書樓相關的園林景觀設計將主要探討《四庫全書》藏書樓作為文人園林和皇家園林的屬性及形制。而關於設計管理方面將重要論述『南三閣』作為公共圖書館向普通士子開放的管理制度及其文化影響。

（二）相關概念界定

本書中探討的《四庫全書》寫本主要是指『北四閣』——文淵閣、文津閣、文溯閣以及『南三閣』中文瀾閣不同時期的寫本。作為面向江南士子開放的『南三閣』，因為遠離皇權中心，雖然其地位與『北四閣』無法相提並論，但因『南三閣』中的其它兩閣——文滙閣、文宗閣建築及其庫書皆毀於戰亂，文瀾閣及其庫書劫後餘生而顯得彌足珍貴。文瀾閣寫本因戰亂造成不同程度的損毀，後期仁人志士曾發起三次大規模的補鈔，且補鈔本因為底本的審慎選擇和重新校勘而具有相當的文獻和歷史價值，不僅在版本價值上不同於『北四閣』全書，同時書籍的補鈔更是中國文人精神的傳承，因此更為學界所看重，成為《四庫全書》不可或缺的有機組成部分，因此本書探討的書籍設計也包含了文

注

伍拾叁：虞浩旭：《嫏嬛福地天一閣》，寧波：寧波出版社2011年版。

伍拾肆：張升：《四庫全書館研究》，北京：北京師範大學出版社2012年版。

瀾閣補鈔本的設計變遷。

導向設計、版式設計、色彩設計、包裝設計、景觀設計、陳列設計都是現代設計的概念，在中國傳統學問中歸屬於版本學的範疇，古今概念的內涵和外延有些微差異。我們以當下的眼光去回看歷史時，不僅要借用傳統和當下的概念對中國古籍及其貯藏進行深入地闡釋和剖析，同時還要打通兩者之間的關聯，為當代設計提供傳統的價值觀和設計源泉。導向設計是指《四庫全書》的翻閱設計和圖文版式構造中元素的視覺導向架構關係。因為中國古籍設計根植於中國傳統文化，其『天人合一』的思想及五行相生相剋的理論是其設計的核心理念，具備了主動稀釋、融合外來文化思想的特徵。古代傳統社會中，書籍設計的文化理念定位由文人主導，有時文人也會親自參與到書籍的刊刻中，充當書籍設計的核心策劃，甚至刊刻者本人就是富有盛名的藏書家。因此，中國古籍的文化性尤為突出，帶有濃厚的書卷氣。先秦時期自從有了簡冊，中國古代的書籍導向設計就已經相對穩定下來，歷經兩千多年的傳承成為中國書籍設計普遍遵循的基本規範。站在全球化的舞臺上，這種設計範式才成為迥異於西方的、東方所特有的審美現象。不同時期的古籍版本在版框、魚尾、題簽、裝幀等方面有著微妙的差異。包裝設計是當代書籍設計，是為保護書籍和傳達書籍內涵服務的。在中國古籍中，與之相匹配的是裝幀和書函設計，同時裝幀設計還包含了穿線、壓釘方式等細節。書籍版本的範式因不同時代、地域或者刻書機構的不同而呈現出細緻入微的差異，使其成為版本辨偽和斷代極為重要的參考依據。

藏書樓設計主要指《四庫全書》南、北閣藏書樓的主體建築形制和外觀裝飾，而園林設計則是指與藏書樓主體建築相配套的園林景觀藝術的設計，不僅涉及空間佈局，還涉及園林中曲水、假山、亭臺等元素的具體配置。藏書樓室內陳列設計主要是指與《四庫全書》書籍陳列、排架設計以及與閱覽相關的配套文房用具的陳列設計。《四庫全書》體量龐大，其展陳空間蔚為壯觀，南北閣藏書樓因等級的不同以及帝王、臣工及士子閱覽方式的差異也形成了迥然不同的格局。

《四庫全書》書籍設計是整個設計系統的內核，乾隆在設計之初就從構思、選材、設計到工藝等各個環節明確地提出了其設計理念。其後，為了庋藏規模宏大的《四庫全書》，在其書函、書架、藏書樓、景觀園林以及室內書籍的陳列設計上制定出系列化的整體設計方案。書籍的書函、展架到藏書樓及景觀園林成為書籍完備的典藏系統，不僅是書籍藝術審美外化的直接表現，同時也是帝王文化藝術觀念與時代審美的再現。藏書樓的內部陳列設計及整個外部園林的景觀設計是保障讀書人進行書籍查閱和文化傳播的軟環境，是整個設計的有機組成部分，是書籍賴以生存的設計生態。設計管理是指貫穿於《四庫全書》書籍設計、藏书樓設計、書籍陳列設計、藏書樓景觀設計之內的管理環節以及相關人事管理、藏書樓管理。這是保障整個設計系統有效運轉的核心機制，亦成為《四庫全書》纂修的保障之一。

（三）本書使用文獻及研究方法

本書所使用的文獻主要有《纂修四庫全書檔案》，文瀾閣、文津閣《四庫全書》實物及影印本、文淵閣、文溯閣影印本，《永樂大典》《古今圖書集成》實物及影印本；天一閣、文瀾閣、文淵閣建築實物及測繪資料等。通過對文瀾閣、文淵閣、文津閣《四庫全書》《武英殿聚珍版叢書》以及《永樂大典》《古今圖書集成》的實物圖像分析，在《四庫全書》與《永樂大典》《古今圖書集成》的縱比、四閣全書之間的橫比中研究《四庫全書》及其衍生品的書籍設計；藏書樓研究方面則通過『七閣』與天一閣的縱比、『七閣』之間的橫比、文瀾閣前後的書架、書櫥的排列方式的縱比中獲得相關結論。

第一章 《四庫全書》導向設計的淵源

一、《四庫全書》書籍翻閱導向設計

視覺導向關乎閱讀的視線流動，不同的視覺導向設計使閱讀者產生不同的心理感受，這不僅源於閱讀習慣的生成，同時和文化基因的延續密切關聯。《四庫全書》寫本遵從古制，通常從右向左翻閱。通過對文字書寫態勢的模擬發現古代編連成冊的竹簡只能是邊閱讀邊舒捲，而對於已經演變成其他形式的書籍形態，長期形成的從右向左的閱讀心理成為後世人們閱讀習慣的成因。不過也有特例，據和珅奉乾隆諭旨致四庫館函伍拾伍，可知凡滿、漢合璧諸書，漢字應照滿字，文字書寫、書籍翻閱均為自左而右，《御製三合切音清文鑑》即是一例，即改漢文的『從右至左』的文字排列方式為滿文的『從左至右』，版心魚尾下方的頁碼排列也為『從左至右』，且書籍的翻閱順序則改為『從右至左』，因而，書口和書腦的位置也作了轉換。該書冊『從左向右』進行翻閱是基於清廷作為統治者的特殊心理和對自己母文化傳承需要的原因，而非中國傳統文化的古制。在版心之內的魚尾與隔線以及行格形成的閉合空間裡，與連續的跨頁設計共同對書籍起到了保護的作用。因無字的一面被折疊到了書頁裡面，在翻閱時對有字的版面起到了很好的襯托作用，最大程度避免了前後頁面文字相透而影響閱讀的問題。

二、《四庫全書》文字導向設計

《四庫全書》寫本的文字導向設計中，文字排列從上至下，從右至左。文字在行格內縱向排列的方式有其淵源，已知最早的正式圖書是寫在竹、木材料上的簡書，1993年在湖北省荊門市郭店村一號楚墓發掘出土有字竹簡730枚，包含《老子》《太一生水》《緇衣》《性自命出》等十六種先秦文獻，竹簡的長度在15cm—32.5cm之間，竹簡的書寫年代大約在戰國中期偏晚，所用書體為戰國時期楚文字，是目前所見最早的竹簡書寫遺物之一。戰國時期的文字書寫材料——竹木簡大都被削成不足1cm寬的形制，因為竹子的橫斷面呈圓形，一般取材的竹子不宜太粗，太粗的竹子管壁比較厚而堅硬，不易刪削。在相對狹窄的竹簡上書寫文字只能縱向書寫，而從上往下是根據書寫的舒適程度來決定的，順勢而為最便利。根據人在閱讀時的可視範圍和書寫姿勢的舒適度，竹簡長度一般以一尺左右為宜，通常書寫者左手執簡，右手書寫，當書寫完一根而內容還未完成時，必然要繼續書寫在第

注

伍拾伍：參見中國第一歷史檔案館編：《纂修四庫全書檔案》，第1880—1881頁，乾隆五十年六月初八日和珅奉旨致四庫館函。

二根上。所以需要是要把寫好的上一根放置在離自己右手相對較遠的右邊，而將第二根放置在上一根的左邊，這樣不僅利於墨蹟乾燥，同時也便於和下一根有待書寫的竹簡進行內容上的銜接。因為單根的簡不能容納太多文字，所以一篇較長的文字或一部著作必須連續寫在多枚竹簡上，為了防止散亂，並進行有次序地閱讀，必須將其按順序編連起來，這種被編連起來的竹簡就成為了冊。

因此這種從右往左的翻閱形式在書籍形態誕生之初的確是伴隨著材料以及書寫者的書寫姿勢誕生的，但是隨著書寫內容的流傳以及自上而下的社會推廣，即使是竹木簡被紙張替代之後，它依然成為一種經典的藝術形式伴隨著文化的傳播而得到長久保留與固化，這也成為中國古籍設計區別於西方書籍設計的鮮明特徵之一。

第二章 《四庫全書》封面設計

本章通過對《四庫全書》從內向外的包裝設計分析，嘗試考察書籍封面四色的哲學內涵、各閣全書顏色的變化及其形成的原因、封面版式、包背裝形式、書函及書架設計的特徵，進而探究其設計風格和歷史地位。

第一節 《四庫全書》封面色彩設計

中國古籍用不同的色彩進行識別設計與中國古人陰陽五行及『天人合一』的思想有關。歷代帝王遵從五行學說，也誕生了當朝典型的設計用色。夏朝屬五行之中的『木』德，木對應的色彩為青色，故夏朝尚青色；商朝屬五行之中的『金』德，金對應的色彩為白色，故商朝尚白色；而周朝屬五行之中的『火』德，而火對應的色彩為紅色，故周朝尚紅色；秦朝屬五行之中的『水』德，而水對應的色彩為黑色，故秦朝尚黑色。五行之中水生木，木生火，火生土，土生金，金生水，水生木，同時水克火，火剋金，金剋木，木剋土，土剋水，從而形成了五行相生相剋、循環往復的輪迴。中國古代承襲這種五行配五色的觀念，因而在《四庫全書》的封面設計用色上也體現了這一原理。

《四庫全書》寫本設計的典型特

點就是封面採用四色裝潢，四色的選擇有其深遠的文化淵源和深厚的哲學內涵。《四庫全書》將所收集的歷代書籍文獻按經、史、子、集分為四部，此分法有其歷史淵源。晉初荀勗與張華首創甲、乙、丙、丁四部分類法，東晉時李充進一步將五經歸為甲部，史記歸為乙部，諸子歸為丙部，詩賦歸為丁部，經、史、子、集的順序遂長期固定。唐玄宗開元九年（721）將兩都的書籍以經、史、子、集四部分藏於甲、乙、丙、丁四個庫房，四庫的名稱由此誕生。全書之名起於趙宋，盛於明代，乾隆承襲古制，清初沿明代風氣，故全書名稱按經、史、子、集四部進行分類。為了便於識別各部且突顯書籍的體量浩繁、包羅萬象，經、史、子、集的封面依春、夏、秋、冬進行四色裝潢，以顏色協助識別四部，簡單明瞭而又寓意深刻。以色分類的裝潢方法也有其歷史淵源，據《隋書・經籍志》載：『煬帝即位，秘閣之書，限寫五十副本，分為三品：上品紅琉璃軸，中品紺琉璃軸，下品漆軸』。[伍拾陸]在隋唐時期更加從顏色、材質等方面對不同種類的書籍加以識別。『集賢院御書，經庫皆鈿白牙軸，黃縹帶，紅牙籤；史庫鈿青牙軸，白縹帶，綠牙籤；子庫雕檀軸，紫帶，碧牙籤；集庫綠牙軸，朱帶，白牙籤』。[伍拾柒]

《四庫全書》的分色裝潢設計在繼承前人的基礎上又有重大突破，乾隆在其《御製詩五集・文津閣作歌》中明確闡釋了四色的哲學內涵和文化淵源。（圖七、圖八）其詩曰：『浩如慮其迷五色，挈領提綱分四季。經誠元矣標以青，史則亨哉赤之類，子肖秋收白也宜，集乃冬藏黑其位。如乾四德歲四時，各以方色標同異』。其自注曰：『全書經、史、子、集，浩如淵海，檢閱非易，因飭裝冊面頁，分為四色，經部用青色絹，史部用紅色絹，子部用月白色絹，集部用灰黑色絹』。[伍拾捌]至於《四庫全書總目》和《四庫全書考證》，由於其『係全書綱領，未便仍分四色裝潢』，總裁特請『用黃絹面頁，以符中央土色，俾卷軸森嚴，益昭美備』[伍拾玖]。

分析乾隆的御製詩可以揭示出陰陽五行學說中五方配五色的理論是《四庫全書》分色的哲學依據。五行學說是戰國時代的一種哲學思想，它把自然界一切事物納入金、木、水、火、土五大類範疇，且各有不同屬性。因為北斗的斗柄在一年中分別指東、南、西、北四個方向，指北時為冬季，萬物閉藏，以藏養為主，黑色代表北方；斗柄指南時為夏季，紅色有炎熱向上之性，代表南方；斗柄指東為春季，萬木萌發，木有生長發育之性，代表東方；斗柄指西為秋季，金有肅殺收斂之性，代表西方，土有和平存實之性，代表中央，即水主北方、火主南方、木主東方、金主西方、土主中央。《周易·繫辭·上傳》中載『河出圖，洛出書，聖人則之』。中國古代作為典型的農耕社會，土地無疑是根本，水自地中流，金由地中出，火為地上

注

伍拾陸：［唐］魏徵撰：《隋書·志二十七（經籍志一）》，北京：中華書局1973年版，第908頁。

伍拾柒：［後晉］劉昫等撰：《舊唐書·志二十七（經籍志）》，北京：中華書局1975年版，第2082頁。

圖七：［清］董誥：《御製文津閣作歌圖》成扇，紙本設色，17.2×53cm，故宮博物院藏。陸拾

圖八：［清］董誥：《御製文津閣作歌》成扇，泥金箋墨筆，17.2×53cm，故宮博物院藏。陸拾壹

注

伍拾捌：［清］弘曆：《文津閣作歌》，［清］董誥等輯：《皇清文穎續編》卷首二十六，清嘉慶武英殿刻本，第16頁。

伍拾玖：中國第一歷史檔案館編：《纂修四庫全書檔案》，第1603頁，乾隆四十七年七月十九日多羅質郡王永瑢奏摺。

陸拾：圖七：［清］董誥：《御製文津閣作歌圖》成扇，紙本設色，朱賽虹編：《盛世文治——清宮典籍文化展》，第59頁。

陸拾壹：圖八：［清］董誥：《御製文津閣作歌》成扇，泥金箋墨筆，朱賽虹編：《盛世文治——清宮典籍文化展》，第59頁。

燒，木為地上長，土是根本，《河圖》中央的五即是土。陸拾貳

中國殷代前後古人夜觀天象，將宇宙中星辰架構為二十八星宿體系，將它們一分為四，每七宿組合成一種動物形象。將春天出現在東方的若干星宿歸屬和聯想為龍，南方的若干星宿為鳥，西方的若干星宿為虎，北方的若干星宿為龜蛇。春秋戰國五方配五色的說法流行後，四象就配上了四色，即東方的青龍、南方的朱雀、西方的白虎、北方的玄武。因此東方屬木代表春天配青色，南方屬火代表夏天配紅色，西方屬金代表秋天配白色，北方屬水代表冬天配黑色，中央屬土配黃色。故乾隆以東方的青龍、南方的朱雀、西方的白虎、北方的玄武所配的四色青、白、朱、黑來標示經、史、子、集。因為經部為群籍之首，代表了萬物資始，古代中國人認為天圓地方，日月及星辰隨天體旋轉而東昇西落，東面是起點，代表了『元』，因此用東方春天的方位神青龍的青色來標經部；史部著述浩博、古今貫通，和『亨』所代表的通達相一致，用南方的朱雀所代表的紅色來標史部；子部採擷百家之學如同秋收，用西方秋天的白虎代表的白色來標示子部；集部詩詞歌賦薈萃類似冬藏，用北方玄武所代表的玄色即黑色來標集部。

《黃帝內經》認為『東方青色，入通於肝』、『其類草木』、『其應四時，上為歲星，是以春氣在頭也。』故與春相應的東方青色之味在人體可以藏養肝經；『南方赤色，入通於心』『其味苦，其類火』『其應四時，上為熒惑星，是以知病之在脈也。』故南方的赤色所生之味在人體可以藏養心經；『西方白色，入通於肺』『其味辛，其類金』『其應四時，上為太白星，是以知病之在皮毛也。』故與秋相應的西方白色之味可以藏養肺經；『北方黑色，入通於腎』『其味鹹，其類水』『其應四時，上為晨星，是以知病之在骨也。』故與冬相應的北方黑色之味可以藏養腎經；『中央黃色，入通於脾』『其味甘，其類土』『其應四時，上為鎮星，是以知病之在肉也。』故與長夏相應的中央黃色之味可以藏養脾經。《四庫全書》的經部統領全書，如同人的肝經一樣亦需要青色之味的滋養；而

史部古今貫通，如同人的心經一樣亦需要赤色之味相滋養；子部如秋之收藏，如同人的肺經一般需要白色之氣的滋養；集部類似於冬天的收藏，如同人的腎經一樣需要黑色之氣滋養。

四部喻四德是四色在道德層面的內涵象徵，這是以《易經·乾卦·文言》為根據的。《易經·上經·乾卦》是六個陽爻組成的重卦乾上乾下，『元亨，利貞』是《乾》卦的卦辭。孔子《文言》對其解釋是『「元」者善之長也，「亨」者嘉之會也，「利」者義之和也，「貞」者事之幹也。君子體仁足以長人，嘉會足以和禮，利物足以和義，貞固足以幹事。君子行此四德者，故曰「乾，元、亨、利、貞」』。[陸拾叁] 孔子將乾卦的元、亨、利、貞和德聯繫在一起，對乾卦的解釋演繹到了仁、義、禮、智的道德層面。君子體「仁」的時候，「善之長」的「元」就是儒家所遵從的「仁」，「嘉之會」的「亨」就是「禮」，「義之和」的「利」就是「義」，「事之幹」的「貞」就是「智」。仁、義、禮、智都是從「仁」生發出來的，體「仁」然後行「仁義禮智」的德。所以「元、亨、利、貞」就演變成了儒家核心思想中君子的四德「仁、義、禮、智」。故乾隆以「元、亨、利、貞」所代表的四德「仁、義、禮、智」和四時「春、夏、秋、冬」來比喻四部「經、史、子、集」。為區別起見，各以其方位色——青、赤、白、黑對其進行標識，在形象上予以甄別的同時更為其找到了思想道德層面上的依據和象徵。《總目》和《考證》

注

陸拾貳：參見周振甫：《周易譯注》，北京：中華書局1991年版，第248—249頁。

陸拾叁：周振甫：《周易譯注》，第4頁。

表二：各閣《四庫全書》及《四庫全書薈要》封面色彩比較：

	材質	經部	史部	子部	集部
文淵閣全書	絹面	綠色	紅色	藍色	灰色
文津閣全書	絹面	綠色	紅色	藍色	灰色
文溯閣全書	絹面	綠色	紅色	藍色	灰色
文滙閣全書	絹面	綠色	紅色	玉色	藕合色
文瀾閣全書 原書	絹面	葵綠色	紅色	月白色	黑灰色
文瀾閣全書 補鈔本	紙面	葵綠色	紅色	藍色	褐色
摛藻堂《四庫全書薈要》	絹面	綠色	紅色	藍色	灰色

因其統攝全書而用五行配五色的中央土色作為象徵色。雖然四閣全書所用絹面顏色與原先預設略有差異，但大體不離經、史、子、集取法春、夏、秋、冬的初衷。

一、《四庫全書》封面色彩差異

雖然乾隆在其御製詩中明確了《四庫全書》書籍封面的色彩設計，但在實際操作過程中，因種種原因導致各閣全書所用絹面顏色與原定規制形成了一定的差異。

表二列出了各閣全書及《薈要》書籍封面的具體顏色以示區別，通過以上表格可以對比出各閣藏書封面色彩的差異，除文源閣、文宗閣無法考

證外，『北四閣』現存的文淵閣、文津閣、文溯閣三閣全書其絹面的色彩一致，經部用綠色絹、史部用紅色絹、子部用藍色絹、集部用灰色絹。《揚州畫舫錄》卷四載：『最下一層，中供《圖書集成》，書面用黃色絹；兩畔樹皆經部，書面用綠色絹；中一層盡史部，書面用紅色絹；上一層左子右集，子書面用玉色絹，集用藕合色絹』。[陸拾肆]可知文滙閣經部綠色、史部紅色與『北四閣』相同，子部易為玉色、集部易為藕合色。據《文瀾閣志》中記載『《圖書集成》黃絹面，經部葵綠絹面，史部紅絹面，子部月白絹面，集部黑灰絹面』。[陸拾伍]而補鈔本則為『經部葵色，史部赤色，子部藍色，集部褐色，奚如其舊』。[陸拾陸]可知原本經部為葵綠色絹，史部為紅色絹，子部為月白色絹，集部為黑灰色絹，補鈔本改原先的絹面為紙面，同時經部、史部顏色不變，而將子部由月白色易為藍色，集部由黑灰色易為褐色。

各閣全書的封面色彩與乾隆《御製詩五集》中預先的構想相比略有差異，現有的研究都一致認定『北四閣』全書封面後來確定的顏色為經部綠色、史部紅色、子部藍色、集部灰色。陳東輝《〈四庫全書〉絹面顏色考辯》還對各閣全書的絹面進行了比較詳細的考辯，符合事實，但認為『補鈔本封面改絹為紙，但顏色仍一如其舊』，[陸拾柒]與事實略有出入。吳哲夫在其《四庫全書纂修之研究》中說『因高宗原以青、赤、白、墨四色為四部封面顏

注

陸拾肆：［清］李斗：《揚州畫舫錄》卷四，清乾隆六十年自然盦刻本，第22—23頁。

陸拾伍：［清］孫樹禮、孫峻：《文瀾閣志》卷上，第8頁。

陸拾陸：［清］孫樹禮、孫峻：《文瀾閣志》卷上，第12頁。

色，後來卻改為經部綠色、史部紅色、子部藍色、集部灰色，已失取法乎四季朔誼之原意』，[陸拾捌]筆者認為這個結論不恰当，這其實只是『北四閣』全書的顏色。各閣全書經部由預想的青色易為綠色（文瀾閣經部為葵綠色），在視覺上與春天的顏色最為接近；各閣全書的史部均為紅色與預先的規劃完全一致；子部文滙閣的玉色和文瀾閣原書的月白色最為接近；『北四閣』全書集部為灰色、文滙閣集部為藕合色、文瀾閣集部原書為黑灰色都與原設想比较接近，補鈔本紙面的褐色在明度上與黑色更為接近。

究其原因，我認為『北四閣』全書按乾隆的預先計劃專為內廷庋藏，而《四庫全書薈要》則專為乾隆閱覽，考慮到天子和皇家內廷的威嚴與肅穆，同時成書的時間比較集中，[陸拾玖]因而執行得較為統一。作為增設的『南三閣』全書，由於其目的是為民間士子服務，乾隆對其重視程度相對於『北四閣』較低，成書也比『北四閣』全書晚，於乾隆晚年才告竣，同時『南三閣』遠離京城，又因時間相隔較久，全書在材質的選擇上也很難做到與『北四閣』完全一致，基於以上種種原因，才出現了各閣《四庫全書》絹面顏色細節的略微變化。

與《永樂大典》[柒拾]和《古今圖書集成》[柒拾壹]相比，《永樂大典》封面顏色雖有靛藍色和土黃色兩種對比色，但靛藍底色與黃色書簽形成的對比度過於強烈，而土黃色底色再粘貼土黃色的書簽，色調搭配過於調和而缺乏對比。（圖九）《古今圖書集成》所有書冊的封面均為黃色，但由於其書簽過於狹窄且緊貼書口而顯得有些局促。而《四庫全書》的封面是將黑色的版框分別印刷於四種顏色的封面上，使四部在變化中求得了統一，黑色協調了四色，使四部在視覺上產生聯繫，同時四部又因部次不同而以四色予以區別。書簽內抄寫的文字因禮制的限制而形成了固定格式，因字體相對統一、字跡變化微妙而使固定的版面在肅穆嚴謹的同時不失生動活潑。（圖十）

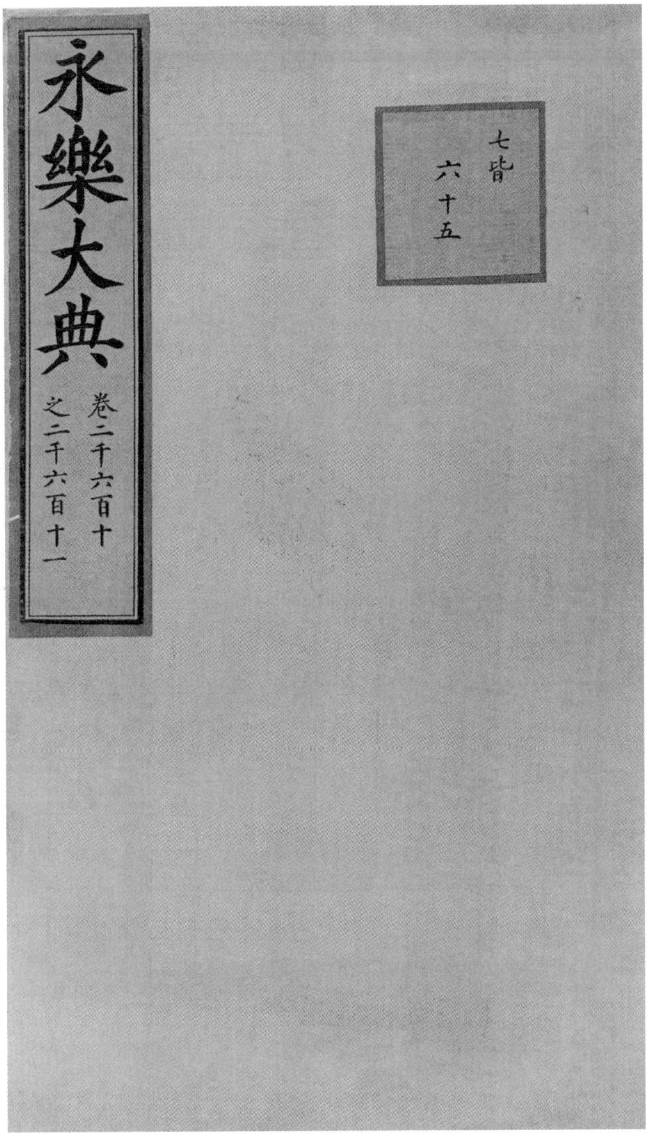

圖九：［明］解縉等編：《永樂大典》封面書影二，中國國家圖書館藏。柒拾貳

注

陸拾柒：陳東輝：《〈四庫全書〉絹面顏色考辯》，《社會科學戰線》1997年第3期，第225頁。

陸拾捌：吴哲夫：《四庫全書纂修之研究》，第109頁。

陸拾玖：乾隆四十三年（1778）五月和次年年底兩份《四庫全書薈要》告成，乾隆四十六年（1781）年底、四十八年（1783）春、四十九年（1784）春、五十年（1785）春四份全書相繼告成。

柒拾：《永樂大典》是中國古代最大的類書，成書於明代永樂六年（1408），全書22877卷，目錄60卷，11915冊，據《永樂大典凡例》介紹所采古書達七、八千種，內容為『天文、地理、人倫、國統、道德、政治、制度、名物以至奇聞異見、庾詞逸事』，全書以《洪武正韻》為綱，『用韻以統字，用字以繫事』。

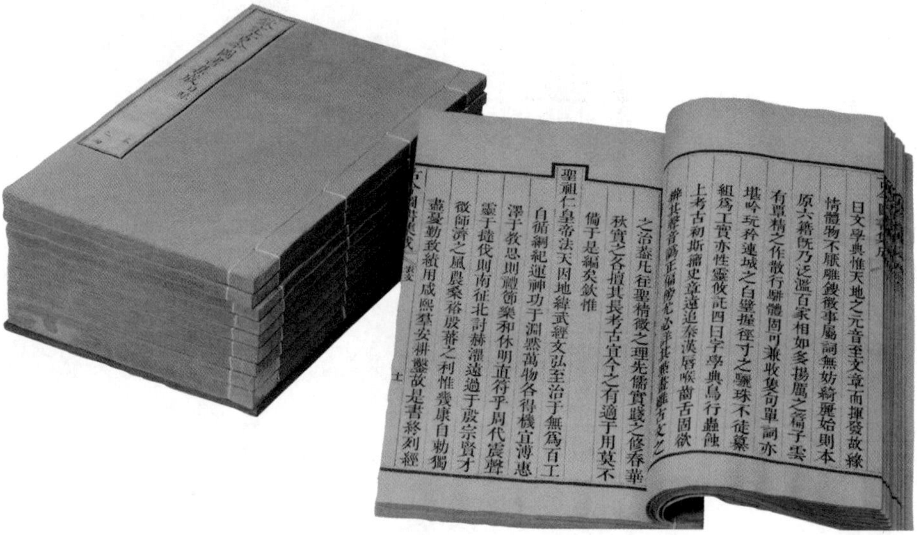

圖十：［清］蔣廷錫、陳夢雷等輯：《古今圖書集成》封面及內文書影，清雍正四年（1726年）內府銅活字刊本，故宮博物院藏。柒拾叁

柒拾壹：《古今圖書集成》係清康熙帝敕令編纂的一部大型類書，最初由陳夢雷纂，於康熙四十年（1701）十月至康熙四十五年（1706）四月完成初稿。到雍正帝即位又命蔣廷錫等重新編校，于雍正四年（1726）用銅活字排印，雍正六年（1728）完成，初版連同一部試印樣本，共印成65部，每部正文一萬卷，目錄四十卷，分裝5020冊。

柒拾貳：圖九：［明］解縉等編：《永樂大典》封面書影二，朱賽虹編：《盛世文治——清宮典籍文化展》，第126頁。

柒拾叁：圖十：［清］蔣廷錫、陳夢雷等輯：《古今圖書集成》封面及內文書影，朱賽虹主編：《盛世文治——清宮典籍文化》，第233頁。

第二節 《四庫全書》封面版式設計

乾隆及其四庫館臣將體量巨大、版本各異的底本通過統一的版式設計，結合手鈔本和統一的書函，整合成為視覺審美高度統一的大型叢書《四庫全書》，這是人類歷史上空前浩大的文化工程。《四庫全書》封面版式繼承了宋明以來的優秀傳統，主要體現在封面佈局和簽條設計上。

一、《四庫全書》開本設計

書籍開本的大小決定了書籍的基本體量，也決定了受眾閱讀的舒適度和書籍基本的美感尺度，是人接觸書籍的第一感覺，也是設計師首要解決的問題。表三和表四[柒拾肆]分別列出了文淵閣、文津閣全書以及文瀾閣原書及其不同時期的補鈔本、《永樂大典》及《古今圖書集成》的詳細尺寸及比例。[柒拾伍]

以文津閣全書為例，書冊高31.5cm，寬20cm，開本與《永樂大典》相比，高度比例約為0.6:1，寬度比例約為0.7:1，而與《古今圖書集成》相比，高寬比例均約為1.1:1。由此可見，各閣全書高、寬的比例沿用了《永樂大典》

1:0.655的比例，考察《古今圖書集成》的高、寬的比例為1:0.678，兩者均接近黃金比例分割。但是雖然《永樂大典》的比例協調勻稱，但因其開本太大導致了翻閱的不便，乾隆考慮到《四庫全書》實際的翻閱功能而採用了較小的開本，僅為其三分之二強，《永樂大典》在後期的翻閱過程中因為書品過大而出現了包背裝斷裂的現象。基於此，乾隆選擇了接近《古今圖書集成》的開本，但考慮到內廷修書的尊嚴而比當時通行的民間書籍要大，同時，為彰顯其文化方面的豐功偉績，而比康熙、雍正兩朝所編的《古今圖書集成》略大，高度增加3cm左右，寬度增加2cm左右。可見《四庫全書》開本適中，同時高寬比例繼承了前代的成果，

表三：《四庫全書》《永樂大典》《古今圖書集成》尺寸比較：

名稱		開本			版框				天頭地腳		
寬		高	比例	寬	高	比例	顏色	天	地	比例	
文津閣庫書		200	315	0.635:1	53	22	0.692:1	朱紅	67	27	2.481:1
文淵閣庫書		200	315	0.635:1	53	223	0.686:1	朱紅	待考	待考	待考
文溯閣庫書											
四庫全書薈要		202	315	0.641:1	148	223	0.664:1	朱紅	待考	待考	待考
文瀾閣庫書	原書	173	275	0.629:1	140	210	0.656:1	朱紅	45	18	2.500:1
	丁氏補鈔	171	270	0.633:1	139	205	0.678:1	淡玫瑰	44	20	2.200:1
	乙卯補鈔	172	272	0.632:1	136	202	0.673:1	淡紅色	54	15	3.600:1
	癸亥補鈔	171	270	0.300:1	137	201	0.682:1	偏橙色	51	18	2.833:1
永樂大典		300	503	0.596:1	234	357	0.665:1	偏橙色	146	66	2.212:1
古今圖書集成		180	282	0.638:1	47	214	0.678:1	黑色	49	20	2.450:1

（單位：mm，精確度0.000）

表四：《四庫全書》《永樂大典》《古今圖書集成》比例比較：

		文津庫書與文瀾閣原書	文津庫書與《永樂大典》	文津庫書與《古今圖書集成》
開本	高	1.167:1	0.626:1	1.117:1
	寬	1.156:1	0.667:1	1.111:1
版框	高	1.062:1	0.625:1	1.042:1
	寬	1.093:1	0.654:1	1.041:1
天地	天	1.489:1	0.459:1	1.367:1
	地	1.500:1	0.409:1	1.350:1

（單位：mm，精確度0.000）

注

柒拾肆：表三格中文瀾閣《四庫全書》的補鈔本、《古今圖書集成》的尺寸為筆者實測所得。由於文瀾閣全書的原書在光緒年間經過裁切，現原書的原始尺寸無考，上表為裁切後的尺寸。

柒拾伍：表四中文瀾閣原書及補鈔本、《古今圖書集成》的尺寸為筆者親自測量所得，《永樂大典》及文津閣全書的尺寸為中國國家圖書館管理人員提供，文淵閣全書尺寸為參考吴哲夫《四庫全書纂修之研究》所得。表中所有的比例為筆者計算所得。

符合人的視覺規律。同時，與『北四閣』全書相比，『南三閣』全書因受重視程度不够，高度減少了4cm左右，寬度也減少了2.7cm左右。文瀾閣不同時期補鈔本的開本大小也基於規制而略有變化。即使是光緒年間經過裁切的文瀾閣全書和三種補鈔本，其高、寬比例仍未變化，各閣全書雖有相對穩定的設計範式，但純手工的操作還是導致書籍的天、地有微小差異，這種差異性不僅囿於當時手工操作的條件，同時補鈔本的參差不齊也與時間跨度大、經費有限、不同的負責人的交替主持有莫大關聯。可見《四庫全書》開本汲取了前代的優秀傳統。因『北四閣』全書供內廷陳設，『南三閣』全書為在江南傳播其文治思想而增設的，因此『南三閣』全書的開本比『北四閣』全書略小，也顯示了嚴格的等級差別和功能需求。中國古籍的開本比例經過長期演變形成了自身独特的美學範式，並對後世產生了巨大的影響。

開本尺度的傳承有深刻的文化淵源，古人認為物度軌則，一稟於六律，六律為萬事根本，這可以從歷代的營造則例和文獻記載中找到依據。宇宙萬物經過長期淘汰選擇後形成了神奇的最佳組合規律，先民從俯仰天地的體驗中體悟出了這種宇宙大道，並將其廣泛地應用到設計的實踐中。《漢書·律曆志》以象數理論將度量衡與自然界及其所生之數、律、曆等相關聯，闡述了其辯證的關係。《淮南子·天文訓》認為度量輕重，生乎天道，將尺度的重要性與天道結合在一起，用道家的哲學思想做了闡釋。而魯班尺作為中國古代的度量工具，不僅有精確的刻度可用於丈量，同時其攜帶的陰陽五行的吉凶觀念也成為古代度量中的核心應用法則，這種被公認為最能引起美感的比例關係被广泛应用到建築、雕塑、音樂、傢俱、書籍等設計實踐中並取得了偉大的成果。

二、《四庫全書》封面佈局

《四庫全書》封一版式設計中最大的特徵就是空靈的空間佈局，版面構造中唯一的元素就是簽條。（圖十一）簽條的形式來源於春秋時期的竹簡，書寫在狹長竹片上的叫做『簡』，用繩編連在一起的『簡』叫做『冊』。對冊的閱覽需要邊看邊舒捲，捲到最後，文首裸露在外，前面餘出兩枚空白『贅簡』，古人把書的篇名寫在『贅簡』外側，這就是簽條早期的雛形，如《睡虎地秦簡》即是一例。至帛書出現後，帛書通常會被捲在一個竹木軸上，幾卷帛書被裝入書衣之中，僅露出軸頭，為便於識別和取閱，會在軸頭上懸掛一個牌子，上載書名和卷次。兩漢時期經學發達，大量典籍的抄寫需要更多、更便捷的材料，竹簡太重，縑帛又太貴，蔡倫改良紙張後使文字傳播的便捷程度得到很大提高。唐末宋初，冊頁取代卷軸，懸掛於空中的書籤移步並粘貼到了冊頁封面的左上角，化身成為簽條。不管是旋風裝、蝴蝶裝、包背裝、線裝等都在封面之上加貼簽條，簽條也稱為面簽。清代胡虔在《柿葉軒筆記》中記載：『文瀾閣《四庫全書》，書皆鈔本……其面簽皆用絹，經以綠，史以赤，子以碧，集以淺楠，楠木匣盛之。』[柒拾陸] 即用四色識別四部，按簽索書。據文津閣鈔本《四庫全書》集部《楚辭章句》卷一至二封面來看，面簽並非是貼上去的，而是在絹面上直接印刷版框後書寫上去的。（图十二）

《四庫全書》簽條佔據版面橫向空間的五分之一左右，縱向空間的三分之一左右，且整個簽條幾乎上貼書首、左貼書口，居於版面的左上空間，其餘空間一片虛無，使整個版面空間

注

柒拾陸：［清］胡虔：《柿葉軒筆記》，民國五年趙氏刻峭帆樓叢書本，第20頁。

圖十一：文瀾閣本《四庫全書》封面書影，清乾隆年間寫、清光緒、民國時期補鈔本，內文堅白太史連紙、絹面，版框20.8cm×14cm，浙江圖書館藏。柒拾柒

圖十二：《毛詩講義》，卷一至二封面局部書影，文津閣《四庫全書》經部，清乾隆時期鈔本，中國國家圖書館藏。柒拾捌

構圖極為險峻。在虛實關係的空間處理上簽條為實、其餘空間為虛，虛實對比的比例約為15:1。簽條與版面的邊緣形成了極大的視覺張力，使得視覺想像的空間不再拘泥於版面之內，而是向版面之外的空間無限延伸。而簽條內的館閣體書法『欽定四庫全書』頂格書寫，左右也延伸至簽條邊緣，充滿簽條而使整個空間顯得格外醒目。簽條之內的空間，字體為實，周圍的空間為虛，使得整個簽條內又形成了一個小宇宙，陰陽變化、動靜結合、虛實相生。因不同書家的風格差異而導致了字形的千變萬化和文字大小的細微差別，這使整個簽條的設計處於微妙的變化之中。這種虛實的對比暗合了中國道家的思想，虛為陰、實為

陽，虛為靜、實為動，虛實相生、動靜有常、陰陽互動、有無相生。（图十三～十五）

簽條四周一粗一細的邊框對書名文字起到了收斂和閉合空間的作用，使其保持了書法條幅形制的基本形式，這與早期的書籍和書法界限不是那麼涇渭分明有很大關聯，是古代文人毛筆書寫的慣性在書籍設計上的延伸。簽條版框圍合空間內圖與底形成的『黑白』關係，因文武雙邊的粗細版框變化使得空間循序漸進、層層推移，形成了穩定而細膩的層次感。書籍設計的藝術性和原創性因簽條內書法的呈現而得到大大增強，達到了人書合一的最高境界。因為每個書家的性情不同，取法各異，導致每冊書

圖十三：《春秋地名考略》封面書影，文瀾閣《四庫全書》經部，浙江圖書館藏。柒拾玖

注

柒拾柒：圖十一：文瀾閣本《四庫全書》封面書影，浙江圖書館編：《浙江圖書館館藏珍品圖錄》，杭州：西泠印社2000年版，第8頁。

柒拾捌：圖十二：《毛詩講義》，卷一至二封面局部書影，文津閣《四庫全書》經部，清乾隆時期鈔本，未曾：《欽定四庫全書》零本，經部，《毛詩講義》卷一至二，清乾隆時期文津閣鈔本，2019年05月08日，https://f4.shuge.org/wl/?id=m7J9NfAzbaetSr8Ta9OeccJMDw7FUCWs，2021年4月24日。

柒拾玖：圖十三：《春秋地名考略》封面書影，未曾：《欽定四庫全書》零本，經部，《春秋地名考略》卷六至卷八，清乾隆时期文瀾閣鈔本，2019年05月08日，https://f4.shuge.org/wl/?id=m7J9NfAzbaetSr8Ta9OeccJMDw7FUCWs，2021年4月24日。

圖十四：《舊五代史》封面書影，文津閣《四庫全書》史部，清乾隆時期鈔本，中國國家圖書館藏。[捌拾]

圖十五：《古史》封面書影，文灡閣《四庫全書》史部，清乾隆時期鈔本，浙江圖書館藏。[捌拾壹]

都呈現出妙不可言的藝術審美，這是中國古籍設計的藝術特質之一。（圖十六、十七）

簽條內的書名、部屬、冊名、卷次因承載的功能不同而在字號大小上層層遞進，在排列上『欽定四庫全書』輻射了整個簽條的橫向空間，其下分為雙行隱形骨骼空間，其中右側『＊部』佔據一行空間，左側書名佔據一行空間，書名之下加『卷』字後又分為雙行隱形骨骼空間，若兩冊合為一卷，則從左至右又分別列出某卷的卷次。書名文字內容的長短因每部書籍而不同，在封面簽條的版式設計中呈現出長短不一的變化，也形成了微妙的節奏變化。為表敬謹，文字要進行擡寫，如『御選』或『欽定』的書，則『×部』降兩格。例如《御製滿洲蒙古漢字三合切音清文鑑》的封面簽內上載『欽定四庫全書』，因其是御製書，為表敬謹而於其下的雙行夾寫中將右側『經部』降兩格，左側頂格寫『御製滿洲蒙古漢字三合切音清文鑑』；《欽定西域同文志》卷三、四左面的『經部』則降兩格。

注

捌拾：圖十四：《舊五代史》封面書影，未曾：《欽定四庫全書》零本，《舊五代史》卷一至二，清乾隆時期文津閣鈔本，2019年05月08日，https://f4.shuge.org/wl/?id=m7J9NfAzbaetSr8Ta9OeccJMDw7FUCWs，2021年4月24日。

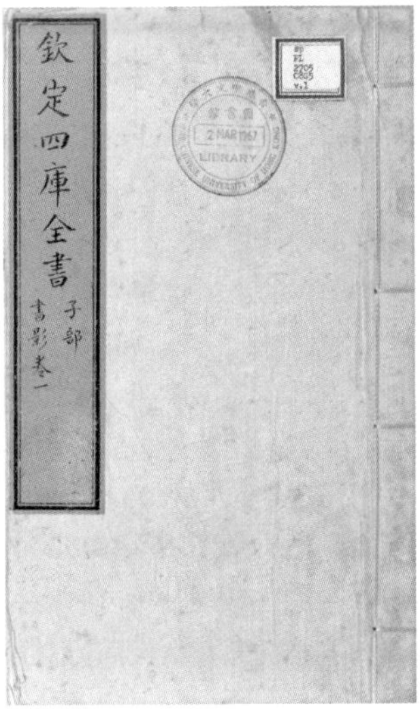

圖十六：《書影》卷一封面書影，文瀾閣《四庫全書》子部，清乾隆時期鈔本，浙江圖書館藏。[捌拾貳]

圖十七：《漢魏六朝百三家集》封面書影，文瀾閣《四庫全書》集部，清乾隆時期鈔本，浙江圖書館藏。[捌拾叁]

捌拾壹：圖十五：《古史》封面書影，文瀾閣《四庫全書》史部，清乾隆時期鈔本，未曾：《欽定四庫全書》零本，史部，《古史》卷二十八至卷三十一，清乾隆時期文瀾閣鈔本，2019 年 05 月 08 日。https://f4.shuge.org/wl/?id=m7J9NfAzbaetSr8Ta9OeccJMDw7FUCWs，2021 年 4 月 24 日。

捌拾貳：圖十六：《書影》卷一封面書影，未曾：《欽定四庫全書》，零本，子部，《書影》十卷，[清]周亮工撰，清乾隆時期文瀾閣鈔本，2019 年 05 月 08 日，https://f4.shuge.org/wl/?id=m7J9NfAzbaetSr8Ta9OeccJMDw7FUCWs，2021 年 4 月 24 日。

捌拾叁：圖十七：《漢魏六朝百三家集》封面書影，未曾：《欽定四庫全書》零本，集部，《漢魏六朝百三家集》卷四十，清乾隆時期文瀾閣鈔本，2019 年 05 月 08 日，https://f4.shuge.org/wl/?id=m7J9NfAzbaetSr8Ta9OeccJMDw7FUCWs，2021 年 4 月 24 日。

第三章 《四庫全書》內文設計

本章所探討的《四庫全書》內文設計包括書籍的開本、翻閱、導向設計以及內文版式設計，其中版式設計包括版面的天地、版框、行格以及版面裝飾設計。由於其傳承了《永樂大典》《古今圖書集成》的設計精髓，同時亦有所創新，因此這兩部大型類書亦同時作為與《四庫全書》書籍內文版式設計相比較的研究對象。

第一節 《四庫全書》紙張設計

一、紙張

清代書籍的紙張多為開化紙、棉紙、黃榜紙、毛邊紙、毛太紙等，清內府及武英殿刻書多用開化紙刷印。王傳龍在《『開化紙』考辯》一文中論述，『開化紙』之名，可追溯更早。明代弘治時倪岳《青谿漫稿》中已出現了『開化紙』、『白綿紙』的名目，或為典籍中所見之最早用例。……開化紙在明代中期以前出現已是不爭的事實。不過其時開化紙均為朝廷公文用紙，極少用於印刷書籍。明末汲古閣刊本風行一時，毛氏以開化紙為高檔刊本用紙，與普通刊本用紙加以區別，其風流衍所及，遂盛於清代康熙、雍正、乾隆三朝。今所見清三代殿本書，一種書往往用不同的紙進行刷印，以區別其名貴檔次，蓋溯源於此。而陶湘、周叔弢、黃永年所稱清三代殿本之『開化紙』，與明代開化紙並非一物，其名稱係因訛致誤。」[捌拾肆]

為使『南三閣』藏書區別於內廷四閣，體現在書籍內文的紙張上則是內廷四閣用金線榜紙而『南三閣』用太史連紙。[捌拾伍]『北四閣』《四庫全

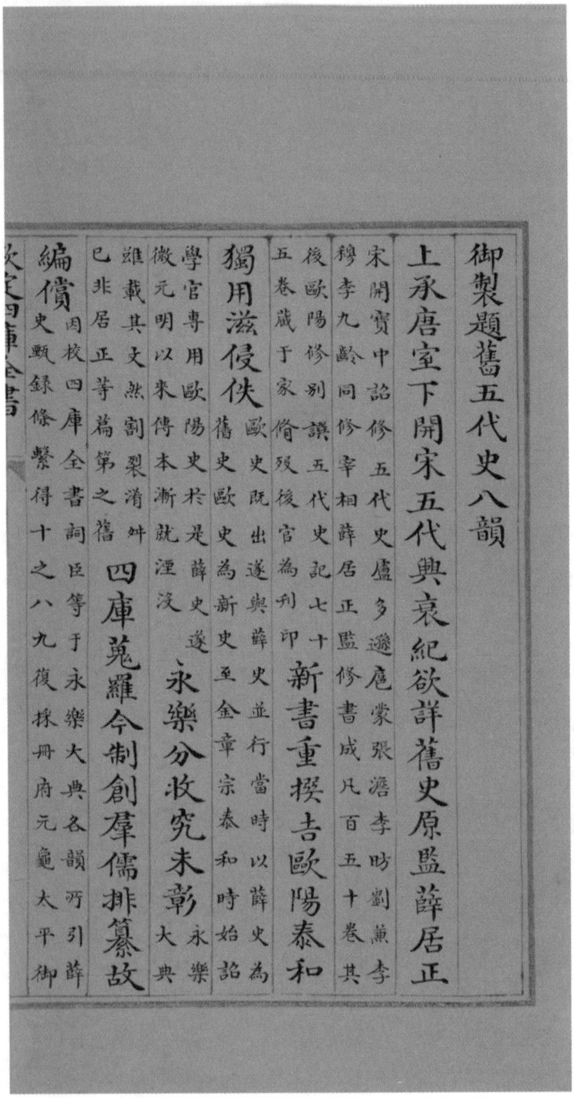
御製題舊五代史八韻
上承唐室下開宋五代興衰紀欲詳舊史原監薛居正
宋開寳中詔修五代史盧多遜扈蒙張澹李昉劉兼李
穆李九齡同修宰相薛居正監修書成凡百五十卷其
後歐陽修别譔五代史記七十
五卷藏于家脩歿後官為刊印
新書重撰吉歐陽泰和
獨用滋侵佚
歐史既出遂與薛史並行當時以薛史為
舊史歐史為新史至金章宗泰和時始詔
學官專用歐陽史於是薛史遂
微元明以來傳本漸就湮沒
永樂分收究未彰
永樂
大典
雖載其文然割裂消舛
已非居正等篇第之舊
四庫蒐羅今制創羣儒排纂故
因校四庫全書詞臣等于永樂大典各韻所引薛
史甄録條繫得十之八九復採冊府元龜太平御
編償
欽定四庫全書

圖十八：《舊五代史》內頁書影一，文津閣《四庫全書》史部，清乾隆時期鈔本，中國國家圖書館藏。捌拾柒

書》的金線榜紙色白如玉，質地細膩、柔韌厚實，比清雍正內府銅活字擺印的《古今圖書集成》所用的白紙略厚。（圖十八）《古今圖書集成》有兩種紙張的印本，一種為開化紙，一種為黃竹紙。金線榜紙除具有開化紙輕柔、細膩、潔白、韌性好的特點外還比開化紙略厚，能保證相鄰頁面的字跡不易透過來。『南三閣』所用太史連紙略次於開化榜紙，顏色稍黃，質地細潔而有韌性。因『質地尚屬堅緻，唯尺幅較小』，故四庫館臣決定『將版心略為收入，將來四面裁齊，裝訂成書，較之先辦之四分，其高矮闊狹所差不過七八分，似亦不甚懸殊』。據《文瀾閣志》載文瀾閣全書『用涇縣白綿紙，長官尺準七寸七分，闊連中摺行準三

寸九分』。[捌拾陸]涇縣白綿紙質地細膩潔白且有韌性，特別是其受墨性極好，印書、繪畫廣為採用。

關於『南三閣』與『北四閣』選用不同紙張的原因，據永瑢奏摺記載，『北四閣』俱用金線榜紙的原因一是為避免和『南三閣』用紙牽混。二是因為纂修『南三閣』全書目的是供江南廣布流傳，與供天府珍藏不同，因此專供乾隆及內廷閱覽的『北四閣』全書的紙張在規格上超過了『南三閣』，體現了嚴格的皇權等級觀念。據現存文瀾閣本原本與文溯閣本、文津閣本全書比較，堅白太史連紙紙張略單薄，色澤上也不如金線榜紙潔白，顏色略黃，紙質也比金線榜紙略粗澀，是皮料摻草料的混料紙，《文瀾閣志》稱其為涇縣白棉紙。雖然其品質略次於金線榜紙，但其柔韌而堅實，實用性強。明代書籍內文常用太史連紙，據康熙朝檔案記載，清代內府十餘種印書用紙也有太史連紙的份額。

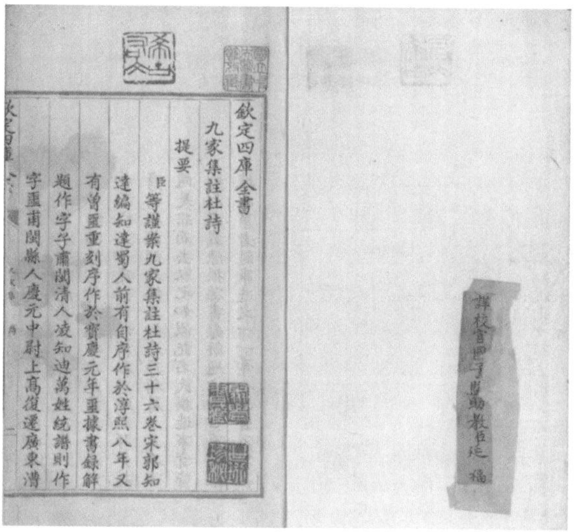
欽定四庫全書
九家集註杜詩
提要
臣等謹案九家集註杜詩三十六卷宋郭知
達編知達蜀人前有自序作於淳熙八年又
有曾噩重刻序作於寳慶元年噩據書録解
題作字子肅閩清人凌知迪萬姓統譜則作
字噩甫閩縣人慶元中尉上高復還廣東漕

圖十九：[唐]杜甫撰、[宋]郭知達集注：《九家集注杜詩》書影，文瀾閣《四庫全書》集部，『國家圖書館』藏。[捌拾捌]

注

捌拾肆：王傳龍：《『開化紙』考辯》，《文獻》2015年第1期，第19頁。

捌拾伍：參見中國第一歷史檔案館編：《纂修四庫全書檔案》，第1616頁，乾隆四十七年八月二十日永瑢奏摺。

捌拾陸：[清]孫樹禮、孫峻撰：《文瀾閣志》卷上，第8頁。

捌拾柒：圖十八：《舊五代史》內頁書影一，未曾：《欽定四庫全書》零本，《舊五代史》卷一至二，清乾隆時期文津閣鈔本，2019年05月08日，https://f4.shuge.org/wl/?id=m7J9NfAzbaetSr8Ta9OeccJMDw7FUCWs，2021年4月24日。

捌拾捌：圖十九：[唐]杜甫撰、[宋]郭知達集注：《九家集注杜詩》書影，俞小明主編：《四庫縹緗萬卷書——『國家圖書館』館藏與〈四庫全書〉相關善本敘錄》，第2:1頁。

第二節 《四庫全書》字體設計

書籍設計中字體的選擇是書籍設計中的重中之重，奠定了整本書的基調，漢字作為世界上唯一仍在廣泛使用的表意兼表音的文字，其構形的原理和攜帶的基因承載了悠久的中華文化。與拼音文字相比，漢字以象形為基礎繁衍出指事、會意、形聲等構形模式，書體的多樣性和複雜性本身就使其具備了成為獨立藝術的前提。在其發展過程中，先秦兩漢是篆、隸的黄金時代並演化出草、行、楷等字體，魏晋南北朝今草和行書走向成熟，同时隸書開始向楷書過渡且日漸成熟，至隋唐則楷書鼎盛、狂草崛起。宋代『尚意』、明人『尚勢』，清代則碑學興起，開一代新風。

中國古籍印刷的版式於宋代已基本成型，以後歷代只是在此基礎上進行微調變化。紙張的寫本書籍是繼簡帛之後出現的書籍形式，始於東漢盛於中唐，至雕版印刷出現後逐漸衰微，但寫本的形式在此後一直有延續。至乾隆時期不僅雕版印刷極為發達且活字尤其是木活字的印刷也被廣泛應用，但『七閣』全書及兩份《四庫全書薈要》的内文均採用寫本形式卻是在書籍的各種形式發展完備的狀況下進行的優化選擇。

「七閣」全書的封面及內文的書寫字體均採用標準的館閣體進行抄寫，對後世產生頗大影響。乾嘉時洪亮吉在《北江詩話》中曾記錄：「今楷書之匀圓豐滿謂之『館閣體』，類皆千手雷同。乾隆中葉後，四庫館開，而其風益盛」。[捌拾玖] 館閣體的出現可以追溯到唐朝顏元孫撰寫的《干祿字書》，這是一部正字學著作，主要為官員書寫公文和學子應試寫字之用，是唐代文人視為正字的典範，科舉考試的必要參考書。其後各代只是名稱不同，至清代由於受到康熙和乾隆的極力提倡，而使之成為當時的主流。館閣體的書寫者雖然都經過嚴格地日常書寫訓練，但是其因循的法書不同，習慣不同、審美趣味不同而使書體形成了不同的形態，但都基於一個基本的母體規範，那就是唐太宗確立王羲之書聖地位之後奠定的真書法書系統，同時成為科舉考試以書取仕的標準，其後歷代皆有流變。康有為在《廣藝舟雙楫》中談到了清代書法的發展與特徵，「國朝書法凡有四變：康雍之世，專仿香光；乾隆之代，競講子昂；率更貴盛於嘉、道之間；北碑萌芽於咸、同之際」。[玖拾] 館閣體的演變尤其是康熙、雍正時對董其昌的推崇和乾隆對趙孟頫的推崇是形成清代館閣體面貌的主要因素。這種文人士大夫書體源自古代社會的科舉制度，其主要用於抄寫圖書史籍、奏摺或用於科學考試，

注

捌拾玖：［清］洪亮吉：《北江詩話》卷四，清光緒丁丑（1877）授經堂重鐫本，第1頁。

玖拾：康有為：《廣藝舟雙楫》，《歷代書法論文選》，上海書畫出版社1979年版，第777—778頁。

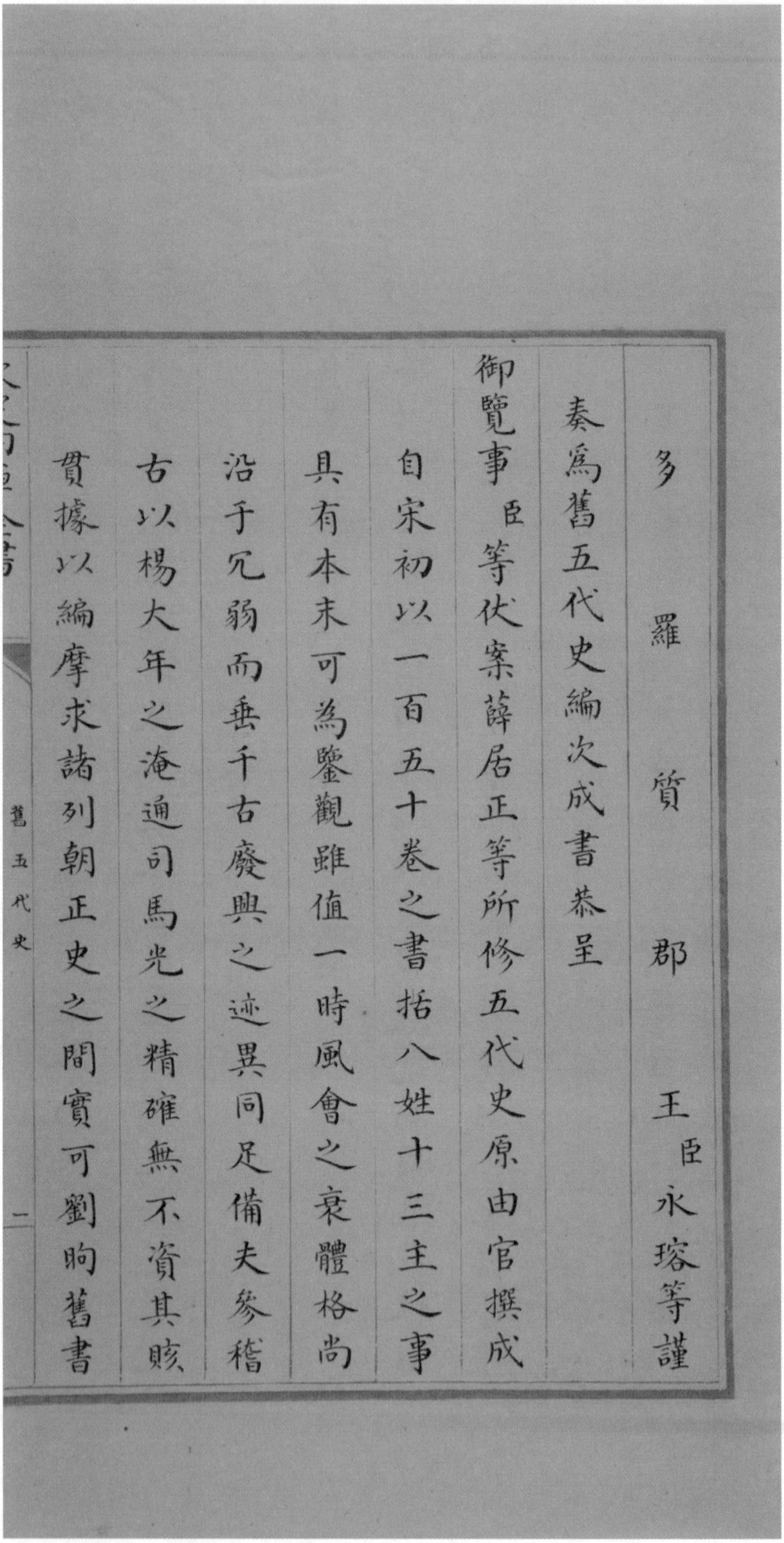

多羅質郡王臣永瑢等謹
奏爲舊五代史編次成書恭呈
御覽事臣等伏案薛居正等所修五代史原由官撰成
自宋初以一百五十卷之書括八姓十三主之事
具有本末可為鑒觀雖値一時風會之衰體格尚
沿于冗弱而垂千古廢興之迹異同足備夫參稽
古以楊大年之淹通司馬光之精確無不資其賅
貫據以編摩求諸列朝正史之間實可劉眗舊書

舊五代史　一

圖二十：《舊五代史》內頁書影二，文津閣《四庫全書》史部，清乾隆時期鈔本，中國國家圖書館藏。玖拾壹

書體具備烏、方、光等特點且通篇楷法遒美、佈局規整，實用性極強，有利於乾隆推行其文治思想，因而被奉為法則，成為《四庫全書》設計的首選字體。

七部《四庫全書》體量龐大的抄寫必然要有基本規範，每頁朱絲欄的寬度及版框的高度決定了字體的相對大小，在該寫本無障礙的設計上，文字的大小起著決定性作用，對于受眾而言，其字體大小適中，可視度極佳。鈔本穩定的字體設計帶給人安寧、祥和、舒適的心理感受，即在穩定的行格系統內字體呈現出視覺上的統一性，使書籍的翻閱設計呈現出從前到後的視覺穩定性和連續性。不同書寫者的手工抄寫決定了文字形態的千差萬別和豐富的視覺藝術效果，在翻閱過程中，受眾可以感受到流動的情感體驗。

既是閱讀者又是評判者的乾隆，作為有著深厚中國傳統文化審美及修養的帝王，皇權的高高在上決定了書寫者被居高臨下地審視。抄手因對皇權的敬畏而對抄寫產生了敬畏之心，加之其長期浸淫傳統典籍而形成的虔敬之心，以及四庫館對謄錄人員嚴格的考校制度，因此在書寫的字體形態上，即使字形千變萬化，也會因恭謹的心態而產生出莊嚴敬謹的體貌。我們不能用評判純粹書法藝術的標準來衡量《四庫全書》的內文字體設計。因為，書籍作為典藏文獻，其主要功能是保存文獻、傳播和承載書籍中蘊含的思想和文化，其更多是功能上的需求而非藝術形式上的需求。《四庫全書》的字體設計在書籍設計層面將文獻的傳播與視覺藝術的傳達高度融合在一起，在不同時期因主、客觀原因而呈現出不同風格取向，成為溝通漢字字體設計與書法藝術的橋梁。

注

玖拾壹：圖二十：《舊五代史》內頁書影二，未曾：《欽定四庫全書》零本，《舊五代史》卷一至二，清乾隆時期文津閣鈔本，2019年05月08日，https://f4.shuge.org/wl/?id=m7J9NfAzbaetSr8Ta9OeccJMDw7FUCW，2021年4月24日。

第三節 《四庫全書》內文版式設計

簡策是中國正式圖書的源頭，古人將著作寫在用竹木製成的狹長條片上，一根條片稱為簡，然後依文字秩序用帶子將簡編連起來，再用賸餘的帶頭將簡綑紮成一束，編連成策即書的形態。簡用帶子編連，通常是二道，但也有三道、四道，甚至多達六道的，像近年出土的秦簡『爲吏之道』便是例子。編數的多少，視簡牘本身的長短而定。至於編簡用的帶子有絲、麻、皮等材料上的差別。皮質的帶子，古人稱爲韋編，孔子晚年喜易，有讀易韋編三絕的美談，不過韋編到目前爲止，還沒有考古實物的發現。今日所見的僅絲、麻二種編簡材料，其使用的情形，大概是：正式典籍用絲，公文簿籍用麻；西北邊陲地區用麻，內郡用絲；簡編用絲，木牘用麻；編之道數多的用絲，少的用麻；典籍內容愈尊貴的，用絲的現象愈多，反之則用麻，除了尊卑的因素外，還有經濟及實用的因素存在。玖拾貳

一、《四庫全書》內文空間佈局設計

天頭、地腳是古籍版面內版框上、

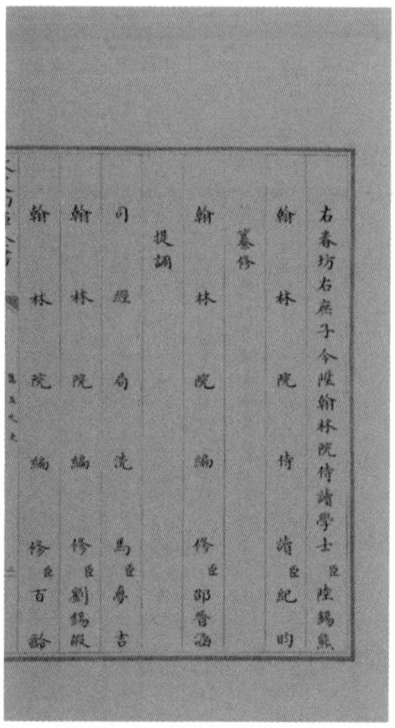
右春坊右庶子今陞翰林院侍讀學士臣陸錫熊
翰林院侍讀臣紀昀
纂修
翰林院編修臣邵晉涵
提調
司經局洗馬臣[illegible]吉
翰林院編修臣劉錫嘏
翰林院編修臣百齡

图二十一：《舊五代史》內頁書影三，文津閣《四庫全書》史部，清乾隆時期鈔本，中國國家圖書館藏。玖拾叁

下的空白部分，天頭的空間可以用來書寫眉批，地腳的空間可以用來做註腳。天、地的留白空間是古籍版面中的虛空間，與版框內的實空間形成強烈的虛實對比關係。

《四庫全書》接近6.7cm的天頭與2.7cm的地腳設計（圖二十一），介於《永樂大典》和《古今圖書集成》之間（圖二十二），且天、地比例約為2.5:1，更加接近《古今圖書集成》2.45:1的比例。天頭與地腳在面積上形成鮮明的對比，從實用的角度不仅增加了天頭的眉批空間，同时天、地懸殊的比例關係也使視覺更為疏朗。文瀾閣全書在光緒年間雖然曾被裁切過，但目前其天地比例也仍保持5:2。文瀾閣補鈔本之中乙卯本天頭尺度最

注

玖拾貳：吴哲夫：《圖書的裝潢——歷代圖書型制的演變》，第46—47頁。

玖拾叁：《舊五代史》內頁書影三，未曾：《欽定四庫全書》零本，《舊五代史》卷一至二，清乾隆時期文津閣鈔本，2019年05月08日，https://f4.shuge.org/wl/?id=m7J9NfAzbaetSr8Ta9OeccJMDw7FUCWs，2021年4月24日。

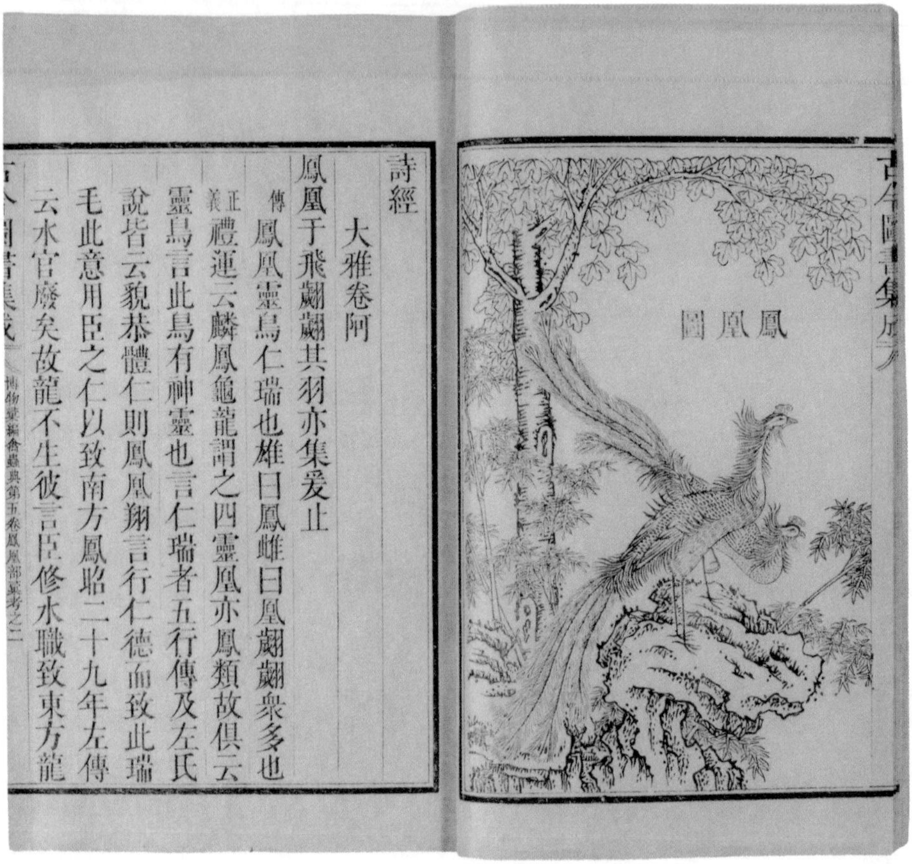
古今圖書集成

鳳凰圖

詩經

大雅卷阿

鳳凰于飛翽翽其羽亦集爰止

傳 鳳凰靈鳥仁瑞也雄曰鳳雌曰凰翽翽衆多也

正義 禮運云麟鳳龜龍謂之四靈凰亦鳳類故俱云靈鳥言此鳥有神靈也言仁瑞者五行傳及左氏說皆云貌恭體仁則鳳凰翔言行仁德而致此瑞毛此意用臣之仁以致南方鳳昭二十九年左傳云水官廢矣故龍不生彼言臣修水職致東方龍

古今圖書集成 博物彙編禽蟲典第五卷鳳凰部彙考之二

圖二十二：［清］蔣廷錫、陳夢雷等輯：《古今圖書集成》內文書影，清雍正四年（1726）內府銅活字刊本，故宮博物院藏。玖拾肆

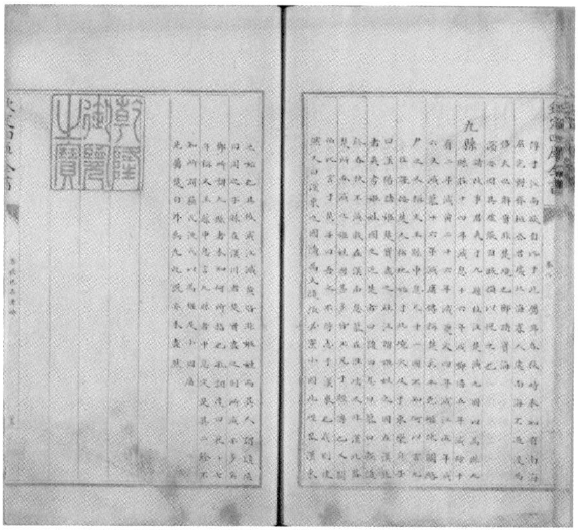

圖二十三：《春秋地名考略》天頭、地腳設計，文瀾閣《四庫全書》經部，清乾隆時期鈔本，浙江圖書館藏。玖拾伍

大、丁鈔本次之、癸亥本最小，其中丁鈔本天頭與原鈔本接近。而在地腳的尺度上，丁鈔本最大、癸亥本次之、乙卯本最小，其中癸亥本與原書相同。乙卯本的天地比例最大，版面的視覺更開闊，丁鈔本介於乙卯本和癸亥本之間。（圖二十三）可見《四庫全書》的天地比《永樂大典》小，但比《古今圖書集成》大，同時天地的比例則是《四庫全書》最大，因而在開本適中的情況下，視覺更為開闊疏朗。

古代因書籍來之不易，故天頭和地腳可以保護書籍的內文，同時在天頭位置預留記錄閱讀者心得體會和考證文字的空間，這種功能和形式雖然發端於書籍，但其後書畫的裝裱與之並行發展，在書籍的裝潢史和書畫的

注

玖拾肆：圖二十二：［清］蔣廷錫、陳夢雷等輯：《古今圖書集成》內文書影，朱賽虹編：《盛世文治——清宮典籍文化展》，第111頁。

玖拾伍：圖二十三：《春秋地名考略》天頭、地腳設計，未曾：《欽定四庫全書》零本，經部，《春秋地名考略》卷六至卷八，清乾隆時期文瀾閣鈔本，2019年05月08日，https://f4.shuge.org/wl/?id=m7J9NfAzbaetSr3Ta9OeccJMDw7FUCWs，2021年4月24日。

裝裱史上都曾出現過卷軸裝、蝴蝶裝、經折裝等形式。書畫的真偽和傳承長期以來受到文人士大夫的高度關注，在書畫鑒藏領域，將唱和觀點以題跋的形式保留在書畫作品上，經過長期演變形成了穩定的形式，且複雜多變、極盡精微，反過來也對書籍裝潢的形式演化產生了巨大影響，只不過書畫題跋的位置比較多元，在古籍設計中，題跋的位置則基本位於天頭，且具有了相對穩定的範式。

天頭、地腳、版框的淵源來自於《周易》中最早提出的『天、地、人』的三才學說。其貫穿於中國人的人倫和日用之中，牢固地培育了中華民族與天地合一、與自然和諧的精神，折射了人作為天地間主體對天地、自然持有的敬畏之心，以及人在其中為天地立心的擔當。同時，《四庫全書》內文設計中天頭、地腳、訂口和切口形成的空間叫周空，與版框形成的『白』與『黑』、『有』與『無』的關係則折射了中國道家哲學思想中天下萬物『無生於有』『有生於無』的思想。『有』『無』的相對性及其相互轉化的關係，揭示了宇宙間恒常的大道。留白是其藝術的精髓，留白的虛實關係有計白當黑的功能，這裡的『黑』和『白』是一種符號關係，是相對概念，而非絕對真實的色彩。天、地虛空間的『白』可以襯托版框內實空間的『黑』，將文字的神韻襯托出來，虛空間延伸的無限性聚焦了實空間聚合的有限性，以廣闊的虛空間無形性襯托出了內斂的實空間有形性。這在中國古代的繪畫、書法、戲劇等藝術中都有鮮明的表現，並形成了中國古代傳統藝術獨特的理論，藝術設計也不例外，彼此關聯、相輔相成。

版框也稱為邊欄，是指印刷在一整張紙上的長方形邊框，框內屬於正文書寫或繪製插圖的空間，上邊線謂『上欄』，下邊線謂『下欄』，兩邊邊線謂『左右欄』。單線的謂『單邊』或『單欄』，雙線的謂『雙邊』或『雙欄』，四周只印一道粗邊線，稱為四周單邊。四周粗線內側再印一細線，稱四周雙邊，也叫文武雙邊。如果僅左右粗線內印細線，則稱為左右雙邊。《四庫全書》的內文版框為文武雙邊，紅色版框將畫面的虛實空間做了分界，具有規範、整齊版面的作用，即使是版框內部偶有空白，也因為版框的相隔形成了虛實相對的空間。四周雙邊的紅色版框以及紅色的行格線一起構築了整個版面的基本骨骼系統和色彩基調，無論內部空間之圖、文如何變化，其穩定的版式和色彩成為整套體量浩大的書籍中最穩定的框架支撐，成為其中不變的因素。這種利用版框隔離虛實空間的設計是中國古籍獨特的審美形式，並形成了非常穩定的形式法則。

至乾隆時期，文治相對穩定並呈現盛世的氣象，反映在《四庫全書》書籍設計上則體現出溫文爾雅、相對沉靜而莊嚴的氣象。在版框的尺寸上，『北四閣』全書一致，高約為22.3cm，寬約為15.3cm，高、寬比例約為1.5:1，『南三閣』全書幾乎是同比縮小，與《永樂大典》《古今圖書集成》1.5:1的高寬比例相同，正文界格與版心界格的比例約為4:3。比較文瀾閣原本和補鈔本，各版本的版框大小並不一致，乙卯本最大、丁鈔本次之、癸亥本最小。可見版框的高、寬比例是中國古代書籍長期演變形成的，符合人的視覺審美，《四庫全書》繼承了前代的優秀傳統，並在此基礎上將開本的大小進行適當變化。各閣全書的版框和界格均為雕版印刷，原本顏色為朱紅色，墨色勻淨，欄線清晰。文瀾閣後期的補鈔本中丁鈔本為淡玫瑰色，有的顏色較為慘澹，有的甚至出現漫糊的現象。乙卯本比原鈔本偏紅且顏色較淡，癸亥本偏橙色。從乙卯補鈔本中的《西清古鑑》二十四頁的『宋薛紹彭蘭廳硯正面圖』的文字寫在了版框外或壓在版框上可見，是先印版框後畫插圖的。

《四庫全書》版框接近黃金分割律的寬、高比例繼承了《永樂大典》《古今圖書集成》的經典傳統，源於古籍中宋版書的經典尺度之美。例如《李太白文集》宋蜀刻本，開本尺寸約寬10宋尺（約31cm），高7.8宋尺（約25cm）；《童溪王先生易傳》建刻本，開本尺寸約寬10宋尺(約31cm)，高7.8宋尺（約24cm）；天頭、版面及地腳對應的中國古人『大、地、人』的哲學宇宙觀，是中國人順應天時、地利、人和的觀念，體現了中華民族與天地合一、與自然和諧的哲學理念。同時，《四庫全書》版式設計空間的『黑白』『虛實』及『有無』的設計美學則折射了中國道家思想中『有無相生』的辯證觀念。

二、《四庫全書》內文導向設計

（一）《四庫全書》文字導向設計

『七閣』《四庫全書》內文的行款為每半頁八行，行二十一字，雙行夾註，繼承了宋代國子監八行經注合刻本範式。經學是中國學術的核心，關於經典的刊印，五代唐明宗時國子監刊刻了只有經注而無義疏的單注本，而宋太宗端拱元年（988）又刊刻了只有義疏而無經注的單疏本。閱讀單疏本時需持經注本進行對照，極為不便，到了南北宋交替之際便有群經注疏合刻本『黃唐本』的誕生，因各書每半葉八行被稱為『八行本』，其繼承了單疏本校勘精良的傳統，又於群經刻印史中開創了注疏合刻的先河，因而受到學界的尊崇，乾隆修《四庫全書》時也繼承了此善本文質彬彬的優良設計傳統。但據《文瀾閣志》卷上載，全書有因擡寫而產生『每頁化十六行為十八行、每行化二十一字為二十五字』的情形。[玖拾陸]雙行夾註的書寫在內文版式中佔據一列行格的空間體量，將整個版框作為完整的視覺空間來看，所形成的灰度空間與單行大字相一致，不同灰度的面積形成不同的空間變化。勻淨而穩定的版框及行格系統內結合單行字體以及高低錯落變化的夾註形成豐富的視覺變化，這種空間佈局所形成的韻律感類似於音樂中音長的時值切分，在書籍的翻閱中被反復詠歎，偶發的旋律時而舒展時而緊密，可以使受眾體驗到不可預期的、神奇的藝術想像之美。（圖二十四）

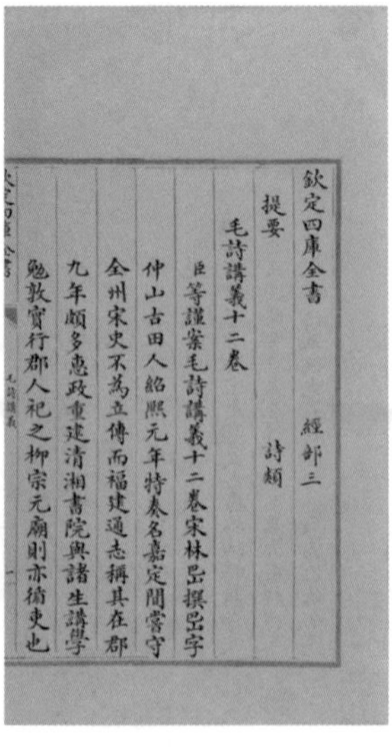
欽定四庫全書　經部三
提要　詩類
毛詩講義十二卷
臣等謹案毛詩講義十二卷宋林岊撰岊字
仲山古田人紹熙元年特奏名嘉定間嘗守
全州宋史不為立傳而福建通志稱其在郡
九年頗多惠政重建清湘書院與諸生講學
勉敦實行郡人祀之柳宗元廟則亦循吏也

圖二十四：《毛詩講義》內頁書影，文津閣《四庫全書》本，清乾隆時期鈔本，中國國家圖書館藏。[玖拾柒]

各閣全書由於書儀的要求出現降格與擡寫的形態，文字的擡寫通常有擡一格、兩格或三格的情形。擡寫有直接擡寫和間接擡寫兩種情形，直接擡寫就是將要擡寫的文字直接進行升格，間接擡寫就是把需要擡寫的文字周圍的文字降格。文字的擡寫如《萬壽盛典初集》中遇「地壇」「太廟」「天壇」「皇天」「景命」「天」「鴻庥默垂純佑」「帝」「告」「神」「孝慈」「太宗」「孝端」「孝莊」「世祖」「慈」等文字時進行擡寫；如《皇清開國方略》中遇「天維」「天造」「四祖」「聖人」「高廟」「文皇」「日」「武功」「創制」「定鼎」「祖」「考」「謨」「緒曰」「上」「太祖」「四貝勒」「命」「諭令」「駕」「御」「賜」「堂」「皇帝」「聖」「列聖」「德」「天地」「大」等擡一格繕寫。全書在繕寫的過程中不僅對乾隆及其清代的列祖列宗及其營建的宗廟建築要擡寫，同時對清廷所尊崇的儒家聖人、聖德也要擡寫。如遇「欽定」「敕撰」則擡兩格。而《開國實錄》每卷首尾及每頁版心俱加「御定」二字，三擡繕寫」。據《文瀾閣志》載全書中還有通天出格的現象[玖拾捌]。

《四庫全書》內文文字導向設計中不同功能模塊的文字導向設計體例清晰，即在每種書前先寫提要，次寫正文，遇到內容為「臣等……」時，為表示恭謹，將其中的「臣」字縮為常態字體大小的一半。正文首頁首行頂格書寫「欽定四庫全書」，次行降一格書寫卷名，第三行降兩格書寫書

注

玖拾陸：據《文瀾閣志》卷上載「全書中有雙行夾註、有夾註中夾註；……有眉端御批」，見［清］孫樹禮、孫峻：《文瀾閣志》卷上，第46頁。

玖拾柒：圖二十四：《毛詩講義》內頁書，未曾：《欽定四庫全書》零本，經部，《毛詩講義》卷一至二，清乾隆時期文津閣鈔本，2019年05月08日，https://f4.shuge.org/wl/?id=m7J9NfAzbaetSr8Ta9OeccJMDw7FUCWs，2021年4月24日。

玖拾捌：［清］孫樹禮、孫峻：《文瀾閣志》卷上，第46頁。

名，第四行降三格書寫卷名，再下一行則開始頂格書寫正文具體內容，其後降一格為其注解，並於正文首頁和末頁鈐印。事實上，全書因卷帙浩繁而又經過不斷刪改，有的首行並未注明卷數。以經部首類首卷為例說明，提要首頁首行頂格寫『欽定四庫全書』其下空五格寫『經部一』，次行再降一格寫『子夏易傳』，其下空七格寫『易類』，第三行降兩格寫『提要』，第四行降四格寫提要內容『臣等謹案……』，其中『臣』字縮為一半。正文首頁首行頂格寫『欽定四庫全書』，次行降一格寫『子夏易傳卷一』，第三行降兩格寫『周易』，第四行降三格寫『上經乾傳第一』，再下一行則開始頂格寫乾卦的具體內容，其後降一格為其解釋。並於正文首頁和末葉鈐印[玖拾玖]，『但首行卷數，此時難以預定，謄寫時暫空數目字樣，統俟編輯告成後再行補填，於排纂體制方能井然不紊』[壹零零]。但事實上因卷帙浩繁後又不斷刪改，首行並未注明卷數。正文中如有原文及注解的，原文頂格寫，注解降一格寫，注解下的注疏為小字雙行夾寫；據《文瀾閣志》卷上載『全書中有雙行夾註、有夾註中夾註；……有眉端御批』[壹零壹]。（圖二十五、二十六）

由於時代變遷導致文瀾閣補鈔本不再受禮制的嚴格限制，故擡寫的格式與原本不相一致，或降兩格、或降三格、甚至不降格。丁鈔本與原鈔本版心中縫文字一致，降三格，乙卯、

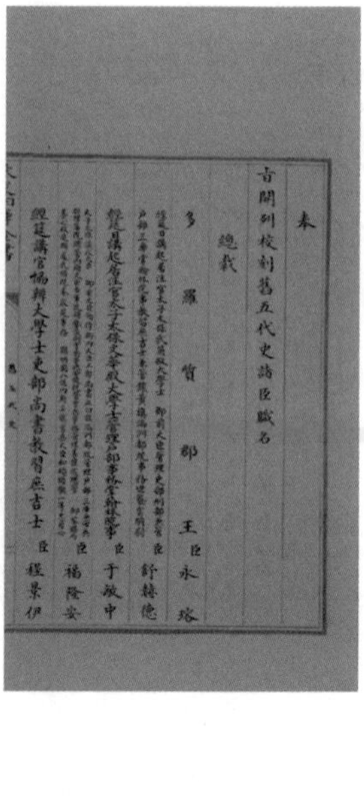

圖二十五：《舊五代史》內頁書影四，文津閣《四庫全書》史部，清乾隆時期鈔本，中國國家圖書館藏。[壹零貳]

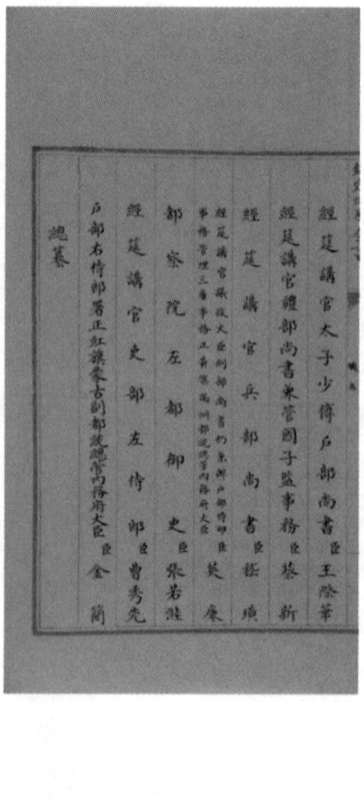

《舊五代史》內頁書影五，文津閣《四庫全書》史部，清乾隆時期鈔本，中國國家圖書館藏。[壹零叁]

癸亥補鈔本則無定數。擡寫的格式是古代禮制在書籍設計中的體現，同時在視覺上使固定的版式設計發生了微妙的變化，給受眾帶來不同的感官體驗和心理感受。

據張春國《日藏文瀾閣〈四庫全書〉殘本四種考略》研究，文瀾閣本正文與文淵閣本正文在提要、卷首、卷末的導覽格式以及有無原序、避諱方式方面存在著差異。在正文細注格式要求上，文瀾閣本與文淵閣本也有差異。文瀾閣本『有序』二小字為雙行，這正合《文瀾閣志》所謂『書中細注均夾行平列，不得單行』的記載。文淵閣本、薈要本均為『單行小字』。文瀾閣本各篇名上空兩格，文淵閣本、薈要本上空三格』；提要格式不同，文淵閣本提要前三行內容分別為欽定四庫全書、珞琭子賦注、提要，其格式與《文瀾閣志》所言一致，文淵閣本前三行格式與此不同，為欽定四庫全書子部七、提要、珞琭子賦注二卷術數類五命書相書之屬；卷首格式不同：文瀾閣本每卷之首第一行頂格為『欽定四庫全書』六字，第二行低一格『珞琭子賦注卷上』，第三行低十二格寫朝代，下空一格為『釋曇瑩』，下又空一格寫撰字。其格式與《文瀾閣志》所言同。文淵閣本各卷首書名『珞琭子賦注』與朝代、撰者置於一行，均在第二行；卷末格式不同：文瀾閣本卷尾頁末行低一格寫『珞琭子賦注卷上』，與《文瀾閣志》所記載一致。而文淵閣本無此內容；有無原

注

玖拾玖：庫書鈐印詳見表五。

壹零零：中國第一歷史檔案館編：《纂修四庫全書檔案》，第75頁，乾隆三十八年閏三月十一日辦理四庫全書處奏摺。

壹零壹：［清］孫樹禮、孫峻：《文瀾閣志》卷上，第46頁。

壹零貳：圖二十五：《舊五代史》內頁書影四，未曾：《欽定四庫全書》零本，《舊五代史》卷一至二，清乾隆時期文津閣鈔本，2019年05月08日，https://f4.shuge.org/wl/?id=m7J9NfAzbaetSr8Ta9OeccJMDw7FUCWs，2021年4月24日。

壹零叁：圖二十六：《舊五代史》內頁書影五，未曾：《欽定四庫全書》零本，《舊五代史》卷一至二，清乾隆時期文津閣鈔本，2019年05月08日，https://f4.shuge.org/wl/?id=m7J9NfAzbaetSr8Ta9OeccJMDw7FUCWs，2021年4月24日。

序不同：文瀾閣本無《原序》；文淵閣有《原序》；……避諱方式不同：文瀾閣本『玄』缺末筆，文淵閣本改為『元』。[壹零肆]

（二）版心文字導向設計

在版心文字導向設計上，每頁版心魚尾上頂格書寫『欽定四庫全書』，魚尾下的文字在版心居中處雙行夾寫，右載書名，左載卷數，雙行夾寫的書名與卷數分別被折疊到對向的兩頁上，在翻閱設計中則各有歸屬，在同一個跨頁中則處於同個視覺空間內，左下隔線上再載以頁碼，一目了然，因其連貫性而形成了完整的導讀作用。隔線所處位置設計在版心距離版框下緣約七分之一處，書頁印刷時前後兩頁整版刷印於一整紙張之上，向內對向折疊後象鼻處的『欽定四庫全書』被折疊為一半在半頁上顯示，版心所占空間僅為一個行格，行氣一脈相承，視覺統一而連貫。同時因對折而呈現出具有類似於現代印刷中『出血』的設計，而使版面具有無限的視覺張力。（圖二十七）

在版心文字排版上，每頁版心魚尾上載『欽定四庫全書』字樣，魚尾下文字採用雙行夾寫，右載書名，左載卷數，再下僅於横線上右面注頁數。魚尾下一般降三格於右側寫書名，左側寫卷數，但遇到『欽定』或『御選』圖書或帶『皇』字等需表敬謹的文字時則要擡寫，如《皇清職貢圖》書中，『皇清職貢圖』在原降三格的空間裡擡兩

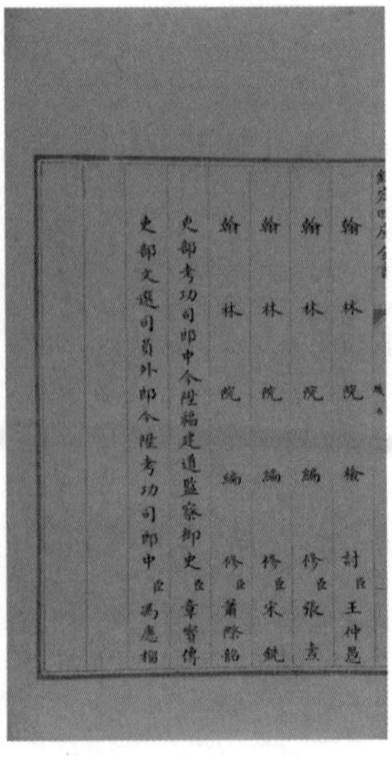

圖二十七：《舊五代史》內頁書影六，文津閣《四庫全書》史部，清乾隆時期鈔本，中國國家圖書館藏。[壹零伍]

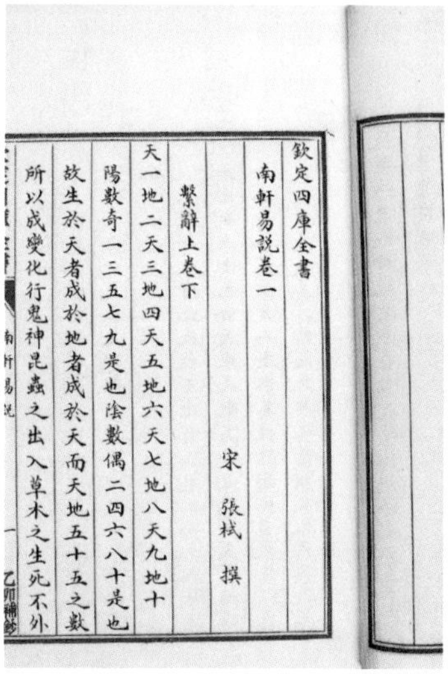
欽定四庫全書
南軒易說卷一
宋　張栻　撰
繫辭上卷下
天一地二天三地四天五地六天七地八天九地十
陽數奇一三五七九是也陰數偶二四六八十是也
故生於天者成於地者成於天而天地五十五之數
所以成變化行鬼神昆蟲之出入草木之生死不外
南軒易說　一　乙卯補鈔

圖二十八：文瀾閣《四庫全書》乙卯（1915 年）補鈔本書影，浙江圖書館藏。壹零陸

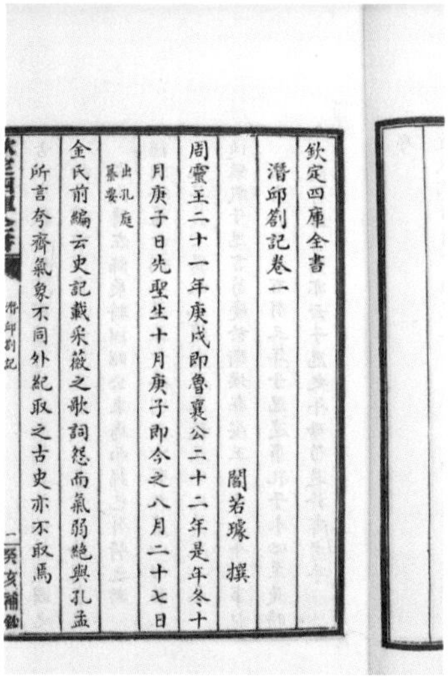
欽定四庫全書
潛邱劄記卷一
閻若璩　撰
周靈王二十一年庚戌即魯襄公二十二年是年冬十
月庚子日先聖生十月庚子即今之八月二十七日
出孔庭纂要
金氏前編云史記載采薇之歌詞怨而氣弱絶與孔孟
所言夸齊氣象不同外紀取之古史亦不取焉
潛邱劄記　一　癸亥補鈔

圖二十九：文瀾閣《四庫全書》癸亥（1923 年）補鈔本書影，浙江圖書館藏。壹零柒

格，左側的『卷二』依原樣，小字降兩格。而《萬壽盛典初集》中『萬壽盛典初集』則於魚尾下頂格寫，左側『卷三十』小字降三格。各閣《四庫全書》原本『欽定四庫全書』字樣為墨筆抄寫的館閣體，文瀾閣全書丁鈔本與原書相同，乙卯補鈔本和癸亥補鈔本為便利起見，將『乙卯補鈔』和『癸亥補鈔』改為雕版印刷的紅色宋體字，這是文瀾閣補鈔本與原本形態最大的差異。（圖二十八、二十九）

注

壹零肆：參見張春國：《日藏文瀾閣〈四庫全書〉殘本四種考略》，《文獻》2015 年第 1 期，第 132—140 頁。

壹零伍：圖二十七：《舊五代史》內頁書影六，未曾：《欽定四庫全書》零本，《舊五代史》卷一至二，清乾隆時期文津閣鈔本，2019 年 05 月 08 日，https://f4.shuge.org/wl/?id=m7J9NfAzbaetSr8Ta9OeccJMDw7FUCWs，2021 年 4 月 24 日。

壹零陸：圖二十八：文瀾閣《四庫全書》乙卯（1915 年）補鈔本書影，陳東輝主編：《文瀾閣四庫全書提要彙編》，杭州出版社 2017 年版，第 4 頁。

壹零柒：圖二十九：文瀾閣《四庫全書》癸亥（1923 年）補鈔本書影，陳東輝主編：《文瀾閣四庫全書提要彙編》，第 5 頁。

（三）黃簽及落款導向設計

《四庫全書》的成書過程需要對所繕寫內容經過反復考證、編纂和校對，為了完成這項浩大的文獻工程，乾隆成立了專門的組織機構——四庫館，並設立了嚴格的考核獎懲制度。在《四庫全書》正文前後空白頁面上粘貼黃簽以記載校書者的基本信息，成書覆校時又在黃簽上留下覆校者或者審核人的姓名，用於日後考核或者覆校。黃簽的導向設計體現在書籍的前後護頁上，黃簽作為古籍的有機組成部分，在收藏與保護中也通常會保留這些完整的信息用於版本的鑒定。（圖三十、圖三十一）

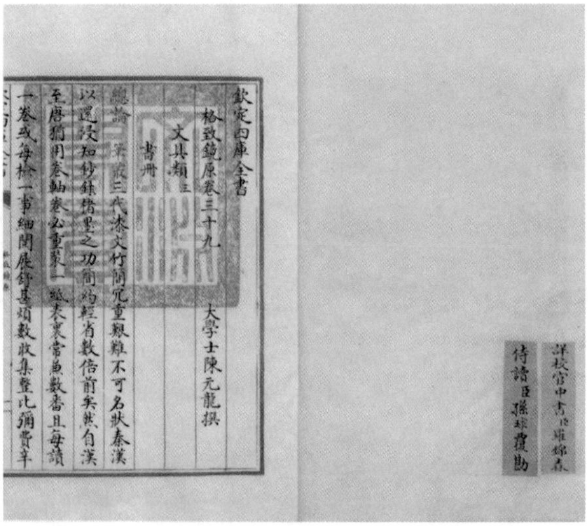

圖三十：［清］陳元龍撰：《格致鏡原》所附黃簽，文淵閣本《四庫全書》，清乾隆時期鈔本，臺北故宮博物院藏。壹零捌

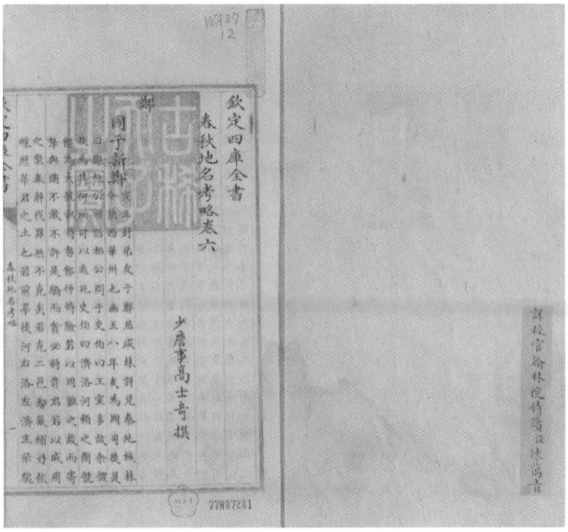

圖三十一：『古稀天子之寶』，《春秋地名考略》所附黃簽，清乾隆時期鈔本，浙江圖書館藏。壹零玖

據《文瀾閣志》記載『《四庫全書》每冊卷前、卷後都有扉頁，前扉頁上黏有黃簽，其上墨筆楷書題詳校官姓名。後扉頁上墨筆楷書三行，題總校官與校對者官職姓名。』[壹壹零] 護頁粘貼的黃簽極為醒目，簽內從右至左書寫詳校、覆勘、總校、謄錄、繪圖等人的官職及姓名，其中『臣』字縮為一半，以示等級，而如果有皇子參預校對則寫在首位，但字號要大一倍，而『臣』也縮為其一半。由此可見黃簽的導向設計也體現了嚴格的等級差別。『北四閣』本黃簽粘貼在每冊前護葉右下側，黃簽上一般墨筆題寫『詳校官職銜臣＊＊』(或『臣＊＊＊恭校』或『詳校官臣＊＊＊』)、『職銜臣＊＊＊覆勘』(或『臣＊＊＊覆勘』或『覆核官臣＊＊＊』)等。例如《格致鏡原》文淵閣《四庫全書》本首頁右下黃簽，分別寫有『詳校官中書臣羅錦森』，其中『臣』字大小縮小一半。兩條縱向並排的黃簽底緣幾乎與版框下邊齊平，高度約為版框的三分之一，橫向空間則佔據所在頁面虛空間的三分之一，在視覺設計上充分利用了三

圖三十二：《舊五代史》所附黃簽，文津閣《四庫全書》史部，清乾隆時期鈔本，中國國家圖書館藏。[壹壹壹]

注

壹零捌：圖三十：[清]陳元龍撰：《格致鏡原》所附黃簽，宋兆霖主編：《護帙有道——古籍裝潢特展》，第25頁。

壹零玖：圖三十一：『古稀天子之寶』，《春秋地名考略》所附黃簽，未曾：《欽定四庫全書》零本，經部，《春秋地名考略》卷六至卷八，清乾隆時期文瀾閣鈔本，2019年05月08日。

壹壹零：[清]孫樹禮、孫峻：《文瀾閣志》卷上，第23頁。

壹壹壹：圖三十二：《舊五代史》所附黃簽，未曾：《欽定四庫全書》零本，《舊五代史》卷一至二，清乾隆時期文津閣鈔本，2019年05月08日，https://f4.siuge.org/wl/?id=m7J9NfAzbaetSr8Ta9OeccJMDw7FUCWs，2021年4月24日。

分法的設計原則，與版框及其內部文字排列的灰空間達到了對比強烈的視覺效果，有四兩撥千斤的均衡美感。色彩用比較濃烈的土黃色與左側大面積灰色文字以及封二留白的虛空間形成強烈的對比關係，起到了黃簽應有的視覺提示作用，功能性與審美性達到了高度統一。而額外粘貼上去的土黃標籤對黃簽內書寫的文字起到了界定範圍和收斂空間的作用，在虛空間的封二頁面內部保持了設計細節中的內在的『圖與底』的層級關係，同時在形式上則豐富了設計的層次感。（圖三十二~三十四）

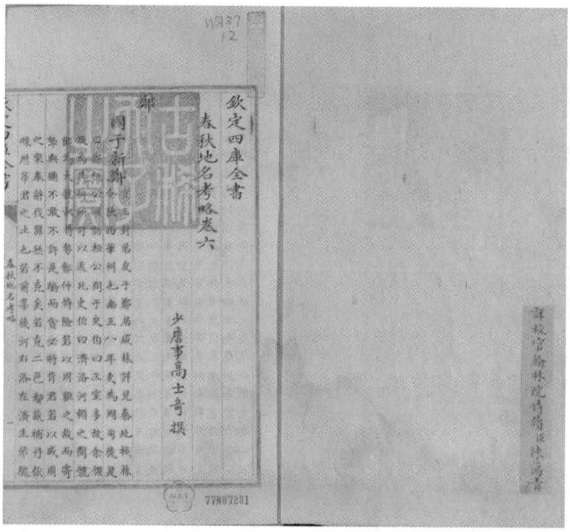

圖三十三：《春秋地名考略》所附黃簽。 壹壹貳

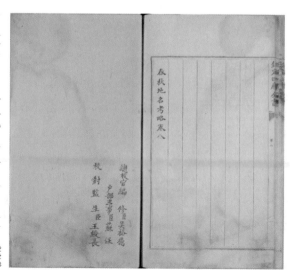

圖三十四：《春秋地名考略》所附校簽。 壹壹叁

並不是所有『北四閣』本都粘貼有覆勘黄簽，如文津閣本《大唐新語》卷前黄簽只有一條，題寫著『詳校官御史臣莫瞻菉』，而此書的文淵閣本的黄簽卻有兩條，分别書寫『詳校官侍講學士臣平恕』和『侍讀臣孫球覆勘』。同時庫書也有少部分並無詳校簽，如文淵閣本《發微論》卷前只粘貼了『靈臺郎臣倪廷梅覆勘』的黄簽一條。而『南三閣』本則是每册只粘貼『詳校官職銜臣＊＊＊』黄簽一條，而並無覆勘官或覆核官的姓名。如文瀾閣本《周易口訣義》的卷前只有一條黄簽『詳校官江西御史臣龔驂文』。南北閣本校訂等辦理方式的不同造成了南北閣本黄簽及落款形式略有差異。壹壹肆

注

壹壹貳：圖三十三：《春秋地名考略》所附黄簽，未曾：《欽定四庫全書》零本，經部，《春秋地名考略》卷六至卷八，清乾隆时期文瀾閣鈔本，2019年05月08日，httpsf4.shuge.orgwlid=m7J9NfAzbaetSr8Ta9OeccJMDw7FUCWs，2021年4月24日。

壹壹叁：圖三十四：《春秋地名考略》所附校簽，未曾：《欽定四庫全書》零本，經部，《春秋地名考略》卷六至卷八，清乾隆时期文瀾閣鈔本，2019年05月08日，httpsf4.shuge.orgwlid=m7J9NfAzbaetSr8Ta9OeccJMDw7FUCWs，2021年4月24日。

壹壹肆：張群：《〈四庫全書〉南北閣本形制考》，第29—36頁。

三、《四庫全書》內文版面裝飾設計

北宋雕版書籍版面早期多白口，後期左右欄，版心鐫刻刻工姓名和字數。南宋及元代多四周雙邊，元版魚尾較多、行間更窄、書口更闊。明初刻本多承元版，內府刻本字大行疏，正德以後則常仿宋版格式。清代乾隆時期，書籍的版式一般多為左右雙邊、白口、單魚尾。關於中國古籍的版面裝飾，歷來既有傳承又有變化，傳承為主、變化為輔，長期以來形成了相對穩定的格式。

表五列出了《四庫全書》與《永樂大典》（圖三十五）《古今圖書集成》（圖三十六）的內文版面裝飾設計比較。

表五：《四庫全書》《永樂大典》《古今圖書集成》內文版面裝飾比較：

		《四庫全書》	《永樂大典》		《古今圖書集成》
半頁行數		8	8		9
字數		21	標題 15	小字雙行 28	20
字體名稱		館閣體	館閣體		宋體
象鼻	名稱	白口	大黑口		白口
	顏色	紅色	紅色		黑色
魚尾	數量	1	3		1
	名稱	黑魚尾	黑魚尾		雙線黑魚尾
	顏色	紅色	紅色		黑色
邊欄	名稱	四周雙邊	四周雙邊		四周雙邊
	顏色	紅色	紅色		黑色

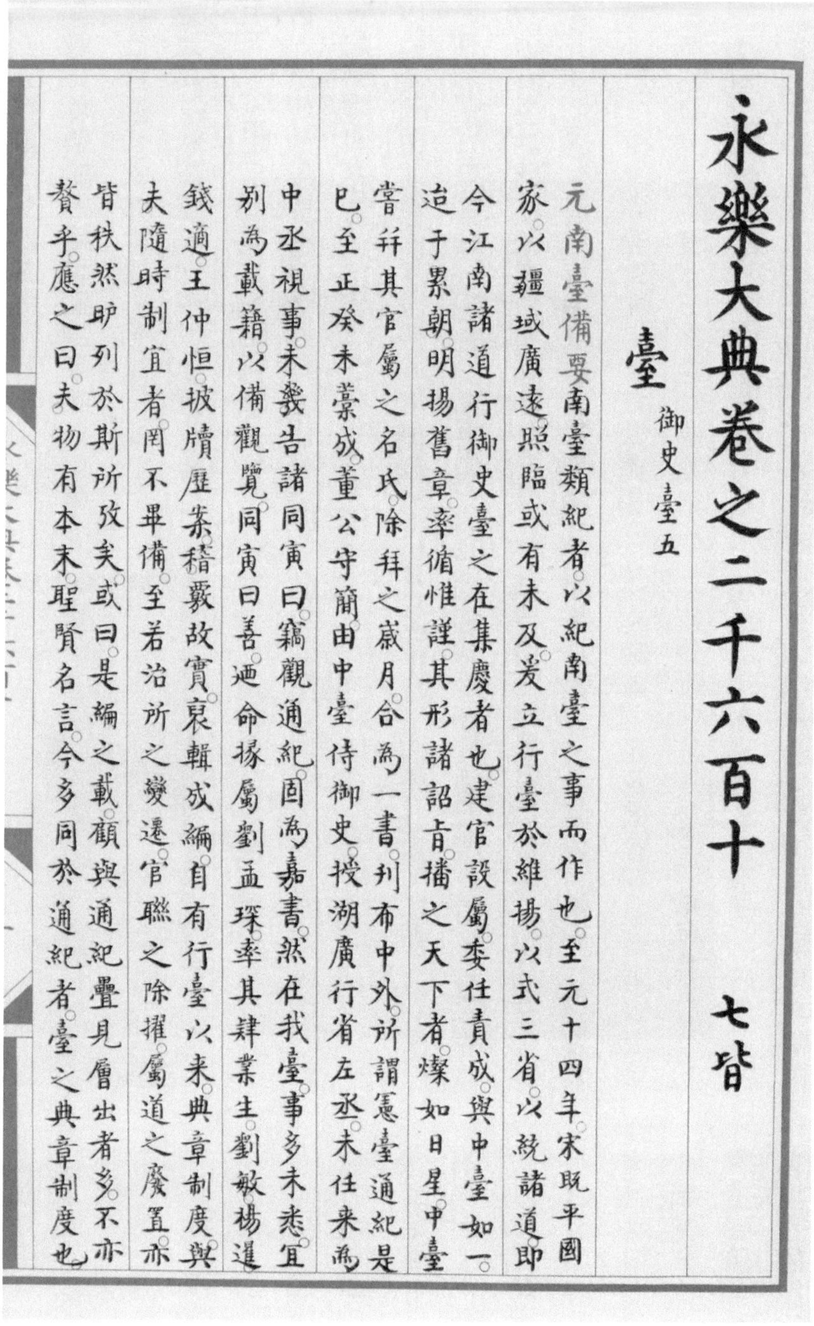
永樂大典卷之二千六百十　七皆
臺
御史臺五
元南臺備要南臺類紀者以紀南臺之事而作也至元十四年宋既平國
家以疆域廣遠照臨或有未及爰立行臺於維揚以式三省以統諸道即
今江南諸道行御史臺之在集慶者也建官設屬委任責成與中臺如一
迨于累朝明揚舊章率循惟謹其形諸詔旨播之天下者燦如日星中臺
嘗彙其官屬之名氏除拜之歲月合為一書刊布中外所謂憲臺通紀是
已至正癸未蒙成董公守簡由中臺侍御史授湖廣行省左丞未任來為
中丞視事未幾告諸同寅曰竊觀通紀固為嘉書然在我臺事多未悉宜
別為載籍以備觀覽同寅曰善迺命掾屬劉孟琛率其肄業生劉敏揚暹
錢適王仲恒披牘歷案稽覈故實裒輯成編自有行臺以來典章制度與
夫隨時制宜者罔不畢備至若治所之變遷官聯之除擢屬道之廢置亦
皆秩然昈列於斯所致美或曰是編之載顧與通紀疊見層出者多不亦
贅乎應之曰夫物有本末聖賢名言今多同於通紀者臺之典章制度也

圖三十五：［明］解縉等編：《永樂大典》內文書影，明永樂時期鈔本，中國國家圖書館藏。壹壹伍

注

壹壹伍：圖三十五：［明］解縉等輯：《永樂大典》內文書影，朱賽虹主編：《盛世文治——清宮典籍文化》，第126頁。

《四庫全書》的版面裝飾包括版面色彩裝飾、版框線裝飾、行格線裝飾、版心裝飾等。版心裝飾中最重要的是魚尾。魚尾在書籍印刷裝訂時是折疊版心中縫的對齊參考輔助線，同時，還兼具了藝術審美和『以水剋火』的隱喻功能。因火患是書籍最大的厄運，因此魚尾的設計在視覺心理上對閱讀者起到了防火的警示作用。《四庫全書》內抄寫的館閣體文字一般為墨筆書寫的黑色，但某些多種文字並列的書籍，以及一些古書的夾註、眉批等，還視其具體情況分別使用朱、藍、黃等各色進行書寫。在整齊劃一、莊嚴肅穆的行格排列中因其不同顏色的夾寫而使整個視覺感官不僅有被提示的觸動，同時，也因色彩的變化而增加了審美的趣味。《四庫全書》寫本的文字字體形態、比例、粗細和裝飾講求工整、對稱、均衡的形式法則，通篇流暢清晰、視覺統一，但因書家個人趣味及涵養的不同而又顯示出獨特的風格與氣質，在統一中又求得了變化。

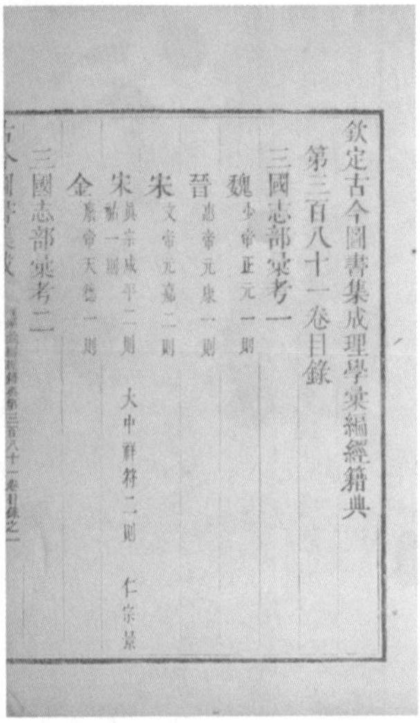

圖三十六：《古今圖書集成》書影一[116]

《四庫全書》內文一般為墨筆書寫的館閣體，但也出現了某些多種文字並列的書籍，以及一些古書的夾註、眉批等會視其具體情況分別使用朱、藍、黃等各色進行書寫。據《文瀾閣志》卷上載『有朱墨並書、有五色夾寫；……有眉端御批』等。[117]不同顏色的批註使書籍內文的局部被強烈地提示，同時也使書籍相對穩定的版式被打破而形成了跳躍、靈動的視覺感受，色彩的差異也使書籍內文形成了異彩紛呈的藝術變化。

各閣全書均為白口設計，這可以將紅色面積控制得極為有限，令書籍的色彩在富麗堂皇的版面設計中相對比較雅緻。同時紅色的魚尾非常醒目，在整個黑色文字形成的灰度版面中具有強烈的提示作用。白口的設計繼承了宋版書的傳統，白口的形成需要在雕版時將書口處多餘的版剔除掉，成書後白口的設計會非常素淨而雅緻，然而通常的刻書機構因為白口的製作費時費力，所以一般不會採用白口，而會選擇相對省時省力的黑口設計。《四庫全書》在刻版時不計成本，有意將版式設計成了白口，這也體現了皇家修書的不計成本和皇權至上的意志。（圖三十七）

除了以上裝飾設計要素之外，專為《四庫全書》設計製作的十六方璽印成為其內文版式設計的有機組成部分。璽印位於每冊書提要之後的正文首頁頂格居中處和空白末頁頂格處。由於內廷四閣所處地方不一，全書繕成及入藏時間又有先後之別，加之乾隆對南北庫書的

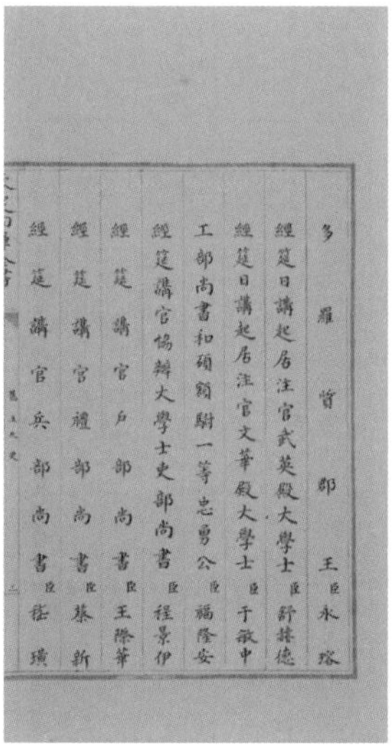

圖三十七：《舊五代史》內頁書影七，文津閣《四庫全書》史部，清乾隆時期鈔本，中國國家圖書館藏。壹壹捌

注

壹壹伍：圖三十五：［明］解縉等輯：《永樂大典》內文書影，朱賽虹主編：《盛世文治——清宮典籍文化》，第126頁。

壹壹陸：圖三十六：《古今圖書集成》書影一，［清］蔣廷錫、陳夢雷等輯：《古今圖書集成》，清雍正四年（1726年）內府銅活字刊本，杭州私人藏。

壹壹柒：［清］孫樹禮、孫峻：《文瀾閣志》卷一，第46頁。

壹壹捌：圖三十七：《舊五代史》內頁書影七，未曾：《欽定四庫全書》零本，《舊五代史》卷一至二，清乾隆時期文津閣鈔本，2019年05月08日，https://f4.shuge.org/wl/?id=m7J9NfAzbaetSr8Ta9OecJMDw7FUCWs，2021年4月24日。

重視程度不同，導致各閣全書上的鈐印也有所不同，見表六。（圖三十八～圖四十二）[壹壹玖]

表六：各閣《四庫全書》及《四庫全書薈要》鈐印比較：

	首頁		末頁	
	印面釋文	顏色及形狀	印面釋文	顏色及形狀
文淵閣全書	文淵閣寶	朱文方印	乾隆御覽之寶	朱文方形印
文溯閣全書	文溯閣寶	朱文方印	乾隆御覽之寶	朱文方形印
文源閣全書	文源閣寶	無考	圓明園寶	無考
	古稀天子	無考	信天主人	無考
文津閣全書	文津閣寶	朱文方印	避暑山莊	小篆方印
			太上皇帝之寶	小篆方印
文宗閣全書	古稀天子之寶	白文方印	乾隆御覽之寶	朱文方形印
文滙閣全書	古稀天子之寶	白文方印	乾隆御覽之寶	朱文方形印
文瀾閣全書	古稀天子之寶	白文方印	乾隆御覽之寶	朱文方形印
摛藻堂《四庫全書薈要》	摛藻堂	橢圓朱文印	乾隆御覽之寶	橢圓朱文印
			摛藻堂全書薈要寶	朱文方印
味腴書屋《四庫全書薈要》	味腴書室	無考	乾隆御覽之寶	無考

「北四閣」全書首頁分別蓋「文淵閣寶」「文溯閣寶」「文源閣寶」「文津閣寶」，其中文源閣還加蓋「古稀天子」。文淵、文溯全書末葉各蓋「乾隆御覽之寶」，文源閣全書蓋「圓明園寶」和「信天主人」，文津閣全書蓋「避暑山莊」和「太上皇帝之寶」。而「南三閣」全書與「北四閣」相同，均在首頁蓋「古稀天子之寶」，末葉蓋「乾隆御覽之寶」，但沒有對應閣名的單獨鈐印，同時文瀾閣補鈔本則無乾隆的鈐印。

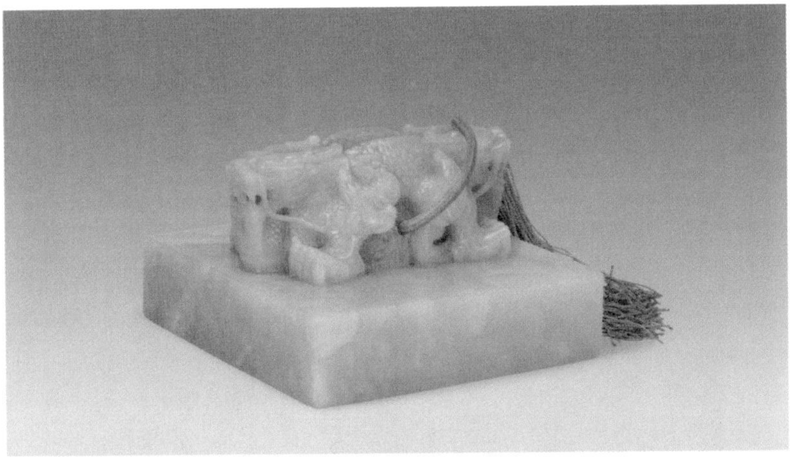

圖三十八：『文淵閣寶』白玉璽，印文12.8cm見方，通高7cm，鈕高4cm，故宮博物院藏。壹貳零

圖三十九：『文淵閣寶』白玉璽印面，印文12.8cm見方，通高7cm，鈕高4cm，故宮博物院藏。壹貳壹

注

壹壹玖：此表格參考中國第一歷史檔案館編：《纂修四庫全書檔案》，第2386—2387頁，嘉慶八年四閣全書及續三分全書用寶情形單，其中文瀾閣四庫仝書信息爲筆者親自記錄原書而成。

壹貳零：圖三十八：『文淵閣寶』白玉璽，朱賽虹編：《盛世文治——清宮典籍文化展》，第55頁。

壹貳壹：圖三十九：『文淵閣寶』白玉璽印面，朱賽虹編：《盛世文治——清宮典籍文化展》，第55頁。

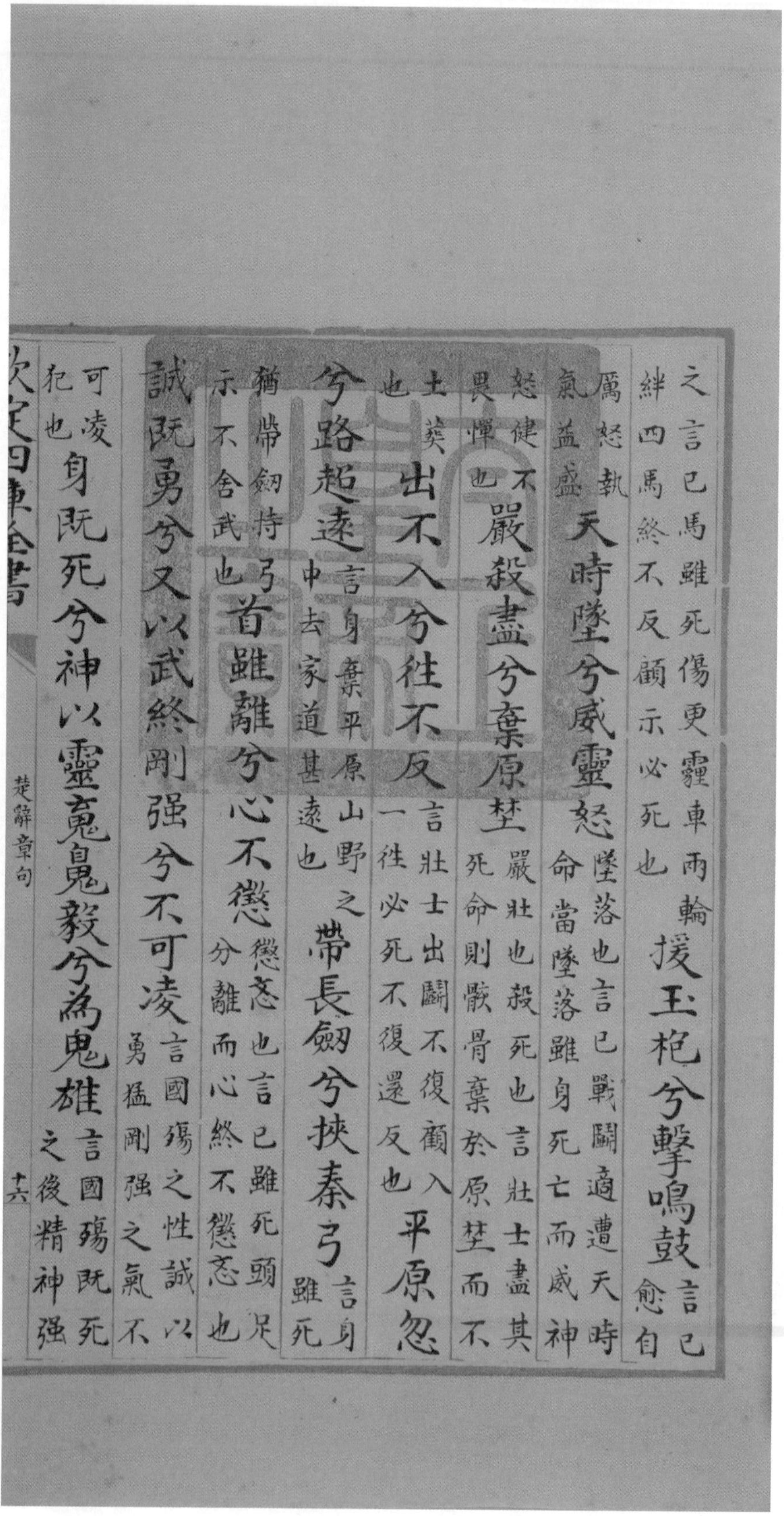

圖四十：『太上皇帝之寶』，《楚辭章句》鈐印，文津閣《四庫全書》本，中國國家圖書馆藏。壹貳貳

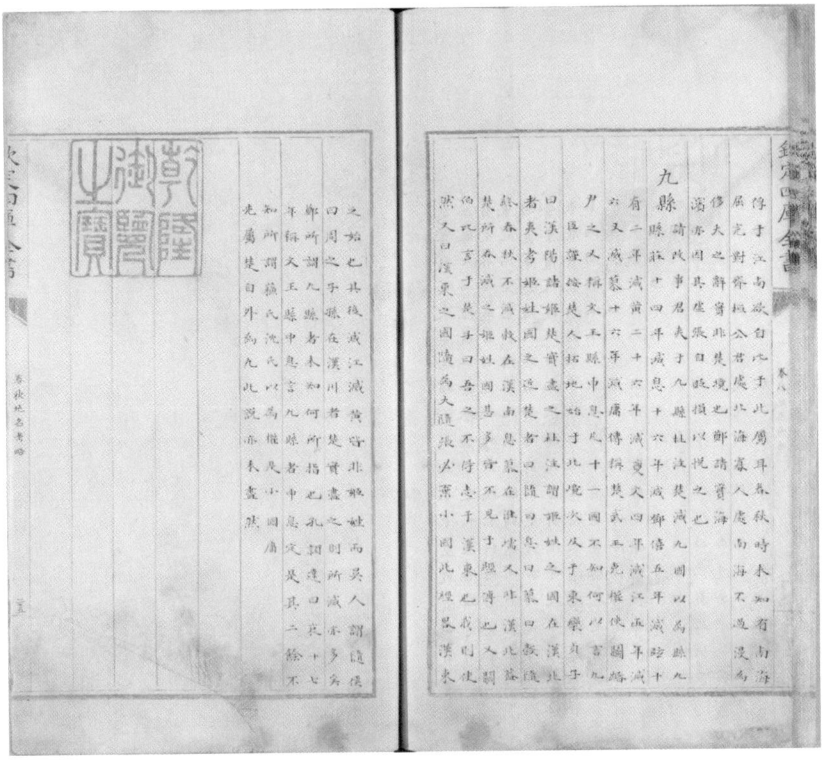

壹貳叁

圖四十一：『乾隆御覽之寶』，《春秋地名考略》卷末鈐印，文瀾閣《四庫全書》經部，清乾隆時期鈔本，浙江圖書館藏。

注

壹貳貳：圖四十：『太上皇之寶』，《楚辭章句》鈐印，文津閣《四庫全書》零本，未曾：《欽定四庫全書》零本，集部，《楚辭章句》，卷一至二，清乾隆時期文津閣鈔本，2019年05月08日，https://f4.shuge.org/wl/?id=m7J9NfAzbaetSr8Ta9OeccJMDw7FUCWs，2021年4月24日。

壹貳叁：圖四十一：『乾隆御覽之寶』，《春秋地名考略》卷末鈐印，文瀾閣《四庫全書》經部，未曾：《欽定四庫全書》零本，經部，《春秋地名考略》卷六至卷八，清乾隆时期文瀾閣鈔本，2019年05月08日，https://f4.shuge.org/wl/?id=m7J9NfAzbaetSr8Ta9OeccJMDw7FUCWs，2021年4月24日。

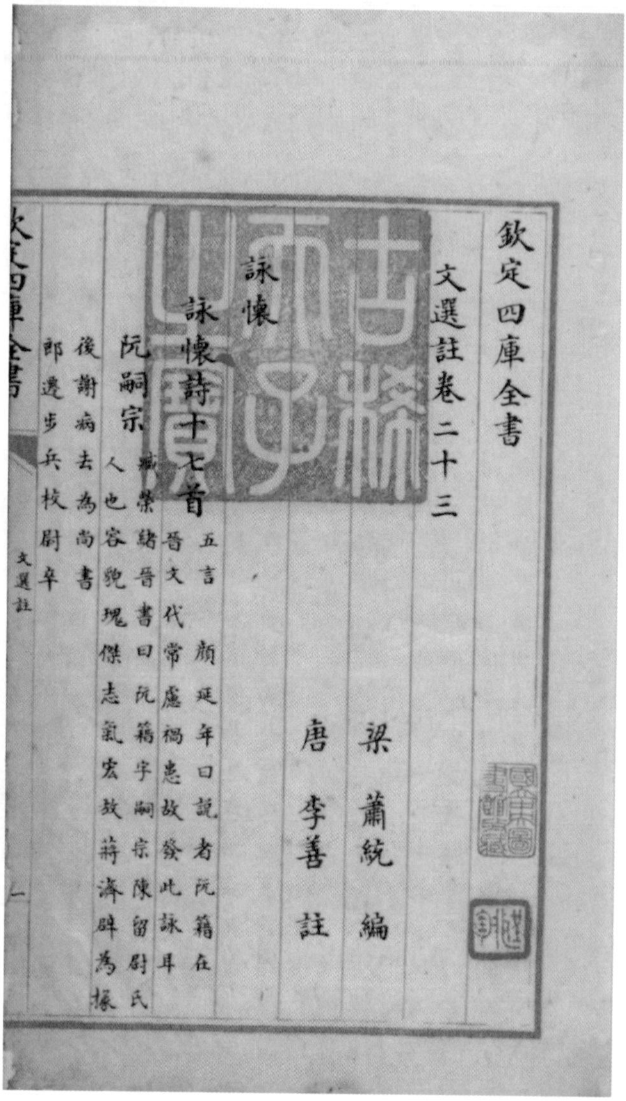

欽定四庫全書

文選註卷二十三

梁　蕭統　編

唐　李善　註

詠懷

詠懷詩十七首　五言

阮嗣宗　顏延年曰說者阮籍在晉文代常慮禍患故發此詠耳

臧榮緒晉書曰阮籍字嗣宗陳留尉氏人也容貌瓌傑志氣宏放蔣濟辟為掾後謝病去為尚書郎遷步兵校尉卒

欽定四庫全書　文選註　一

圖四十二：『古稀天子之寶』，《文選註》書影，文瀾閣《四庫全書》本，『國家圖書館』藏。壹貳肆

注

壹貳肆：圖四十二：［梁］蕭統編、［唐］李善注：《文選註》書影，清文瀾閣《四庫全書》本，俞小明主編：《四庫縹緗萬卷書——『國家圖書館』館藏與〈四庫全書〉相關善本敘錄》，第222頁。

第四節 《四庫全書》插圖設計

中國古代書籍的插圖設計始於唐，成於宋，至乾隆修四庫時各種技術已臻成熟。清代古籍插圖中以雕版印刷的版畫為多，其中卷軸裝、經折裝常在卷首插入扉畫或者圖文結合方式的版畫，以插圖做為視覺的導向設計用以引導正文，意在營造文本傳達的意境。而蝴蝶裝相對於其他形式更適合做整頁的版畫插圖，包背裝、線裝的書籍則多為左圖右文、上文下圖、上圖下文、前圖後文、後圖前文等形式，也有兩面連續的圖版插入的方式。如《大聖文殊師利菩薩像》《御製避暑

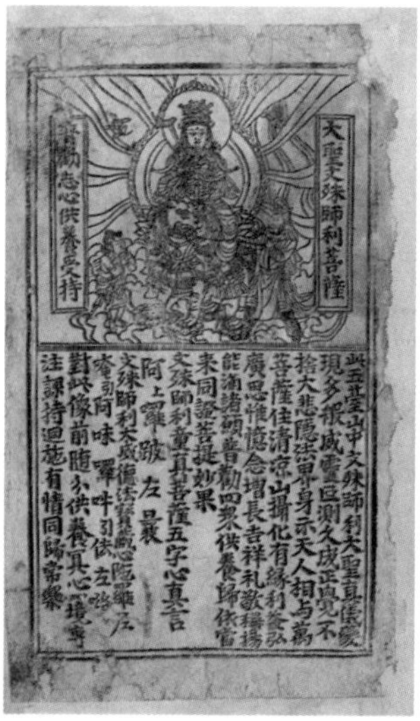

圖四十三：《大聖文殊師利菩薩像》頁，框27.8cm×16.7cm，唐末五代（九至十世紀）刻本，1900年出自甘肅省敦煌縣莫高窟藏經洞，中國國家圖書館藏。壹貳伍

注　壹貳伍：圖四十三：《大聖文殊師利菩薩像》頁，任繼愈主編：《中國國家圖書館古籍珍品圖錄》，第6頁。

山莊詩圖》《圓明園四十景詩》等。（图四十三）

《四庫全書》作為清廷最大的文化工程，其繪圖受到相當重視。乾隆遴選了專業人士參預插圖的繪製，並設專人校勘圖樣。據《纂修四庫全書檔案》記載，『至應寫書內，如《禮器圖式》《西清古鑑》等書內，應繪圖樣頗多，並擬另行酌選通曉畫法之貢監生等十員作為謄錄』壹貳陸，『查有理藩院主事門應兆，係漢軍，前在禮器館繪圖，頗為得力，……相應請旨，令在四庫全書處校對上行走』。壹貳柒可見四庫館臣對於遴選專業人士參預繪圖並設專家進行圖樣校勘做了相應充分的準備。乾隆曾在為修書所進書中見到過蕭雲從所繪的《離騷圖》，因有感於其有宋李公麟《九歌圖》筆意，合古人左圖右書的深旨乃下令『……將應補者酌定稿本，令門應兆仿做李公麟九歌圖筆意補行繪畫以增完善』壹貳捌。據《文瀾閣志》載，全書內『有卦象圖畫、有篆隸鐘鼎；有滿洲、蒙古字；有橫表、有八線表』等，插圖的種類及圖繪的變化極為豐富。插圖中的繪畫或《易經》中的卦象圖等多用手繪，服飾、亭臺樓閣等多用雕版印刷，顏色除墨色外還套印多種顏色。插圖描繪極為精緻，在嚴格的禮制下和有限的空間內，圖文排列按照實際需要和視覺規律展現了異常豐富的變化，尤其是經部易類中的卦象圖的排列，顯示出了對視覺規律成熟的把握能力。閱讀時可以按圖索驥，和文本形成相輔相成的配合關係。文本的排列同時在構圖上做了精心的設計，使構圖本身具有了強烈的視覺功能，成為文意的絕佳提示，不再只是附屬於文本，而是具有了獨立的表達作用，有的甚至與文本平分秋色。（圖四十四～五十二）

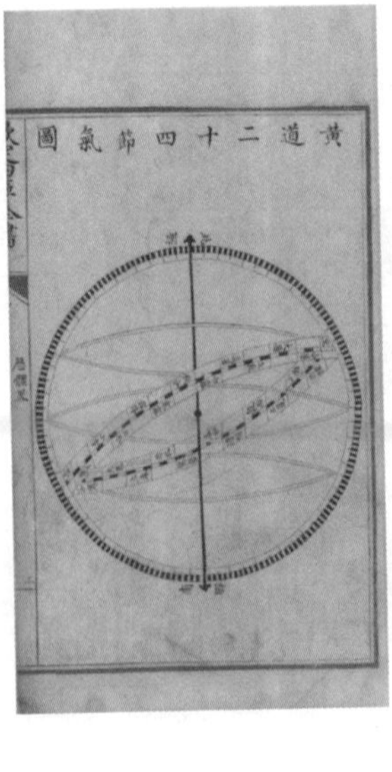

圖四十四：《曆體畧》內頁三書影，文瀾閣《四庫全書》本，『國家圖書館』藏。壹貳玖

圖四十五：《西清硯譜》內頁二十四書影，文瀾閣《四庫全書》『乙卯補鈔』本，浙江圖書館藏。壹叁零

注

壹貳陸：中國第一歷史檔案館編：《纂修四庫全書檔案》，第78頁，乾隆三十八年閏三月十一日奏摺。

壹貳柒：中國第一歷史檔案館編：《纂修四庫全書檔案》，第564—565頁，乾隆四十一年十二月二十八日奏摺。

壹貳捌：吴哲夫：《縹緗羅列連楹充棟——四庫全書特展詳實》，臺北：《故宮文物月刊》五卷五期，1987年8月，第20頁。

壹貳玖：圖四十四：［明］王英明撰：《歷體畧》內頁三書影，文瀾閣《四庫全書》本，俞小明主編：《四庫縹緗萬卷書——『國家圖書館』館藏與〈四庫全書〉相關善本敘錄》，第189頁。

壹叁零：圖四十五：《西清硯譜》內頁二十四書影，文瀾閣《四庫全書》『乙卯補鈔』本，顧志興：《文瀾閣四庫全書史》，第215頁。

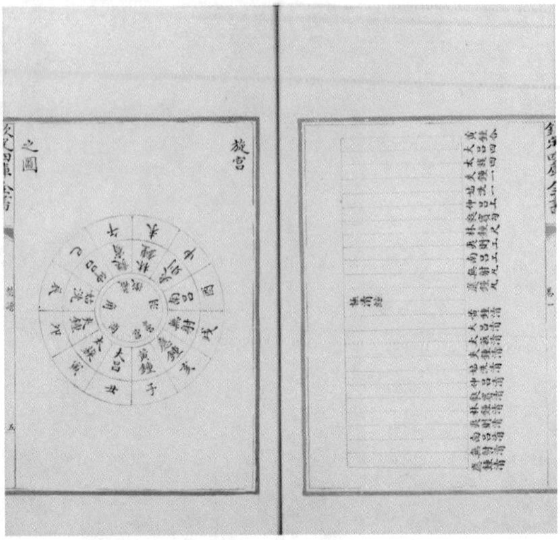

圖四十六：《旋宮之圖·瑟譜》內頁五書影，文溯閣《四庫全書》經部，清乾隆時期鈔本，甘肅省圖書館藏。壹叁壹

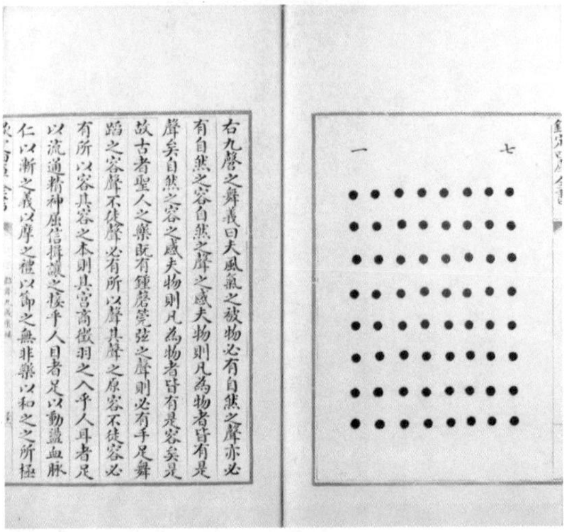

右九磬之舞義曰夫風氣之被物必有自然之聲亦必
有自然之容自然之聲之感夫物則凡為物者皆有是
聲矣自然之容之感夫物則凡為物者皆有是容矣是
故古者聖人之樂既有鍾磬管弦之聲則必有手足舞
蹈之容聲不徒聲必有所以聲其聲之原容不徒容必
有所以容其容之本則其宮商徵羽之入乎人耳者足
以流通精神感信揖讓之接乎人目者足以動盪血脉
仁以漸之義以摩之禮以節之無非樂以和之之所極

圖四十七：《韶舞九成樂補》內頁三十一書影，文溯閣本《四庫全書》經部，清乾隆時期鈔本，甘肅省圖書館藏。壹叁貳

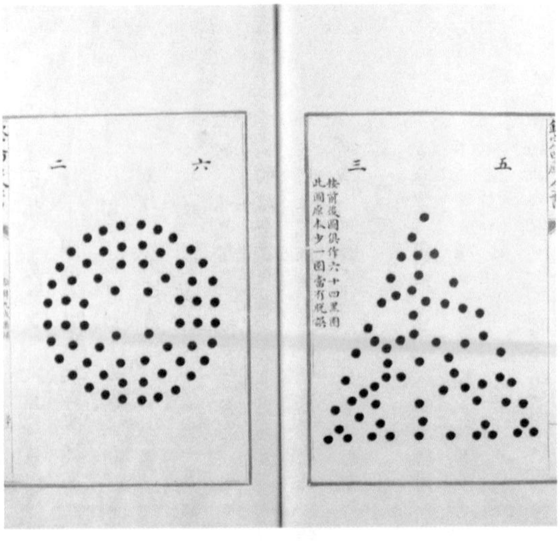

圖四十八：《韶舞九成樂補》內頁三十書影，文溯閣本《四庫全書》經部，清乾隆時期鈔本，甘肅省圖書館藏。壹叁叁

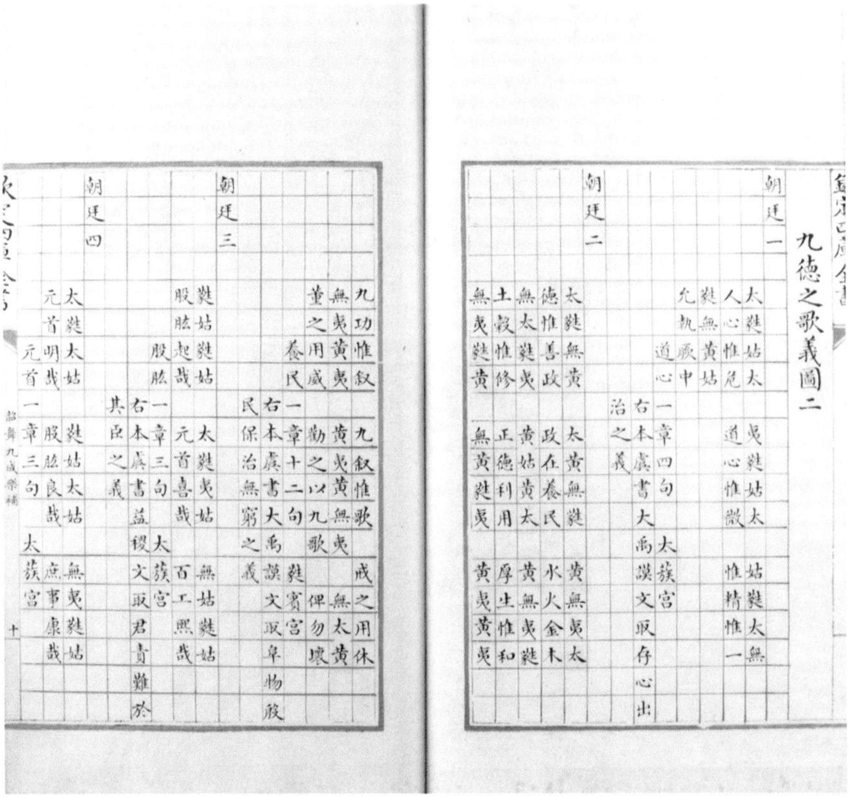

欽定四庫全書

九德之歌義圖二

朝廷一

太蕤姑太　夷蕤姑太　姑蕤太無

人心惟危　道心惟微　惟精惟一

蕤無黃姑

允執厥中

道心

一章四句　太蔟宮

右本虞書大禹謨文取存心出

治之義

朝廷二

太蕤無黃　太黃無蕤　黃無夷太

德惟善政　政在養民　水火金木

無太蕤夷　黃姑黃太　黃無夷蕤

土穀惟修　正德利用　厚生惟和

無夷蕤黃　無黃蕤夷　黃夷黃夷

九功惟敘　九敘惟歌　戒之用休

無夷黃夷　黃夷黃無夷　無太黃

董之用威　勸之以九歌　俾勿壞

養民　一章十二句　蕤賓宮

右本虞書大禹謨文取阜物殷

民保治無窮之義

朝廷三

蕤姑蕤姑　太蕤夷姑　無姑蕤姑

股肱起哉　元首喜哉　百工熙哉

股肱　一章三句　太蔟宮

右本虞書益稷文取君責難於

其臣之義

朝廷四

太蕤太姑　蕤姑太姑　無夷蕤姑

元首明哉　股肱良哉　庶事康哉

元首　一章三句　太蔟宮

欽定四庫全書　韶舞九成樂補　十

圖四十九：《九德之歌義圖二》，《韶舞九成樂補》內頁十書影，文溯閣本《四庫全書》經部，清乾隆時期鈔本，甘肅省圖書館藏。壹叁肆

注

壹叁壹：圖四十六：《旋宮之圖・瑟譜》內頁五書影，文溯閣《四庫全書》經部，未曾：《欽定四庫全書》零本，經部，《瑟譜》，六卷，清乾隆時期文溯閣鈔本，2019年05月08日，https://f4.shuge.org/wl/?id=m7J9NfAzbaetSr8Ta9OeccJMDw7FUCWs，2021年4月24日。

壹叁貳：圖四十七：《韶舞九成樂補》內頁三十一書影，未曾：《欽定四庫全書》零本，經部，《韶舞九成樂補》一卷，清乾隆時期文溯閣鈔本，2019年05月08日，https://f4.shuge.org/wl/?id=m7J9NfAzbaetSr8Ta9OeccJMDw7FUCWs，2021年4月24日。

壹叁叁：圖四十八：《韶舞九成樂補》內頁三十書影，未曾：《欽定四庫全書》零本，經部，《韶舞九成樂補》一卷，清乾隆時期文溯閣鈔本，2019年05月08日，https://f4.shuge.org/wl/?id=m7J9NfAzbaetSr8Ta9OeccJMDw7FUCWs，2021年4月24日。

壹叁肆：圖四十九：《九德之歌義圖二》，《韶舞九成樂補》內頁十書影，未曾：《欽定四庫全書》零本，經部，《韶舞九成樂補》一卷，清乾隆時期文溯閣鈔本，2019年05月08日，https://f4.shuge.org/wl/?id=m7J9NfAzbaetSr8Ta9OeccJMDw7FUCWs，2021年4月24日。

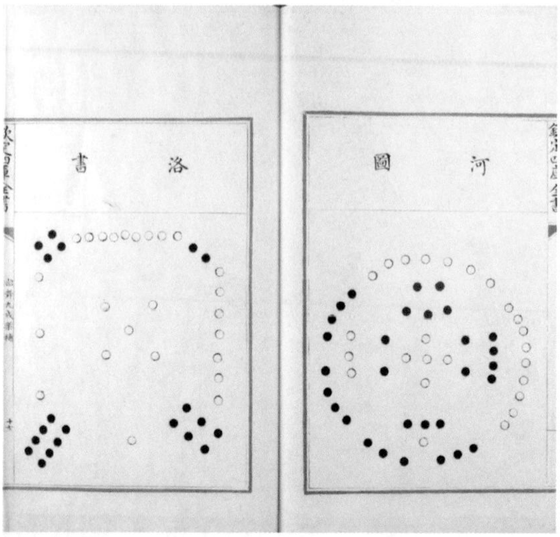

圖五十：《河圖洛書》，《韶舞九成樂補》內頁十七書影，文溯閣本《四庫全書》經部，清乾隆時期鈔本，甘肅省圖書館藏。壹叁伍

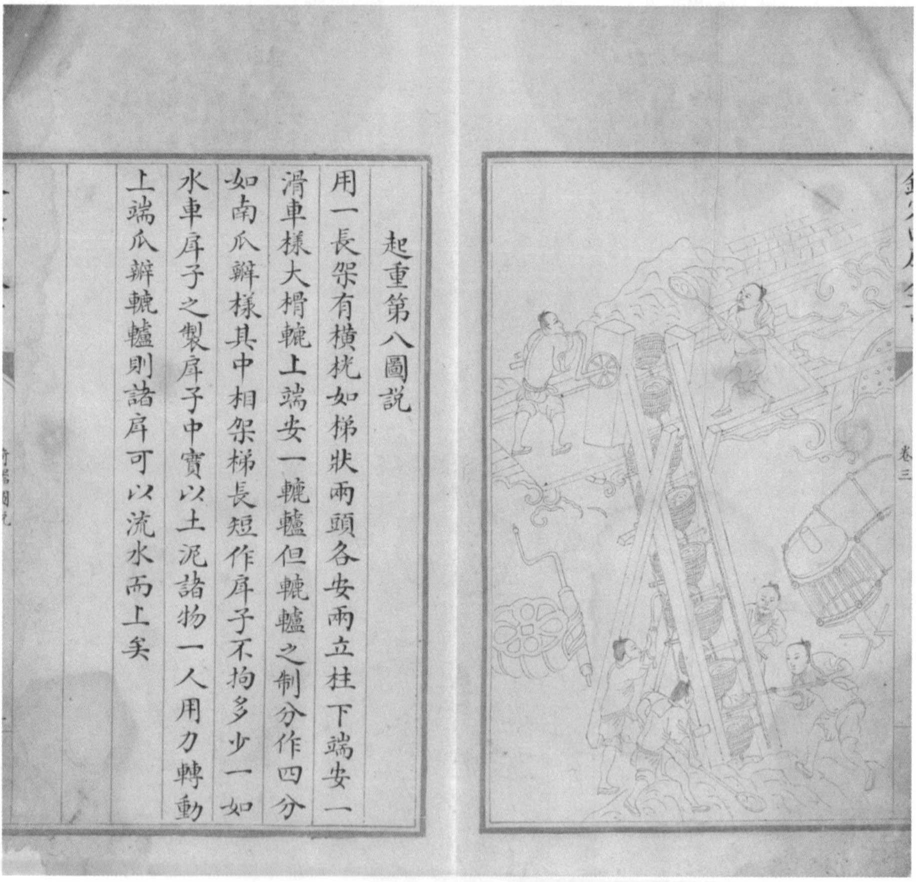
起重第八圖說

用一長架有橫桄如梯狀兩頭各安兩立柱下端安一滑車様大榾轆上端安一轆轤但轆轤之制分作四分如南瓜瓣様其中相架梯長短作扉子不拘多少一如水車扉子之製扉子中實以土泥諸物一人用力轉動上端瓜瓣轆轤則諸扉可以流水而上矣

圖五十一：《奇器圖說》卷三內頁十書影，文淵閣本《四庫全書》子部，清乾隆時期鈔本，臺北故宮博物院藏。壹叁陸

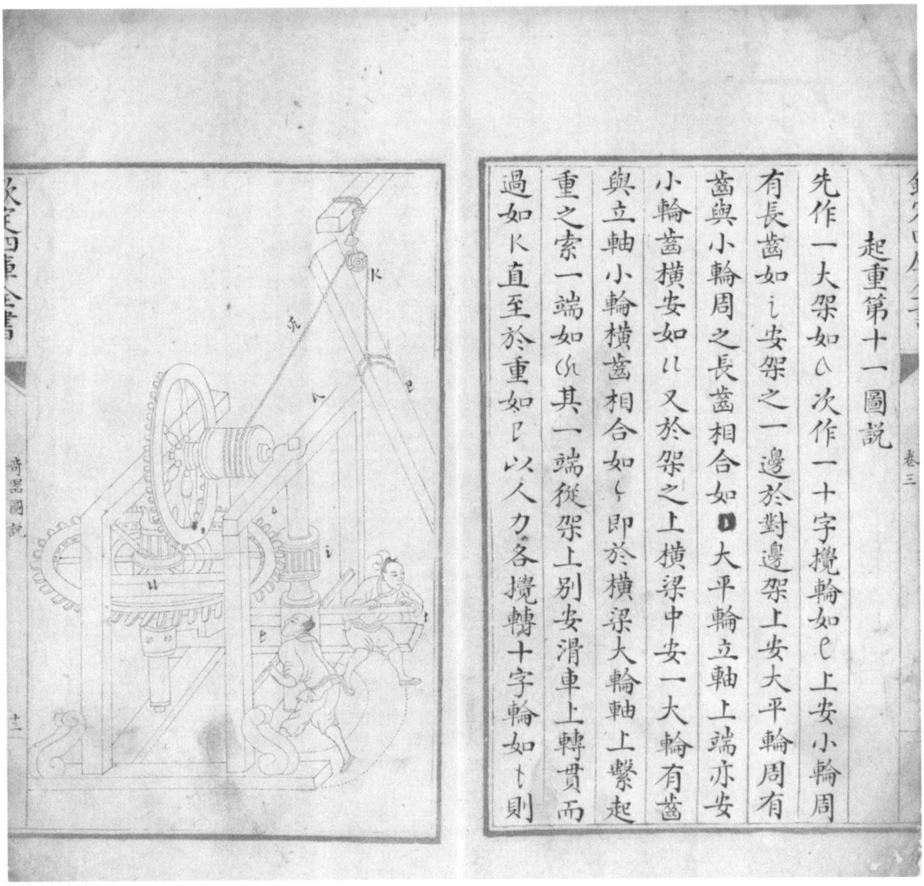
欽定四庫全書

奇器圖說

欽定四庫全書　卷三

起重第十一圖說

先作一大架如a次作一十字攪輪如b上安小輪周有長齒如c安架之一邊於對邊架上安大平輪周有齒與小輪周之長齒相合如d大平輪立軸上端亦安小輪齒橫安如e又於架之上橫梁中安一大輪有齒與立軸小輪橫齒相合如f即於橫梁大輪軸上繫起重之索一端如g其一端從架上別安滑車上轉貫而過如h直至於重如i以人力各攪轉十字輪如k則

圖五十二：《奇器圖說》卷三內頁十三書影，文淵閣本《四庫全書》子部，清乾隆時期鈔本，臺北故宮博物院藏。壹叁柒

注

壹叁伍：圖五十：《河圖洛書》，《韶舞九成樂補》內頁十七書影，未曾：《欽定四庫全書》零本，經部，《韶舞九成樂補》一卷，清乾隆時期文淵閣鈔本，2019年05月08日，https://f4.shuge.org/wl/?id=m7J9NfAzbaetSr8Ta9OeccJMDw7FUCWs，2021年4月24日。

壹叁陸：圖五十一：《奇器圖說》卷三內頁十書影，未曾：《欽定四庫全書》，零本，子部，《奇器圖說》，卷三，清乾隆時期文淵閣鈔本，2019年05月08日，https://f4.shuge.org/wl/?id=m7J9NfAzbaetSr8Ta9OeccJMDw7FUCWs，2021年4月24日。

壹叁柒：圖五十二：《奇器圖說》卷三內頁十三書影，未曾：《欽定四庫全書》，零本，子部，《奇器圖說》，卷三，清乾隆時期文淵閣鈔本，2019年05月08日，https://f4.shuge.org/wl/?id=m7J9NfAzbaetSr8Ta9OeccJMDw7FUCWs，2021年4月24日。

綜上所述，有清一代《四庫全書》的書籍設計成為中國古代書籍設計的集大成，並充分反映在書籍內文的版式設計上。《四庫全書》的天地設計在開本適中的情況下，視覺更為開闊疏朗。『七閣』《四庫全書》均為朱絲欄，白口，紅色單魚尾，四周雙邊，這是乾隆時期書籍版式的典型形式。全書插圖的種類及圖形的變化極為豐富，結合了手繪、雕版印刷及多色套印等多種方式，描繪極為精緻，視覺變化異常豐富。圖文排列遵循了嚴格的禮制，彰顯了皇權的意志。除了以上內文版式的設計要素之外，《四庫全書》還有專門的鈐印系統，也成為內文版式裝飾設計的有機組成部分。《四庫全書》既有《古今圖書集成》的內斂純淨又兼具了《永樂大典》的富麗堂皇，具備了宮廷書籍華貴典雅的特點。

第四章 《四庫全書》包裝設計

書籍誕生之初，為方便、實用、美觀，就有了書籍裝幀。中國古籍整體設計創造出的獨立審美價值，在準確地把握書籍內涵的同時，歷來重視其視覺設計，其獨特的歷史價值和藝術價值首先表現在古籍的外部裝幀設計形態變遷上。殷商時期出現契刻的甲骨文以及鑄有銘文的青銅器，殷革夏命，有冊有典，金文中的『典』字形似手捧簡冊，而安陽出土的甲骨文龜版尾端右角上刻的『冊六』『編六』『絲三』等編號字樣，及其上方用於穿繩子的孔可以推知殷商甲骨卜辭是按照一定順序進行編連的。至少在戰國時期就已經出現了將竹簡綴連在一起的簡策裝和舒捲自如的帛書卷軸裝，這種二維書寫的形制是後世書籍平面形態的淵源所在。東漢末年盛行的卷軸裝帛書，至隋唐逐漸被紙張形態的書籍所取代。

簡編成冊，以篇爲單位，若干篇舒捲成卷，構成一本書，以最後一簡爲中軸，將有字的一面捲在內，首簡即裸露在最外，爲了便於識別，會在第一、第二簡的背面寫篇名小題和篇次大題。古制為先寫小題後寫大題，

圖五十三：《思益梵天所問經》梵夾裝，每葉26.6×8.8cm，唐末五代（九至十世紀）寫本，1900年出自甘肅省敦煌縣莫高窟藏經洞，中國國家圖書館藏。壹叁捌

與現代的書籍恰恰相反。在每策之始，還常置一、二根空白簡即『贅簡』用於保護書冊，如今天的護書葉。一部書通常會裝成許多策，盛以相對柔軟的布帛『帙』或『囊』。簡策流行之時伴有用絲織品寫書的『帛』或『縑』，狹長的縑帛質地柔軟而輕便，通常用一根細木棒做軸，從左向右捲成一束即『卷』，卷軸通常為有漆的木棒，也有象牙、玳瑁、瑠璃、珊瑚、金或玉等貴重材料，其舒捲方式與簡冊大體一致。數量較多的卷軸爲方便檢尋取閱，就在卷軸頭上掛簽條，上寫書名、卷次等。紙張發明以後，書籍在形制上也繼續承襲卷軸裝制度。

東漢以後，佛教東傳，至南北朝、隋唐佛學興盛，佛教經典都是貝葉梵

注

壹叁捌：圖五十三：《思益梵天所問經》梵夾裝，任繼愈主編：《中國國家圖書館古籍珍品圖錄》，第6頁。

圖五十四：《緬甸貝葉經》（巴利文文法書）貝葉裝，每葉53cm×6.3cm，臺北故宮博物院藏。

壹叁玖

夾裝。貝葉通常爲長方形，若干葉累計後輔以上下墊板，再以繩索綑紮成書，成爲經摺裝的前身，後人稱書的面為葉即是受其影響。這種從古印度傳來的佛教經典的裝幀形式，在中國少數民族典籍中也有出現。卷軸裝經過漫長使用後，僧侶們發現對佛教典籍章節的反復誦讀需要隨時前後翻閱書冊，而卷軸展開的長度較長，查閱某個局部時必須將全卷或大半打開，舒捲不便。其後卷軸裝改為『葉子』，繼而改為經折裝。中國古代的葉子佈局設計多半左右狹窄，上下高闊，與印度貝葉梵文經左右相對狹窄的長方形有一定差異。佛教自古以來形成的穩定儀式感使佛教典籍的經折裝也被賦予莊嚴肅穆的內涵。宋代以來佛教典籍的裝幀形制以經折裝為大宗，甚至影響到大臣給皇帝所呈奏摺的形式。

經摺裝是將各書葉依照文字內容的先後秩序，前後粘連成一長幅，再正反折疊成數寸寬的長方形，為使書籍不易散開，用一大張紙對摺一半黏在書前，另一半繞著書脊從右邊包到背面，黏於最後一葉。在其最前面和最後面也有用硬質材料裱以布或色紙的，亦有用木版作爲書皮以防止損壞的情形。經摺裝廣泛運用於佛教經典，因其便於展閱，大大推進了書籍裝幀的發展。蝴蝶裝因必須連翻兩葉才能看到一葉正文，導致大量空白頁出現，因此線裝書把書葉正摺，使有文字的一面朝外，版心朝向書口，書葉兩邊的餘幅都朝向書背，在翻閱時，可以連續進行閱讀而不會出現空

圖五十五：《藏文甘珠爾經》貝葉裝外包裝，清乾隆三十五年內府泥金藏文寫本，臺北故宮博物院藏。壹肆零

白頁，從而避免了蝴蝶裝的缺點。宋時以蝴蝶裝為主，並有少量的經折裝，發展到元代除佛經還主要用經折裝外，其他書籍則以包背裝為主並夾有少量的蝴蝶裝。明代嘉靖以前多包背裝，至萬曆時逐漸用線裝。清乾隆時期主要有蝴蝶裝、包背裝和線裝等形式。

《四庫全書》的包裝設計包括書籍的裝幀、書函及書架的設計。其中包背裝中絹面的四色在第一章中專門進行了詳細論述，本章不再贅述。《四庫全書》的絹面紙撚壓釘包背裝設計是其裝幀設計的典型特點。

注

壹叁玖：圖五十四：《緬甸貝葉經》（巴利文文法書）貝葉裝，宋兆霖主編：《護帙有道——古籍裝潢特展》，臺北：「國立故宮博物院」2014年版，第48頁。

壹肆零：圖五十五：《藏文甘珠爾經》貝葉裝外包裝，宋兆霖主編：《護帙有道——古籍裝潢特展》，第69頁。

第一節 《四庫全書》裝幀設計

清代內府書籍的裝幀設計築基在中國歷代書籍裝幀的基礎上，結合清代高超的造紙、裝訂、印染、製墨、製印等技術，並以雄厚的財力、物力創造出輝煌的成就。書籍裝幀設計主要有卷軸裝、梵夾裝、經折裝、蝴蝶裝、包背裝、線裝、推蓬裝以及毛訂等形態，大部分用以宮廷陳設和皇帝御覽，形式多樣，工藝精美，華麗典雅，用材考究，成為中國古代書籍裝幀藝術史和工藝史上極為重要的篇章。在中國古代，書籍裝幀體現出嚴格的禮制要求，至清代更加不可越制。中國古籍的裝幀追求護帙有道，厚薄得宜，款式古雅，華美飾觀，精緻端方，最終形成了穩定的審美範式。（圖五十六～五十八）

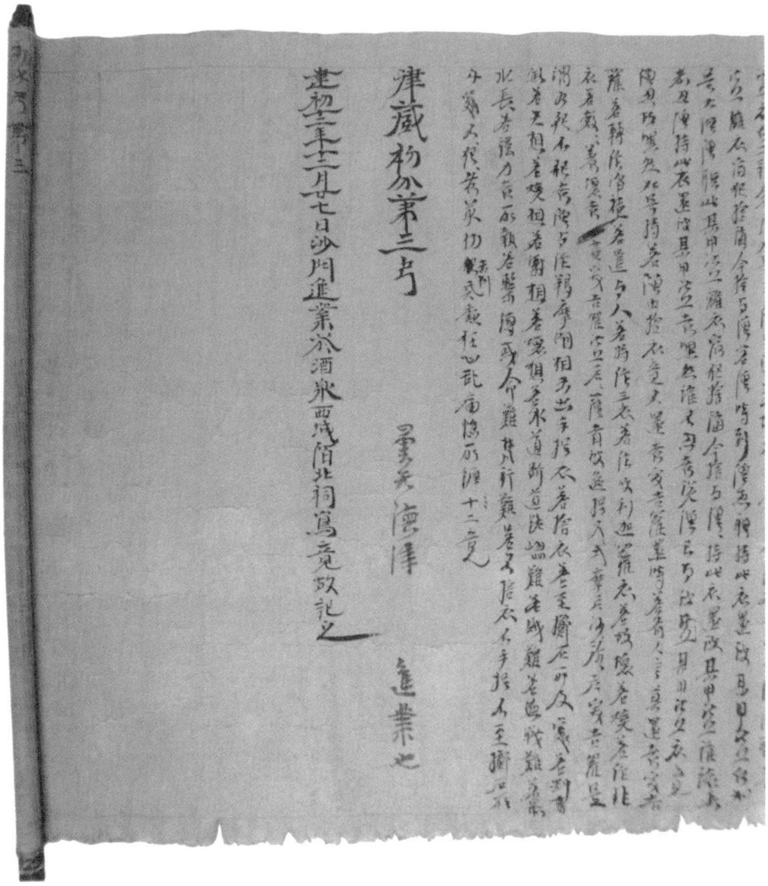

圖五十六：《律藏初分第三》卷局部，1049.5cm×24.9cm，共24紙732行，西涼建初十二年（416）寫，1900年出土於甘肅省敦煌縣莫高窟藏經洞，中國國家圖書館藏。壹肆壹

注

壹肆壹：圖五十六：《律藏初分第三》卷局部，任繼愈主編：《中國國家圖書館古籍珍品圖錄》，北京：北京圖書館出版社1999年版，第2頁。

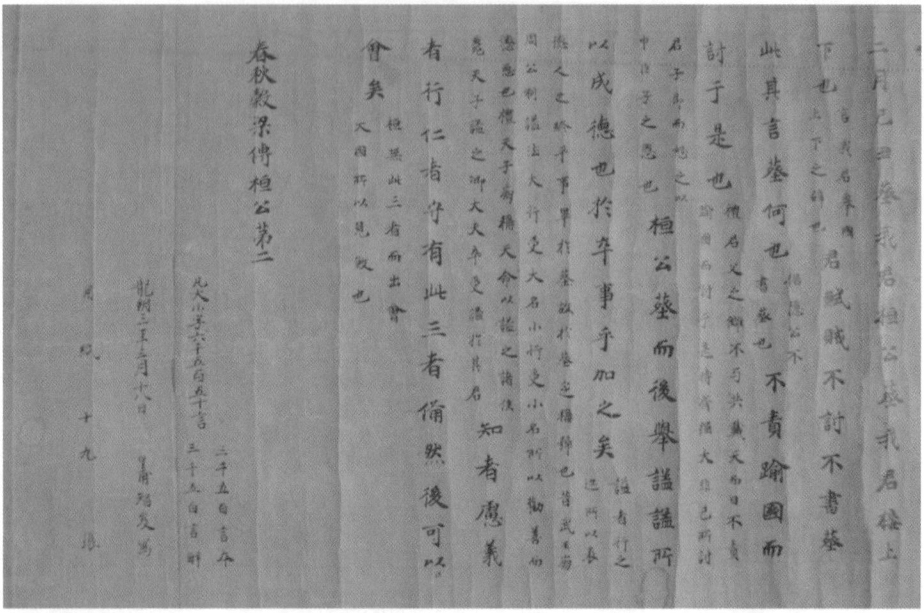

圖五十七：［唐］皇甫智岌：《春秋穀梁傳》卷，89.7cm×21.1cm，唐龍朔三年（663）三月十八日寫，1900年出土於甘肅省敦煌縣莫高窟藏經洞，中國國家圖書館藏。壹肆貳

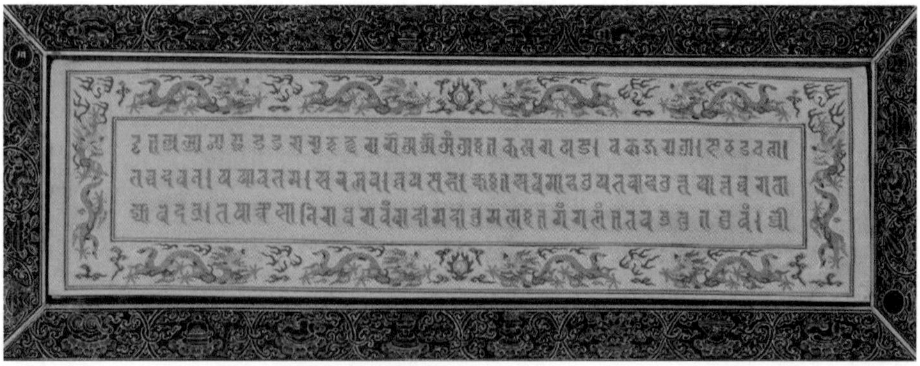

图五十八：《藏文甘珠爾經》貝葉裝，清乾隆三十五年內府泥金藏文寫本，每葉28.5cm×75.5cm，內護經版28.5cm×75.5cm×3cm，臺北故宮博物院藏。壹肆叁

明清時期的書籍封面材質主要有紙、布、帛、綾、絹等。在磁青、米色或藍色的棉連紙上用白色簽條題寫書名或直接在書皮上刊印書名是常見的形式。《四庫全書》與《永樂大典》《古今圖書集成》相比，由於《永樂大典》書品寬大，為承載內部的宣紙書頁而採用硬封面，但硬製書面和內文間僅用漿糊粘結導致其牢固度不夠，現存書冊有的書脊破損極為嚴重。各閣《四庫全書》吸取《永樂大典》的裝潢經驗採用綿軟隨和的絹面做封面，因為書籍相對短小，僅用華貴典雅的絹面就可以承載書籍本身的重量和柔軟的書頁，這不僅增強了封面和內部宣紙書頁的親和力，還有利於翻閱、便於存放和抽取。而文瀾閣後期的補鈔本改絹面為紙面是囿於經費的限制。（圖五十九）

雖然乾隆時期常用的書籍裝幀形式有蝴蝶裝、包背裝和線裝，但四庫館臣經過權衡各種方式的利弊，同時借鑒《永樂大典》的黃綾包背裝形式後，決定採用四色紙撚壓釘包背裝的裝幀形式。包背裝每葉兩邊都要妥帖地黏在書背，裝潢時費時費事，所以有人略加改良，在書葉左右欄框外適當的地方，穿上孔用撚訂起，書便不會散開，無須經過逐葉黏膠的繁瑣手續。然後再在外面加上封面，把前後連書背都包起來，紙撚也隱藏起來，外表依然和包背裝沒有差別，這樣裝潢的書籍雖在元代及明中葉以前很流行，但明朝中葉以後又被線裝書所取代。包背

注

壹肆貳：圖五十七：［唐］皇甫智岌：《春秋穀梁傳》卷，任繼愈主編：《中國國家圖書館古籍珍品圖錄》，第3頁。版 28.5cm×75.5cm×3cm，臺北故宮博物院藏。

壹肆叁：图五十八：《藏文甘珠爾經》貝葉裝，清乾隆三十五年內府泥金藏文寫本，宋兆霖主編：《護帙有道——古籍裝潢特展》，第69頁。

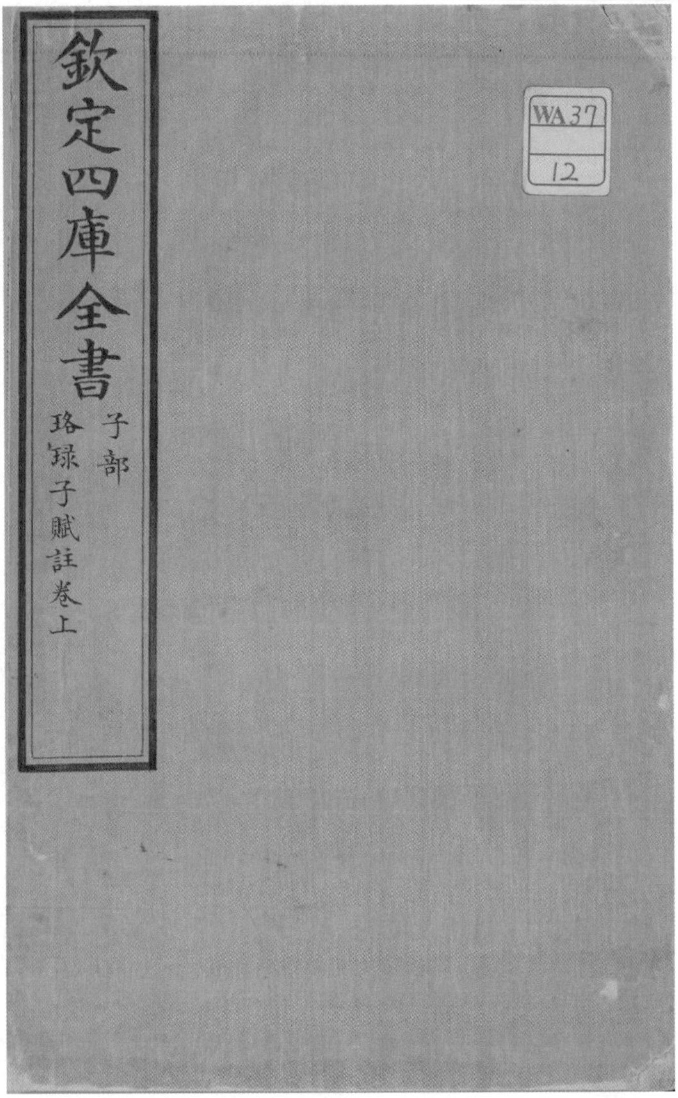

圖五十九：《珞琭子賦注》卷上封面書影，文瀾閣《四庫全書》子部，清乾隆時期鈔本，浙江圖書館藏。壹肆肆

裝和線裝的書籍，書口正是版心，如果和書架摩擦，容易斷裂，所以上架收藏，都採用平放的方式，既然平放，封面也就不一定用硬質的材料，於是就出現了軟面的書皮，有時用較書紙厚一點的紙張，也有用布面的情形。壹肆伍

蝴蝶裝因用漿糊粘連而不損原書，但翻閱時每翻兩頁就會出現兩個空白頁，由於版心朝內，書籍稍厚就容易使靠近書籍的文字不易被看到，同時版心易脫落而不經久。包背裝是將書頁向外對折，用紙撚於正文書頁空白邊穿訂，然後前後連書腦一並裹書衣，改變了蝴蝶裝版心向內的形式，不再出現無字頁面，在明萬曆前承元代的形式，盛行裱背硬質書衣的包背裝，

萬曆以後出現了軟質書衣的包背裝新形式，宮廷用書則用紙裱以黃綾，異常滑脆。線裝的折疊方法與包背裝相似，但不用整張的紙作書皮包背，而是在書的前後各用一張同樣的紙作書皮，然後打孔穿線而成，結實耐用且外觀比較樸拙。《四庫全書》包背裝的紙撚壓釘比蝴蝶裝結實耐用，解決了蝴蝶裝易於脫頁的問題，同時便於修補重訂，外裹絹面不露書腦，呈現出富麗典雅的特色。

與《永樂大典》不同的是《四庫全書》採用了軟質封面，雖然《永樂大典》採用硬質封面，但書品的碩大使封面無法承載書籍自身的重量，若將四角支起，中央部分則出現塌陷現象，而碩大、硬挺的書冊也易造成內文頁面的脫落，同時也不便翻閱。因《古今圖書集成》線裝的形式露出了書腦，四庫館臣認為不雅，因此《四庫全書》揚長避短地將多種裝幀形式進行了綜合，其裝幀既保護了書籍又將宮廷修書的宏大、莊嚴氣氛烘托出來。然而『南三閣』全書並未在武英殿進行裝潢，僅將不加封面、不切書口、只用紙撚粗裝、毛邊參差的毛裝書發往『南三閣』，御令當地裝潢。雖然江南書籍出版業相當發達，同時在當地進行裝潢也可以省時節費，但同時也與乾隆對其重視程度不夠有關。

注

壹肆肆：圖五十九：《珞琭子賦注》卷上封面書影，未曾：《欽定四庫全書》，零本，子部，《珞琭子賦注》，卷上，清乾隆時期文瀾閣鈔本，2019年05月08日，https://f4.shuge.org/wl/?id=m7J9NfAzbaetSr8Ta9OeccJMDw7FUCWs，2021年4月24日。

壹肆伍：參見吴哲夫：《圖書的裝潢——歷代圖書型制的演變》，《故宮文物月刊》一卷十二期，1984年3月，第49—50頁。

第二節 《四庫全書》書函及書架設計

據黃愛平研究，四庫館總裁最初提出：『用杉木板為函，以防蠹損』，[壹肆陸] 但乾隆卻認為：『書冊已分四色裝訂，檢閱既便，散貯亦堪經久，不必更加外函，以免漿氣致蠹』。[壹肆柒] 然而，隨著全書裝潢工作的大規模展開，單本書冊不便翻閱、不利於保存的問題日益突出，乾隆也開始看到書冊裝函的必要性。因此，不僅同意了四庫館總裁的建議，而且決定改用楠木製作全書書函，『用光文治，以垂久遠』。於是，《四庫全書》書函使用珍貴的楠木製作，每若干冊書放入一匣，襯以夾板，束之綢帶，既精緻美觀，又能防蟲防潮，為《四庫全書》的長期保存創造了良好的條件。[壹肆捌]

黃愛平《四庫全書纂修研究》關於《四庫全書》書函材質的考證僅限於『北四閣』。但各閣全書書函所用的木料不盡一致，下表列出了各閣全書書函的材質[壹肆玖]：

通過上表可知文淵閣全書書函用楠木，文溯閣用樟木，文津閣用楸木，夾板則用楠木。因文源閣全書被焚，書函無考。文滙閣書函的設計據《揚州畫舫錄》記載，『其書帙多者，用

表七：各閣《四庫全書》書函、夾板材質比較：

	文淵	文源	文津	文溯	文瀾	文滙	文宗
書函	楠木	無考	楸木	樟木	楠木	楠木	無考
夾板	楠木	無考	楠木	待考	楠木	楠木	無考

注

壹肆陸：中國第一歷史檔案館編：《纂修四庫全書檔案》，第76頁，乾隆三十八年閏三月十一日辦理四庫全書處奏摺。

壹肆柒：中國第一歷史檔案館編：《纂修四庫全書檔案》，第78頁，乾隆三十八年閏三月十一日辦理四庫全書處奏摺。

壹肆捌：黃愛平：《四庫全書纂修研究》，第157—158頁。

壹肆玖：表格中文淵、文津、文溯閣全書的書函參考黃愛平《纂修四庫全書研究》中記錄，文瀾閣原本及補鈔本為筆者親自記錄實物並參考《文瀾閣志》所得，文滙閣全書則以李斗《揚州畫舫錄》中的記錄為根據。

楠木作函貯之，其一本二本者，用楠木板一片夾之，束之以帶，帶上有環，結之使牢』。[壹伍零]據《文瀾閣志》載，『每函用香楠木匣收儲，匣內襯以香楠夾板，便納也。素綾牙籤冊中，夾冰麝樟腦包各二，以辟蠹』[壹伍壹]。種種措施不僅確保了書籍防塵、防蠹、防潮、且便於取尋，同時也精緻美觀。光緒二十年（1894）六月孫樹禮記載文瀾閣『唯撙節經費，易楠木匣為銀杏夾板』[壹伍貳]。（圖六十）而書函高低根據書冊多寡而定，上架時相互搭配，便於整齊劃一。

《四庫全書》書函正面的版面自上而下、從左向右也用館閣體頂格刻陰文『欽定四庫全書』，下一行降兩格刻同樣大小字體『第×××函』、

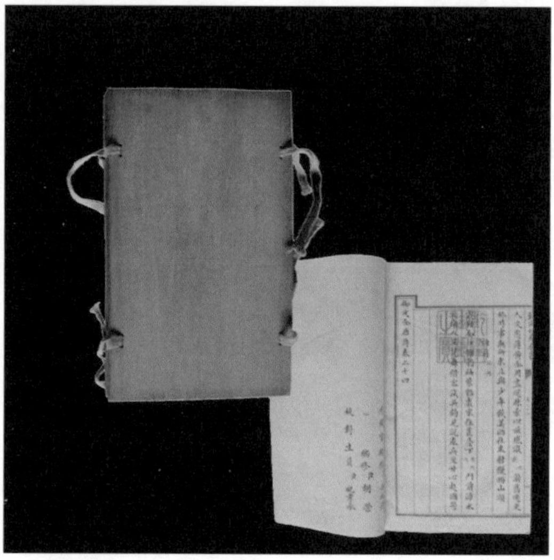

圖六十：文瀾閣《四庫全書》夾板，浙江圖書館藏。[壹伍叁]

再下一行降一格刻『×部』，字體縮小為一半。再下一行頂格刻『×××』書名，字體大小與『×部』等同。所有文字刻畢，版面尚不及中，雖然文字全部集中在右面，但因為是從左向右的閱讀方式，視線向左延伸而並不覺視覺重心的失重。匣面上所刻文字的顏色由內部所存部書籍的封面顏色決定。以文津閣為例，經部的書函則漆成綠色，史部紅色、子部藍色、集部灰色。四種文字的顏色在木質書函中性偏暖的色調中顯得既含蓄典雅，又富有變化，即使遠觀，僅憑顏色也能一目了然地辨別出書冊的種類。因《四庫全書》書品較小，且平放入函，所以封面採取了軟質的絹面，書函朝前開口，面板垂直插在槽中，可向上

圖六十一：四庫全書書函

抽拉，便於取書。內置的黃色綢帶，不僅使書冊抽取方便，同時，取放時也減少了書冊與書函之間的磨損。

楠木特製的《四庫全書》書函，正面面板上刻書名、冊數。遇到冊數比較多的書，還需要按照實際情況分匣收納。置入書函時需要先用楠木夾板將書冊夾緊，而書函尺寸則根據放入書冊的厚度進行定制。在排架時，既要考慮到書冊的先後次序，還要兼顧排架後的整齊美觀。體量巨大的《四庫全書》因為整齊劃一的書函收納而變得更加容易分類和保藏，大大減少了蟲蛀、受潮、磨損等狀況的發生。同時，不同顏色版面的文字鐫刻又起到了協助識別的作用。根據經、史、子、集部署分類的書架按照逆時針方向在

注

壹伍零：［清］李斗：《揚州畫舫錄》卷四，第104頁。

壹伍壹：［清］孫樹禮、孫峻：《文瀾閣志》卷上，第8頁。

壹伍貳：［清］孫樹禮、孫峻：《文瀾閣志》卷上，第12頁。

壹伍叁：圖六十：文瀾閣《四庫全書》夾板，梅叢笑：《文瀾遺澤——文瀾閣與〈四庫全書〉陳列》，第103頁。

室內空間進行排架則暗合了古人的宇宙觀和五行學說的思想。以皇帝御座為中心的兩側對稱排列則彰顯了皇權至上的等級觀念。（圖六十一）

關於《四庫全書》書架設計，據《文瀾閣志》記載『其儲藏之書格，經、史部及《圖書集成》每架四屜，子、集部每架六屜』[壹伍肆]。光緒時易書架為書櫥，[壹伍伍]一時『四庫縹緗，津逮末學，嫏嬛福地，遍及東南』[壹伍陸]。『北四閣』中以文淵閣為例，據吴哲夫《四庫全書纂修之研究》載『經、史架高七尺四寸，寬四尺，深二尺。每架四隔，各十二函。子、集架高十尺八寸，每架六隔，各十二函。共一百零三架，六千一百四十四函』[壹伍柒]。雖然子、集架比經、史架高兩層，因經部、史部架高一致，分別在一層、二層，子、集架高一致，均在三層，因而進入各層空間後在視覺上也保持了一致。以現存文津閣的書架為例，書架中間隔以擋板，三個側面均只用木條做骨架，底部也做成鏤空的格狀，書函置於其上，四面通風，防潮、防腐且便於取放。經、史架六層，子、集架四層，但每層的尺寸則相同，每層貯書四列，每列三函共十二函。書函的順序從上到下、從左至右排列。書架最上骨架外側從左向右鐫刻『欽定四庫全書』，於右側從上至下鐫刻『×部第×架』，分門別類、一目了然。（圖六十二）

圖六十二：中國國家圖書館文津閣《四庫全書》庫房。壹伍捌

注

壹伍肆：［清］孫樹禮、孫峻：《文瀾閣志》卷上，第8頁。

壹伍伍：書櫥正面右扇櫥門鐫刻『文瀾閣尊藏第×櫥』，左扇櫥門鐫刻『欽定四庫全書×部×』，文字俱豎寫，用鎦金裝飾，書櫥漆以黑色，櫥櫃大小不一。現文瀾閣全書藏浙江圖書館，利用樟木書櫥儲藏。

壹伍陸：［清］延豐：《重修兩浙鹽法志·文瀾閣圖說》卷二，清同治刻本，第91頁。

壹伍柒：吴哲夫：《四庫全書纂修之研究》，第145頁。

壹伍捌：圖六十二：中國國家圖書館文津閣《四庫全書》庫房，梅叢笑：《文瀾遺澤——文瀾閣與〈四庫全書〉陳列》，第17頁。

第五章 《四庫全書》衍生品設計

《四庫全書》衍生品設計主要包括專門為《武英殿聚珍版叢書》製作的木活字設計、《武英殿聚珍版程式》《武英殿聚珍版叢書》的書籍設計、《四庫全書總目》《四庫全書簡明目錄》的書籍設計，其中《武英殿聚珍版程式》和《武英殿聚珍版叢書》書籍設計是其中的重點。

纂修《四庫全書》時從《永樂大典》中輯出的珍本秘笈，為廣於流傳而進行了刊印，乾隆三十八年（1773）二月諭旨將《永樂大典》中『其有實在流傳已少，其書足資啟牖後學、廣益多聞者，……彙付剞劂』[壹伍玖]。隨後將輯出之書『分別應刊、應抄、應刪三項。其應刊、應抄各本，均於勘定後即趕繕正本進呈，將應刊者即行次第刊刻』[壹陸零]，並將『所有武英殿承辦紙絹、裝潢、飯食及監刻各事宜，着添派金簡一同經管』[壹陸壹]。

武英殿建於明代初年，為帝王休憩齋居、召見大臣之地，康熙年間設立武英殿造辦處，成為內府圖書雕版、刊印、裝潢的專門機構。此地雲集了清廷的纂修大臣、鴻儒學者和負責印刷工藝的能工巧匠。康熙十九年十一月設立了武英殿修書處，由內務府王公大臣統領。下設兼管司2人，其下又設正監造員外郎1人，副監造副內管領1人，委署主事1人，掌庫3人，委署掌庫6人。其中刷印作管理寫樣、刊刻、刷印、摺配、裝訂等職。有拜唐阿19名，委署領催4名。另設匠役84名，分別為書匠、界畫匠、平書匠、刷印匠等。此後歷朝的御定、御製、敕撰諸書都由該處全權負責，經、史等官修書籍也均由武英殿校勘頒行。武英殿作為清代內府的皇家刻書處，其殿版書校勘嚴謹、紙張精良、裝潢華美、刷印迅速，成為社會競相效仿和庋藏的對象，而武英殿也成為有清一代皇家修書最重要的機構。

注

壹伍玖：中國第一歷史檔案館編：《纂修四庫全書檔案》，第57—58頁，乾隆三十八年二月十一日上諭。

壹陸零：中國第一歷史檔案館編：《纂修四庫全書檔案》，第74頁，乾隆三十八年閏三月十一日辦理四庫全書處奏摺。

壹陸壹：中國第一歷史檔案館編：《纂修四庫全書檔案》，第78頁，乾隆三十八年閏二月十一日辦理四庫全書處奏摺。

第一節 《武英殿聚珍版叢書》木活字設計

北宋畢昇發明的活字印刷術用膠泥烘製活字，然後擺置鐵板刷印書籍，這是中國印刷史上的重要事件。元明時期，木活字和銅活字又相繼出現，活字印刷有了初步發展。至清康熙雍正年間，使用銅活字刊印的萬卷巨帙《古今圖書集成》，紙墨精良，裝潢富麗，為乾隆時期刊刻《四庫全書》珍本秘笈提供了經驗和借鑒。金簡比較活字與雕板兩種方法的利弊後，在總結前代活字印書經驗教訓的基礎上，提出使用木活字刻印書籍的建議，並身體力行，親自監督完成了活字及附帶工具的全部製作工作，這為《四庫全書》珍本秘笈的陸續刊行，提供了必要條件。乾隆三十九年（1774），金簡被任命為四庫全書館副總裁，專管內府書籍刊刻、裝潢事宜。乾隆詔為『校輯《永樂大典》內之散簡零編，並蒐訪天下遺書不下萬餘種，彙為《四庫全書》。擇人所罕覯，有裨世道人心及足資考鏡者，剞劂流傳，嘉惠來學。第種類多則付雕非易，董武英殿事金簡以活字法為請，既不濫費棗梨，又不久淹歲月，用力省而程功速，至簡且捷。考昔沈括《筆談》，記宋慶曆中有畢昇為活版，以膠泥燒成。而陸深《金臺紀聞》則云：毘陵人，初用鉛字，視版印尤巧便。斯皆活版之權輿。顧埏泥體麤，鎔鉛質輭，俱不及鋟木之工緻。茲刻單字計二十五萬餘，雖數百十種之書，悉可取給。而校讎之精，今更有勝於古所云者。第活字版之名不雅馴，因以聚珍名之而系以詩』。這樣，『武英殿聚珍版』的名稱便由此定下來，此後凡使用活字排印的書籍，也往往被稱之為『聚珍本』。壹陸貳

關於字體方面，明以前的印書字體多用顏真卿、歐陽詢、趙孟頫等名家書體，明初後一改傳統風氣，多使用橫平豎直，橫輕豎重、挺拔整齊而又嚴謹的長方形字體，稱宋體字。其字體的風格有粗體、中粗體和細體幾種。這種印刷專用字體的廣泛應用，標誌著古代書籍版面設計藝術的新發展。清康熙之後盛行軟體字和硬體字兩種字體。《武英殿聚珍版叢書》即採用《武英殿聚珍版程式》中設計的木活字進行統一排印。該字體即硬體字也稱仿宋字，這種字體與明仿宋不同的是橫輕豎重，撇長而尖，捺拙而肥，右折橫筆粗肥。宋體字字體方正、寬博、點劃飽滿挺直、橫平豎直、筆劃流暢，筆鋒犀利，已具有了現代印刷體的規整、嚴謹與程式化。各書版面字跡略有濃淡、深淺之別，呈現了木活字印刷的特殊標誌，而木活字細膩的木質紋理使硬體字富有了親和力，顏色深淺的微妙變化也使統一的版面產生細膩的變化，在嚴肅中透出活潑靈動之氣。（圖六十二、六十四）

注

壹陸貳：參見黃愛平：《四庫全書纂修研究》，第218—219頁。

壹陸叁：圖六十三：［魏］曹植撰：《曹子建集》書影，明銅活字印本，任繼愈主編：《中國國家圖書館古籍珍品圖錄》，第208頁。

壹陸肆：圖六十四：［清］梁詩正、蔣溥等纂修：《西清古鑑》書影，清乾隆十六年武英殿銅版印本，林祖藻主編：《浙江圖書館藏珍品圖錄》，第54頁。

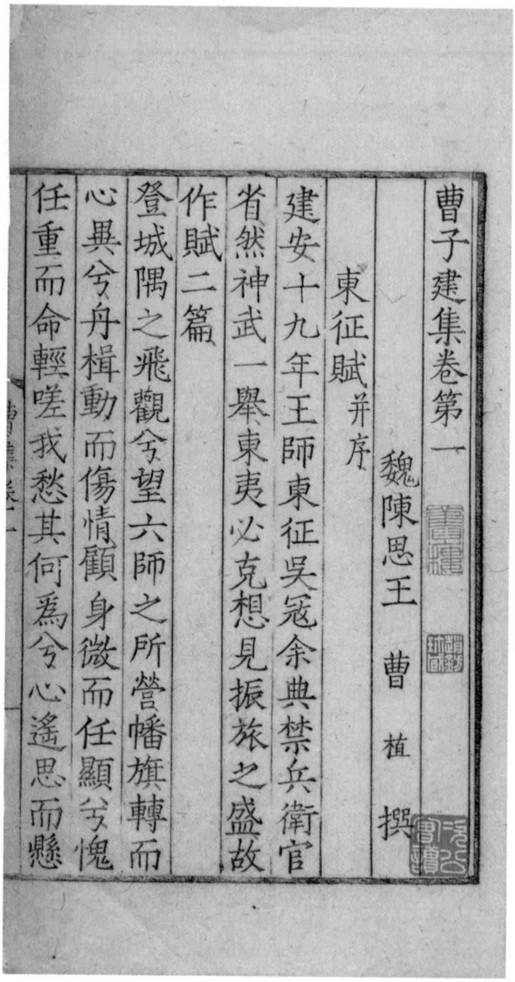
曹子建集卷第一
魏陳思王 曹 植 撰
東征賦并序
建安十九年王師東征吳寇余典禁兵衛官省然神武一舉東夷必克想見振旅之盛故作賦二篇
登城隅之飛觀兮望六師之所營幡旗轉而心異兮舟楫動而傷情顧身微而任顯兮愧任重而命輕嗟我愁其何為兮心遥思而懸

圖六十三：［魏］曹植撰：《曹子建集》書影，明銅活字印本，20.6cm×14.2cm，中國國家圖書館藏。壹陸叁

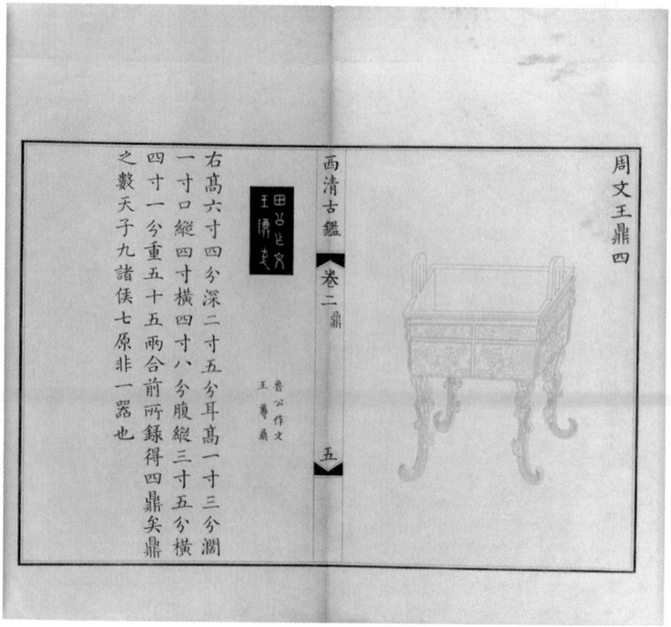
周文王鼎四
西清古鑑 卷二 鼎 五
魯公作文王尊彝
右高六寸四分深二寸五分耳高一寸三分闊一寸口縱四寸橫四寸八分腹縱三寸五分橫四寸一分重五十五兩合前所錄得四鼎矣鼎之數天子九諸侯七原非一器也

圖六十四：［清］梁詩正、蔣溥等纂修：《西清古鑑》書影，清乾隆十六年武英殿銅版印本，框29.4cm×22.4cm，浙江圖書館藏。壹陸肆

第二節 《武英殿聚珍版叢書》書籍設計

乾隆三十八年（1793）至乾隆三十九年（1794）金簡用聚珍版排印了從《永樂大典》輯出的134種珍本秘笈，加上之前雕版印刷的四種，共計一百三十八種，統稱為《武英殿聚珍版叢書》，經部有《周易口訣義》（唐史徵撰）等31種，史部有《兩漢刊誤補遺》（宋吴仁傑撰）等27種，子部有《傅子》（晉傅玄撰）等33種，集部有《張燕公集》（唐張説撰）等43種。[壹陸伍]以下分别從書籍的紙張、字體、版式、裝幀等方面進行闡述。

《武英殿聚珍版叢書》採用連史

注

壹陸伍：顧志興：《文瀾閣四庫全書史》，第83—84頁。

紙先印刷五部，竹紙印刷十五部，用於內廷陳設，又用竹紙刷印三百部進行頒價通行，因印刷數量比較大，紙張選用乾隆時期通行的紙張，比開化紙略次，不及《四庫全書》和雍正時期《古今圖書集成》的用紙，但比同時期的普通印書紙張則要精良。

武英殿利用聚珍版排印的《武英殿聚珍版叢書》書籍設計嚴謹清晰，版面裝飾統一，四周雙邊，墨欄直格，白口，單魚尾，於魚尾上載書名，下緊貼魚尾處載卷數，於隔線上載頁數，於其下左載校勘人姓名。各書行款一致，每書均首錄乾隆《御製題武英殿聚珍版十韻》一詩並序，次載提要，各冊首頁首行下還刊有『武英殿聚珍版』六字。其行款為半頁九行，行二十一字，與鈔本《四庫全書》及《古今圖書集成》都不同。《武英殿聚珍版叢書》的雕版印刷是先用整塊梨板雕刻套格，每幅刻十八行行格線，行寬四分，版心佔據一列行格，也寬四分，印刷的界格極為清晰規整、墨色沉穩，由於是由木活字排印的書籍，因此呈現出深淺不一、濃淡變化的特徵。

表八[壹陸陸]為《武英殿聚珍版叢書》原本及其閩刻本、文淵閣《四庫全書》《古今圖書集成》的比較。

因《四庫全書》據以謄錄的版本往往有多個底本，因考辨誕生了大量考證文字，四庫館臣為求完善，仿效古人的校書方法將這些文字匯集成《四庫全書考證》一百卷，由武英殿排版印行，該書半葉九行，行二十一字，與《四庫全書》的鈔本行款不同。武英殿本《四庫全書總目提要》版框高18.9cm，寬 13.9cm，亦每半葉九行，行二十一字。殿本雅緻清晰，非其他本所及。殿本《四庫全書總目》靜雅端方，盛譽有加。其後又有浙江地方官府據文瀾閣本的翻刻本，最早的稱杭本或浙本，其後又有據浙本翻刻的揚州小字本、湖州沈氏刊本，及同治七年的廣東書局刊本，清末民初還有據粵本翻刻的石印本。（圖六十五）

作為《四庫全書》衍生品的《武英殿聚珍版叢書》，開本比《四庫全書》要小。同時，《四庫全書》鈔本的館閣體書體、朱絲欄界格、開闊的天地、精良的紙墨無不體現了華麗莊重的設計風格，同時具有強烈的文化專制和

表八：《武英殿聚珍版叢書》原本及閩刻本、文淵閣《四庫全書》《古今圖書集成》內文設計比較

			武英殿聚珍版叢書 原書	武英殿聚珍版叢書 閩刻本	文淵閣全書	古今圖書集成
紙張			連史紙、竹紙	待考	開化榜紙	開化紙、太史連紙
版			木活字	木雕版	抄寫	銅活字
開本	高		288	267	315	282
	寬		188	152	203	180
	比例		1.53:1	1.77:1	1.55:1	1.57:1
天地	天		60	56	待考	49
	地		31	21	待考	20
	比例		1.94:1	2.66:1	待考	2.45:1
版框	高		197	190	225	214
	寬		127	126	148	147
	比例		1.55:1	1.51:1	1.52:1	1.46:1
	顏色		黑色	黑色	朱紅	黑色
款（半頁）	行數		9	9	8	9
	字數		21	21	21	20
字體			宋體	宋體	館閣體	宋體
版面裝飾	魚尾	形	單魚尾	單魚尾	單魚尾	雙線單魚尾
		顏色	黑色	黑色	朱紅	黑色
	象鼻		白口	白口	白口	白口
	邊欄		四周雙邊	四周雙邊	四周雙邊	四周雙邊
	界格顏色		黑色	黑色	朱紅	黑色

（單位：mm，精确度0.00）

注

壹陸陸：表格中《武英殿聚珍版叢書》的原書及閩刻本的信息為筆者據浙江圖書館所藏原書及浙江大學圖書館所藏閩刻本的實物親自記錄所得，文淵閣全書為參考吴哲夫《纂修四庫全書之研究》所得。

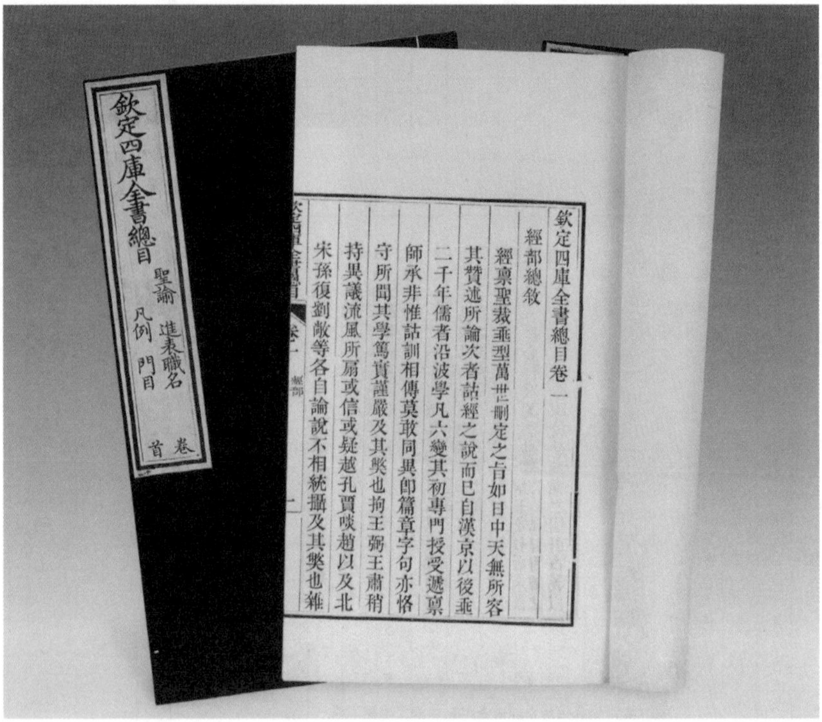
欽定四庫全書總目
聖諭 進表 職名
凡例 門目
卷首
欽定四庫全書總目卷一
經部總敘
經稟聖裁垂型萬世刪定之旨如日中天無所容
其贊述所論次者詁經之說而已自漢京以後垂
二千年儒者沿波學凡六變其初專門授受遞稟
師承非惟詁訓相傳莫敢同異即篇章字句亦恪
守所聞其學篤實謹嚴及其弊也拘王弼王肅稍
持異議流風所扇或信或疑越孔賈啖趙以及北
宋孫復劉敞等各自論說不相統攝及其弊也雜

圖六十五：［清］紀昀等纂：《四庫全書總目》書影，清乾隆年間武英殿刻本，故宮博物院藏。[壹陸柒]

注

壹陸柒：圖六十五：［清］紀昀等纂：《四庫全書總目》書影，清乾隆年間武英殿刻本，朱賽虹編：《盛世文治——清宮典籍文化展》，第129頁。

壹陸捌：圖六十六：［清］金簡撰：《武英殿聚珍版程式》書影，朱賽虹編：《盛世文治——清宮典籍文化展》，第235頁。

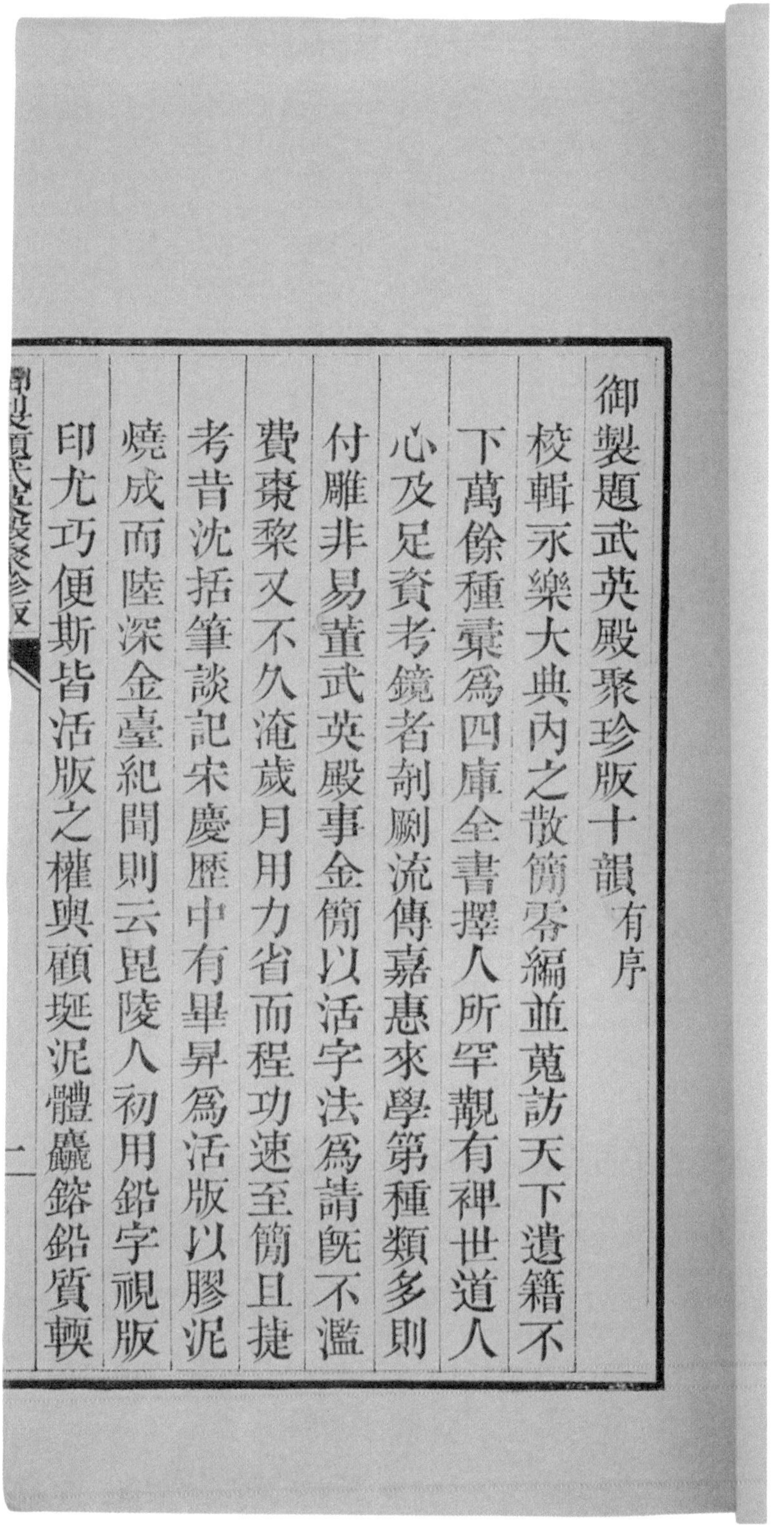

御製題武英殿聚珍版十韻有序

校輯永樂大典內之散簡零編並蒐訪天下遺籍不下萬餘種彙爲四庫全書擇人所罕覯有裨世道人心及足資考鏡者剞劂流傳嘉惠來學第種類多則付雕非易董武英殿事金簡以活字法爲請旣不濫費棗棃又不久淹歲月用力省而程功速至簡且捷考昔沈括筆談記宋慶歷中有畢昇爲活版以膠泥燒成而陸深金臺紀聞則云毘陵人初用鉛字視版印尤巧便斯皆活版之權輿顧埏泥體麤鎔鉛質輭

御製題武英殿聚珍版 二

圖六十六：［清］金簡撰：《武英殿聚珍版程式》書影，清乾隆四十一年（1776）年武英殿聚珍版印本，故宮博物院藏。壹陸捌

皇權至上的特點。而《武英殿聚珍版叢書》中沒有礙於清朝統治的書籍，更多是為珍本秘笈的廣布流傳而進行的刊刻，因而設計相對樸素而沉靜，與內容相得益彰。與雍正年間的銅活字本《古今圖書集成》相比，《武英殿聚珍版叢書》木活字的字體比銅活字筆鋒犀利、清晰，同時字體寬厚挺拔，橫細豎粗的傾向更為明顯。由於書的開本大小與之接近，而天地則比其大出近1cm，視覺顯得更為疏朗開闊。《古今圖書集成》的版框較細、線魚尾、字體比較單薄，視覺比較柔和，而《武英殿聚珍版叢書》版框較粗、黑魚尾，墨色清晰、字體較大，橫細豎粗，以上種種情形都使其版面更具有視覺衝擊力。

因為《武英殿聚珍版叢書》匯集了十八世紀以前的中國古典珍稀文獻，通過其可全面瞭解乾隆之前中國古代的歷史、思想和文化，所選的內容是從《永樂大典》中輯出的珍本秘笈且校勘精良、裝幀設計精美，出版後旋即銷售一空，故又出現了各地的翻刻本。閩刻本與原本比較，可看出翻刻本紙張較差、開本略小、版框和界格漫糊、斷線現象較為嚴重，字體挺直、生硬、單薄、匠氣，翻刻本從印刷到裝幀都無法與原本相提並論。但是，不同版本的翻刻本還是對文化事業的發展起到了積極的推動作用。

第三節 《武英殿聚珍版程式》策劃與設計

《武英殿聚珍版程式》以繪圖敘事的形式將《武英殿聚珍版叢書》刊印的全過程進行了詳盡闡述，包括從刊刻模子、字櫃、槽版、夾條、頂木、中心木、字盤等一應物件的準備工作，到刻印套格、排版、墊板、校對、刷印，拆版及歸字的過程，乃至逐日輪轉的流水作業辦法等。做到了『刻木有法，藏庋有具，排校有次』。[壹陸玖]比元代王禎[壹柒零]《造活字印書法》中記錄的『以字就人』的轉輪排字法在刻製木字、製作字架、版框以及操作技術等方面都有更大地改進。[壹柒壹]這為《四庫全書》

注

壹陸玖：［清］金簡：《武英殿聚珍版程式》，清乾隆武英殿聚珍版叢書本，第32頁。

壹柒零：王禎，字伯善，山東東平人，元初農學家，撰寫了農學名著《農書》。發明『以字就人』的轉輪排字法減輕了勞動提高了工作效率，並將製作木活字和印刷的方法寫成《造活字印書法》，對古代印刷事業的發展進步做出了重貢獻。

壹柒壹：元代王禎『以字就人』的轉輪排字法的步驟為1、將字按韻刻好；2、將版上的字鋸成單字；3、將單字修理高低大小壹致；4、造輪盤貯字。5、撿字排版；6、印刷。

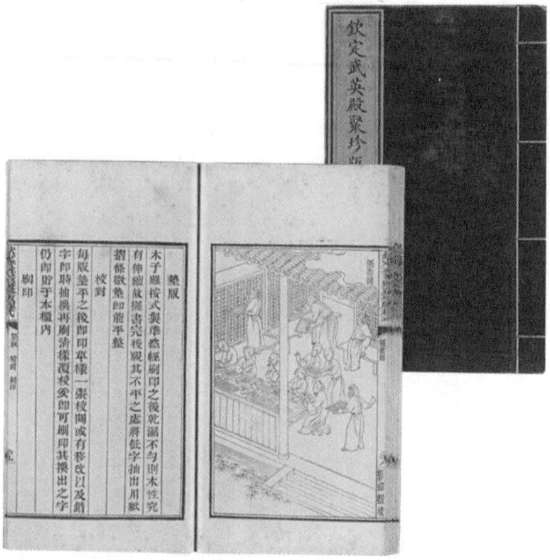

圖六十七：［清］金簡撰：《武英殿聚珍版程式》書影，乾隆三十八年武英殿刊聚珍本，27cm×28cm。壹柒貳

珍本秘笈的陸續刊行提供了必要條件。

乾隆三十九年（1774）五月，各項準備工作基本就緒，聚珍版各書的刊刻正式開始。根據有關程式，武英殿先將整塊梨木板按一般通行書籍式樣雕成套格，規定『每幅刻十八行格線，每行寬四分，版心亦寬四分』以備應用。凡有應刊各書，一面將書名、卷數、頁數等嵌入版心，連同刻好的套格版先刷印出來，一面組織人力依照正文擺字排版。所刻的二十五萬個棗木活字，原計劃按照《佩文韻府》各韻分貯於十個木箱內，每箱設置抽屜八層或十層，每屜再分小格數十個。供事二人負責擺版，向其餘分管平、上、去、入四聲的四位供事喝取所需之字，流水作業。但在實際應用中，木箱不便貯字，按韻喝取檢字的方法也存在著浪費人力，相互干擾的弊端，無法適應大規模排版的需要。因而，有關辦理人員在製作過程中，不斷總結經驗，改進工藝，將木箱改為字櫃，每櫃安置抽屜二百個，每屜分設大小八格，以備貯存大字小字。所有二十五萬個木活字，都按《康熙字典》部首類別，分貯於字櫃抽屜中，各標明某部、某字及劃數，便於查找。排版也相應改為由各人直接取字擺放，即挑選通曉文義的人員充任供事，先對文內用字作一大致估計，然後從字櫃抽屜中取出所需各字，置於專用字盤上，再按照行文逐一擺放，行距、字距之間則根據需要，隨時安放夾條或頂木。這樣，各書排版可以同時進行，在一定

程度上加快了工作進度。正文各版校對無誤後，再將事先印好的套格紙置於版上，套刷成書。每版一旦刷印完畢，即將版內各字全部拆除，檢置於字盤內，再分門別類，安放在原置字櫃抽屜中，以備下次應用。有時，棗木字經刷印之後，由於乾濕不一，排版時易出現高低不平的現象，武英殿就採取墊版的辦法，用紙折成小條墊在低凹各字之下，儘量做到版面平整，字跡清晰。先擺版刷印樣書，再由翰林校對無誤後，照書樣刷印成書。

為了加快刊印進度，武英殿還實行逐日輪轉的辦法，以十天為一週期，擺字、墊版、校對、刷印，以及拆版歸字各項工作同時進行。一般每一週期可排一百二十版，同時拆除七十二版，其餘四十八版，或校對，或墊版，或刷印，經常在流動辦理之中，大大提高了工作效率，收到『事省而工速』的效果。為此，金簡仿照明代沈繼孫《墨法集要》一書繪圖敘事，詳述製墨方法的體例，將武英殿聚珍版書籍刊印的全過程，都『分別條款，著為圖說』，盡可能做到『事惟其詳，辭惟其質，雖工匠之微皆得通曉，俾從事者有所守而將來有所遵』，並定名為《武英殿聚珍版程式》，奏請『擺印通行』。四庫館總裁永瑢等人奉命審閱之後，認為採用聚珍版刊行書籍，『施工簡而致用博，最為良法』，金簡將有關辦理程式『仿《墨法集要》之例，纂輯成編，紀錄頗為詳備，俾此後刊書者皆得有所遵循，於秘籍流傳，殊有

注

壹柒貳：圖六十七：［清］金簡撰：《武英殿聚珍版程式》書影，乾隆三十八年武英殿刊聚珍本，吴璧雍主編：《皇城聚珍——清代殿本圖書特展》，臺北：『國立故宮博物院』2012年版，第44頁。

裨益。應照所請，即將此帙交武英殿擺印通行，仍請於《全書》及《薈要》內各行抄錄一部，用以傳示永遠』。於是，《武英殿聚珍版程式》便作為武英殿所刊書籍的一種，廣泛流傳開來。此次刊印《四庫全書》珍本秘籍，總裁大臣最初商定，每書仍用連四紙刷印二十部，預備宮內陳設，其餘用竹紙刷印通行，數量視各書具體情況酌定。[173]《武英殿聚珍版程式》中規定的版式為，活字：大號活字厚二分八厘，寬三分，高七分。小號活字的厚和高度與大號活字相同，寬二分；字行：每半版九行，加中縫一版十九行，行格寬四分，整版寬七寸六分；行長二十一字，合五寸八分八釐。注釋為雙行排；中縫：上部居中排書名，

圖六十八：《武英殿聚珍版程式》成造木子[174]

圖六十九：《武英殿聚珍版程式》刻字圖[175]

圖七十：《武英殿聚珍版程式》字柜圖[176]

圖七十一：《武英殿聚珍版程式》槽板圖[177]

圖七十二：《武英殿聚珍版程式》夾條頂木中心木總圖壹柒捌

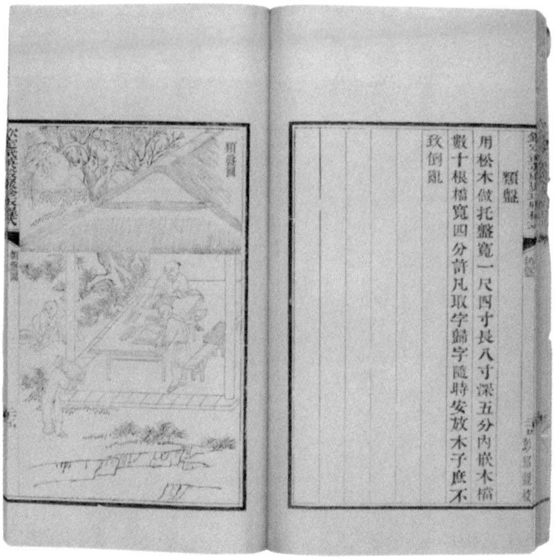

圖七十三：《武英殿聚珍版程式》類盤圖壹柒玖

上魚尾，魚尾下為章、節名，雙行排，下部有橫隔線，線上為頁碼；邊框及格線：邊框為文武線，行間為細線。（圖六十八～七十五）

活字印刷肇始於宋代畢昇，歷經四百多年的發展，至清代木活字、銅活字、泥活字等技藝均達到很高水準，尤其是木活字已全國通行。由乾隆頒佈的《武英殿聚珍版程式》一書，將活字版中的活字尺寸、活字高度、版面行長行寬，版心的大小製定統一標準，對於版式的統一起到極大的作用。此版式公布後，官方書籍多依照此格式進行刷印。但私家及書肆印書，則多依各自喜好，採用不同版式。

由於刊行各書均係《四庫全書》珍本秘籍，社會上流傳較少，再加上

注

壹柒叁：黃愛平：《四庫全書纂修研究》，第220—222頁。

壹柒肆：圖六十八：《武英殿聚珍版程式》成造木子，朱賽虹主編：《盛世文治——清宮典籍文化》，第236頁。

壹柒伍：圖六十九：《武英殿聚珍版程式》刻字圖，朱賽虹主編：《盛世文治——清宮典籍文化》，第237頁。

壹柒陸：圖七十：《武英殿聚珍版程式》字柜圖，朱賽虹主編：《盛世文治——清宮典籍文化》，第237頁。

壹柒柒：圖七十一：《武英殿聚珍版程式》槽板圖，朱賽虹主編：《盛世文治——清宮典籍文化》，第238頁。

壹柒捌：圖七十二：《武英殿聚珍版程式》夾條頂木中心木總圖，朱賽虹主編：《盛世文治——清宮典籍文化》，第238頁。

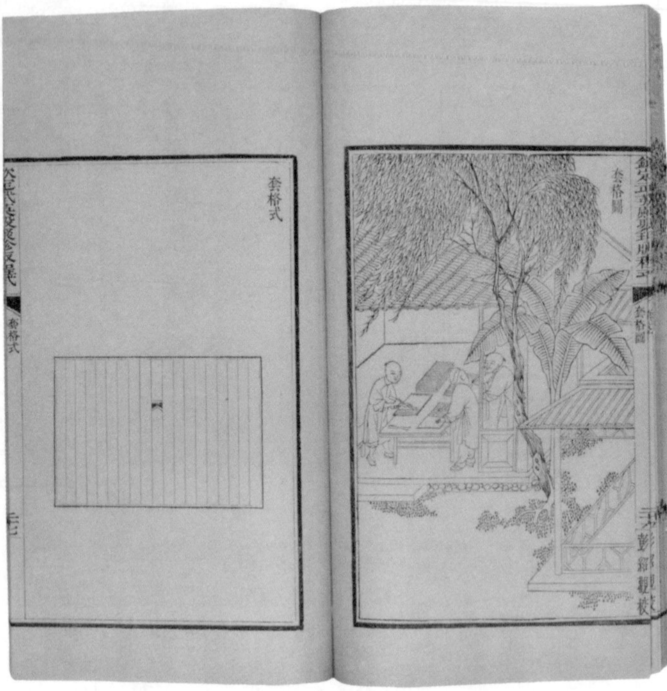

圖七十四：《武英殿聚珍版程式》套格圖 壹捌零

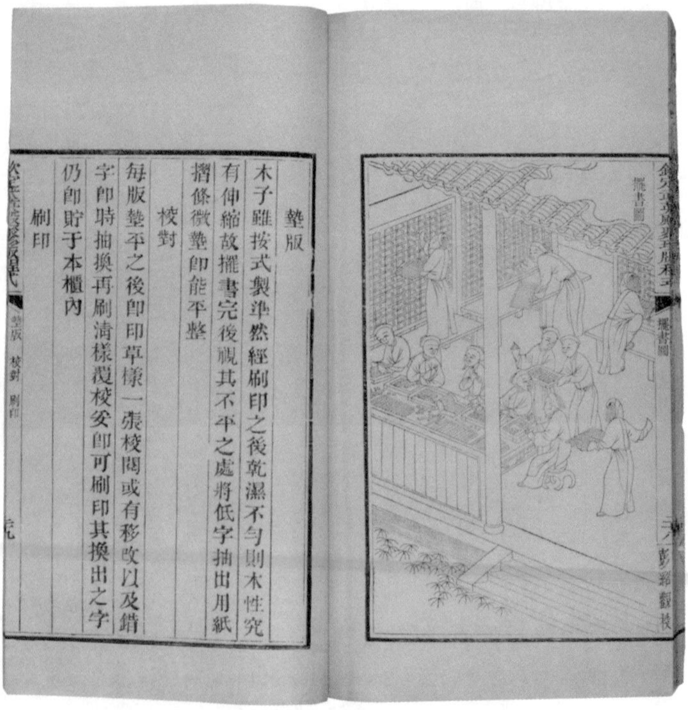

圖七十五：《武英殿聚珍版程式》擺書圖 壹捌壹

殿本校對詳晰，刊刻精美，裝幀富麗，價格低廉，因此，各地士子聞風而至，紛紛購買，區區三百部之數很快銷售一空。要想滿足社會需要，只有增加印書數量。但武英殿聚珍版各書在刷印完畢後，都已拆版歸字，無法再版通行，即便現印各書，要增加印數，也勢必影響到整個刊印進度。在這種情況下，總裁大臣經再三考慮，終於找到了兩全其美的解決辦法。他們提出：『江南、江西、浙江、福建、廣東五省向來刊行書籍頗多，刻工版料亦較他處為便』，奏請『將現已擺印過各書，每省發給一分，如有情願刊行者，聽其翻版通行。並請嗣後於每次進呈後，陸續頒發照辦』。這樣，既不影響武英殿刊書進度，又可滿足社會實際需要，使書籍得到廣泛傳播。於是，東南各省相繼照本開雕，計『江南凡八種，江西凡五十四種，福建凡一百二十三種，浙江凡三十九種，卷帙多寡不一，以福建為最富，以浙江為最精』，武英殿聚珍版各書也由此風行一時。[壹捌貳]

注

壹柒玖：圖七十三：《武英殿聚珍版程式》類盤圖，朱賽虹主編：《盛世文治——清宮典籍文化》，第239頁。

壹捌零：圖七十四：《武英殿聚珍版程式》套格圖，朱賽虹主編：《盛世文治——清宮典籍文化》，第240頁。

壹捌壹：圖七十五：《武英殿聚珍版程式》擺書圖，朱賽虹主編：《盛世文治——清宮典籍文化》，第241頁。

壹捌貳：黃愛平：《四庫全書纂修研究》，第223—224頁。

第四節 《四庫全書薈要》《四庫全書總目》《四庫全書簡明目錄》《四庫全書考證》設計

熟讀經書、雅好詩文的乾隆提出了纂修《四庫全書》的目標是務求精當、綱舉目張、體裁醇備，為萬世法制。于是乾隆三十八年五月初一日即发出諭旨，認為《四庫全書》浩如煙海，恐檢玩不便，於是諭令從《四庫全書》中擷取菁華，其篇式亦沿襲四庫體例，繕寫《四庫全書薈要》，並貯藏於向來就是書籍陳列之所的摛藻堂。《薈要》的編纂工作由四庫館總裁于敏中、王際華負責，為此專門成立四庫全書薈要處司理其事。五年以後，即乾隆四十三年（1778）五月，第一部《薈要》順利竣工，收藏在坤寧宮御花園內的摛藻堂。《四庫全書薈要》共收書463種，其中包含《四庫全書薈要總目》一種，共20828卷，分裝2001函，共11178冊。乾隆欣然題詩：『《全書》收四庫，《薈要》粹其精。事自己巳兆，工今戊戌成。』[壹捌叁]第二年，又抄成副本一部，貯於圓明園中的味腴書屋。摛藻堂《四庫全書薈要》現藏於臺北故宮博物院，味腴書室的《四庫全書薈要》則毀於咸豐十年（1860）英法聯軍入侵。

擷取《四庫全書》的菁華部分匯

編而成的兩部《四庫全書薈要》專供乾隆披覽。乾隆因《四庫全書》規模龐大、檢閱不便，為擷取其精華，編成了《四庫全書薈要》，篇章格式取法《四庫全書》。為了能對全書的作者簡介、內容提要和原委一目瞭然，還編撰了《四庫全書總目提要》，這是對《七略》以來歷代圖書分類基礎上總結出的更為精準、合理的目錄分類方法，成為古代目錄學的集大成之作。因《四庫全書總目提要》也體量宏大，乾隆指示『至現辦《四庫全書總目提要》，多至萬餘種，卷帙甚繁，將其抄刻成書，繙閱已頗為不易。自應於《提要》之外，另列《簡明書目》一編，祇載某書若干卷，註某朝某人撰，則篇目不煩而檢查較易。俾學者由書目而尋提要，由提要而得全書，嘉與海內之士，考鏡源流，用彰我朝文治之盛。著四庫全書處總裁等遵照，悉心妥辦。』[壹捌肆]《四庫全書簡明目錄》於乾隆四十七年（1782）七月繕寫進呈，是年武進趙懷玉因事告假回籍，特『恭錄副墨以歸』，江浙一帶讀書士子紛紛前往借錄傳抄。趙懷玉遂悉心校讎，於乾隆四十九年（1784）刻於杭州，為地方最早的《四庫全書簡明目錄》刻本。[壹捌伍]

乾隆發現前期學者為《四庫全書》校勘時所做的考證體量較大，不易放置在文末，『朕於幾餘披閱，見黏簽考訂之處頗為詳細，……所有諸書校訂各簽，並著該總裁等另為編次，與總目、提要，一體付聚珍

注

壹捌叁：［清］慶桂：《國朝宮史續編》卷五十五，第4頁。

壹捌肆：中國第一歷史檔案館編：《纂修四庫全書檔案》，第229頁，乾隆三十九年七月二十五日諭旨。

壹捌伍：顧志興：《文瀾閣四庫全書史》，第85—88頁。

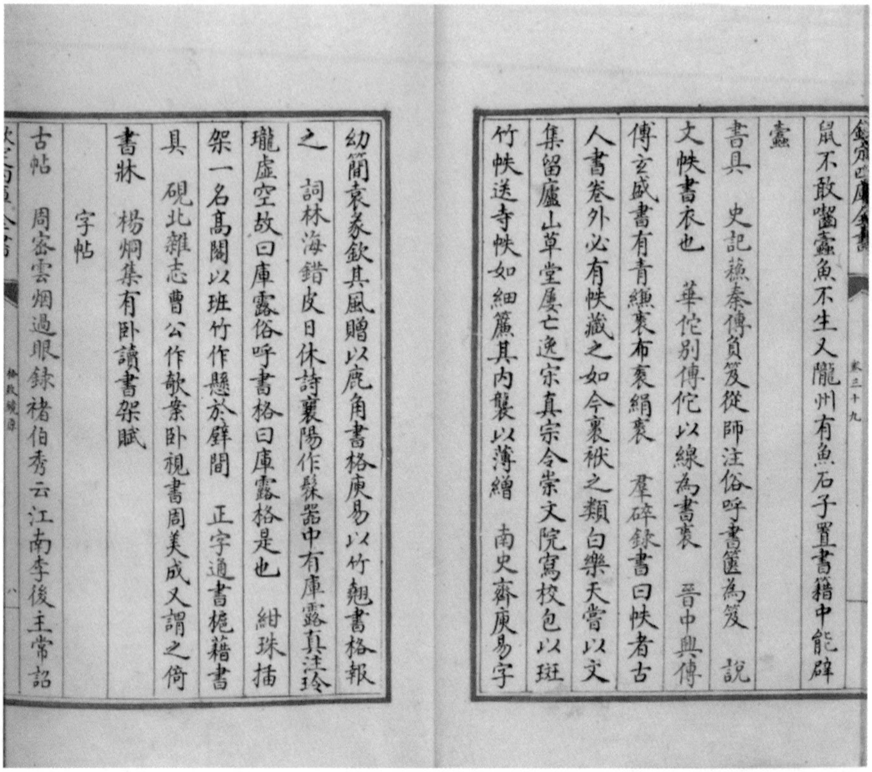
欽定四庫全書　卷三十九
鼠不敢嚙蠹魚不生又龍州有魚石子置書籍中能辟
蠹
書具　史記蘇秦傳負笈從師注俗呼書篋為笈　說
文帙書衣也　華佗别傳佗以線為書裹　晉中興傳
傅玄盛書有青縑裹布裹絹裹　羣碎錄書曰帙者古
人書卷外必有帙藏之如今裹袱之類白樂天嘗以文
集留廬山草堂屢亡逸宋真宗令崇文院寫校包以斑
竹帙送寺帙如細簾其内襲以薄繒　南史齊庚易字
幼簡袁彖欽其風贈以鹿角書格庚易以竹翹書格報
之　詞林海錯皮日休詩襄陽作髹器中有庫露真法玲
瓏虛空故曰庫露俗呼書格曰庫露格是也　紺珠插
架一名高閣以班竹作懸於壁間　正字通書椸藉書
具　硯北雜志曹公作欹案卧視書周美成又謂之倚
書牀　楊炯集有卧讀書架賦
字帖
古帖　周密雲烟過眼錄褚伯秀云江南李後主常詔
欽定四庫全書　格致鏡原　八

圖七十六：［清］陳元龍撰：《格致鏡原》書影，文淵閣《四庫全書》寫本，尺寸31.5cm×20.3cm，版框22.5cm×14.8cm，木盒34.2cm×22.3cm×14.5cm，臺北故宮博物院藏。[壹捌捌]

版排刊流傳。』[壹捌陸]一百卷的《四庫全書考證》為後世的學者提供了寶貴的考證文獻，成為中國學術史上規模最大的集體考據學成果。

以《四庫全書》的纂修為標誌，中國傳統學術邁入了全面總結的新階段。[壹捌柒]通過大規模整理與校勘，大批典籍得到了進一步的研究與流布，其創新地將《四庫全書總目》《四庫全書簡明目錄》《四庫全書薈要》《武英殿聚珍版叢書》與《四庫全書》相結合，合理地、最大程度地將典籍做了不同層面的整合，為《四庫全書》的查閱、流布、研究提供了極大的便利。為便於流傳，嘉惠藝林，《四庫全書》的收錄書籍分為應刊、應抄及存目三種，其體例之完備體現了中國古典文獻編纂的最高成就，對後世大型叢書的編纂意義重大。『南三閣』的對外傳播滋養和培育了衆多學者，對於文化的保存與興盛起到了積極的推動作用。

根據前文表一：各閣《四庫全書》與《薈要》封面顏色可知摛藻堂《四庫全書薈要》，絹面的顏色與寫本《四庫全書》保持一致，但在絹面品質上《四庫全書薈要》要比《四庫全書》更為考究。兩份《四庫全書薈要》與寫本《四庫全書》相一致，封面也採取了依據四時對應的四色、四德來喻四部，即經部綠色絹、史部紅色絹、子部藍色絹、集部灰色絹。《四庫全書薈要總目》則用茶褐色絹，依然與《四庫全書》五行之中央屬土的哲學含義保持一致。

《四庫全書薈要》的經、史、子、集的內文均採用寫本形式，其封面及內文的字體均採用標準的館閣體進行書寫。內文館閣體文字為墨書，某些多種文字並列以及一些古書的夾註、眉批等也使用了朱、藍、黃等各色進行書寫。如文淵閣本《格致鏡原》即是朱色套印本（圖七十六），而《四庫全書薈要》本中的《唐宋文醇》即為五色寫本。《四庫全書薈要》本版框和欄線極為工整，印刷也極為清晰，並未像其他庫書一樣出現版框漫糊、欄線模糊的現象。內文的字體書寫上因僱傭的是精於繕寫的寫手來書寫，所以其字跡更加端莊雅正。同《四庫全書》的寫本一樣，《四庫全

注

壹捌陸：中國第一歷史檔案館編：《纂修四庫全書檔案》，第537頁，乾隆四十一年九月三十日諭旨。

壹捌柒：黃愛平：《四庫全書纂修研究》，第382頁。

壹捌捌：圖七十六：［清］陳元龍撰：《格致鏡原》書影，文淵閣《四庫全書》寫本，宋兆霖主編：《護帙有道——古籍裝潢特展》，第25頁。

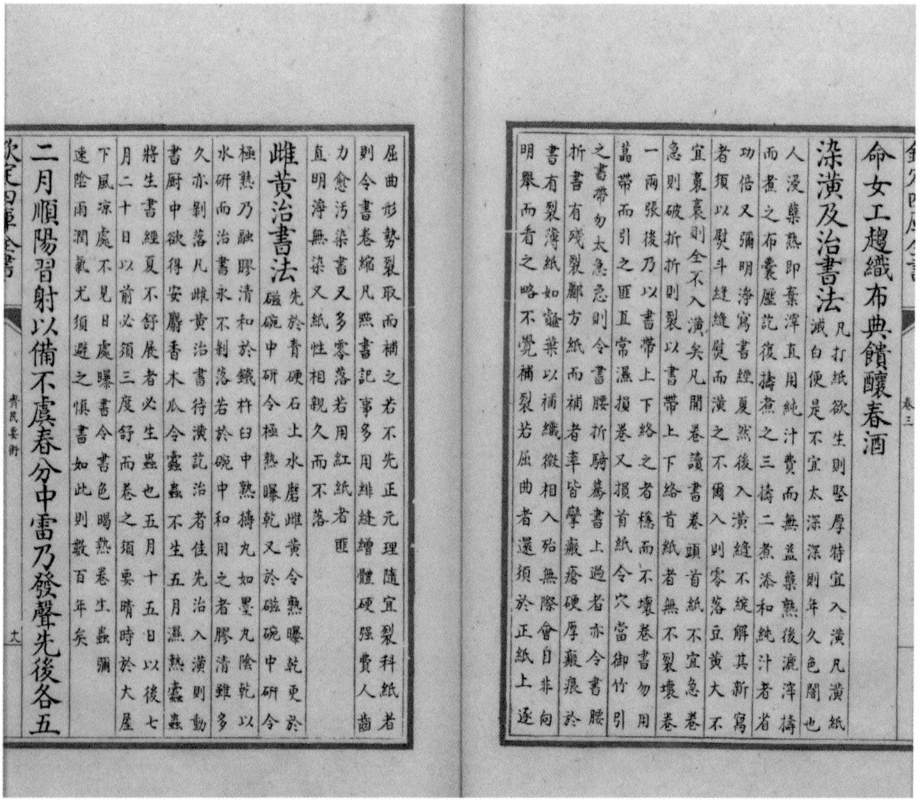

欽定四庫全書　卷三

命女工趨織布典饋釀春酒

染潢及治書法 凡打紙欲生生則堅厚特宜入潢凡潢紙滅白便是不宜太深深則年久色闇也

人浸蘗熟即棄滓直用純汁費而無益蘗熟後漉滓擣而煮之布囊壓訖復擣煮之三擣二煮添和純汁者省功倍又彌明淨寫書經夏然後入潢縫不綻解其新寫者須以熨斗縫縫熨而潢之不爾入則零落豆黃大不宜裛裛則全不入潢矣凡開卷讀書卷頭首紙不宜急卷急則破折折則裂以書帶上下絡首紙者無不裂壞卷一兩張後乃以書帶上下絡之者穩而不壞卷書勿用鬲帶而引之匪直常濕損卷又損首紙令穴當御竹引之書帶勿太急急則令書腰折騎驀書上過者亦令書腰折書有殘裂鄘方紙而補者率皆攣縮癢硬厚癥痕於書有裂滂紙如薤葉以補織微相入殆無際會自非向明舉而看之略不覺補裂若屈曲者還須於正紙上逐屈曲形勢裂取而補之若不先正元理隨宜裂斜紙者則令書卷縮凡點書記事多用雌縫繒體硬強費人齒力愈污染書又多零落若用紅紙者匪直明淨無染又紙性相親久而不落

雌黃治書法 先於青硬石上水磨雌黃令熟曝乾更於磁碗中研令極熟曝乾又於磁碗中研令極熟乃融膠清和於鐵杵臼中熟擣丸如墨丸陰乾以水研而治書永不剝落若於碗中和用之者膠清雖多久亦剝落凡雌黃治書待潢訖治者佳先治入潢則動書廚中欲得安麝香木瓜令蠹蟲不生五月濕熱蠹蟲將生書經夏不舒展者必生蟲也五月十五日以後七月二十日以前必須三度舒而卷之須要晴時於大屋下風涼處不見日處曝書令書色暍熱卷生蟲彌速陰雨潤氣尤須避之慎書如此則數百年矣

二月順陽習射以備不虞春分中雷乃發聲先後各五

欽定四庫全書　齊民要術　六

圖七十七：《齊民要術》十卷書影，清乾隆間《四庫全書薈要》鈔本，尺寸31.5cm×20.2cm，版框22.3cm×14.8cm，木盒34.5cm×22.2cm×11.8cm，臺北故宮博物院藏。壹捌玖

書薈要》也採取了精雅的壓訂紙撚包背裝形式，與其他『七閣』相比呈現出典雅中正，氣象萬千的局面。（圖七十七）

據上文表四可見摛藻堂《四庫全書薈要》首頁蓋「摛藻堂」，末葉蓋「乾隆御覽之寶」和「摛藻堂全書薈要寶」，味腴書屋《四庫全書薈要》首頁蓋「味腴書室」，末葉蓋「乾隆御覽之寶」，兩部《四庫全書薈要》的「乾隆御覽之寶」應為朱文橢圓形印，和『北四閣』朱文方形印不同。從僅存的摛藻堂《四庫全書薈要》「摛藻堂」鈐印來看，其為橢圓形朱文印，與各閣全書方形鈐印相比字體活潑靈動，且與其他『七閣』全書所用白文方印也有區別。在末頁鈐印上與『七閣』有更大的差異，即『七閣』僅用一方印，而摛藻堂《四庫全書薈要》則用了兩方印，即橢圓形朱文印『乾隆御覽之寶』和方形朱文印『摛藻堂薈要寶』。吴哲夫《四庫全書纂修之研究》中說各閣全書末葉均蓋「乾隆御覽之寶」為橢圓形玉璽顯然是誤記，實際上應是朱文方形印。各閣全書的不同鈐印既可用作識別的標誌，同時印鑒本身也是一種藝術，成為整個書籍設計系統的有機組成部分。在書籍上蓋印的傳統雖然由來已久，不過乾隆加蓋在書籍正文首頁上的璽印面積幾乎佔據了整個版框87.5%的空間，將如此碩大的璽印蓋在書籍上，也折射出乾隆作為統治者的一種徵服姿態。

同時，《四庫全書薈要》書函用

注

壹捌玖：圖七十七：［後魏］，賈思勰撰：《齊民要術》十卷書影，清乾隆間《四庫全書薈要》鈔本，宋兆霖主編：《護帙有道——古籍裝潢特展》，第14頁。

上等的紅木製作，再配以夾板，束以綢帶，每若干冊放入一匣，裝潢比『七閣』《四庫全書》的書函更為考究。因為《四庫全書薈要》僅供乾隆御覽，內容無政治忌諱而保存了原書的面貌，所以不僅內容考校精確，又因設計的精微與製作的精良體現了乾隆時期書籍裝潢設計的水平。《四庫全書薈要》不僅是《四庫全書》的有機組成，同時也因其體系的完備、體量的宏大，設計的系統性和高超的藝術水準成為獨立的系統，在設計史上擁有獨特的地位。

書籍分類編次是目錄工作極為重要的環節，早在漢代官方進行的校書編目工作中，劉向等學者就曾根據書籍的內容及其學術性質，把當時全部圖書分為六藝，即諸子、詩賦、兵書、數術、方技六大類，開創了中國目錄學史上圖書系統分類的先例。此後，隨著學術的發展，又陸續出現了四分法、五分法、七分法。[190]『四庫』和『四部』也是中國古籍目錄學的一種分類法。三國時魏國荀勖將書籍分為四部，即甲部為六藝小學，乙部為諸子兵書術數，丙部為史記及其他記載，丁部為詩賦圖載。至晉代李充重分四部，以五經為甲部，史記為乙部，諸子為丙部，詩賦為丁部，定為經、史、子、集四部。隋唐以後，迄至明清，傳統的書籍分類多用此法。所謂『四庫』，除了目錄學上的分類意義和『四部』相同外，還有特定的含義，即指古代宮廷收藏圖書的地方。《新唐書·藝文志一》：『兩都（指西都長安、東都洛陽——引者按）各聚書四部，以甲、乙、丙、丁為次，列經、史、子、集四庫。其本有正有副，軸帶帙簽皆異式以別之。』『四庫書』和『四部書』後世又泛指群書，成為通稱。[191]而由魏鄭默《中經簿》、晉荀勖《中經新簿》創立，李充《晉元帝四部書目》調整，至《隋書經籍志》正式確立的經、史、子、集四部分類法，因其適應了學術發展的情形和統治者的需要，遂被奉為正統分類體系，為歷代絕大多數目錄著作所承襲。《四庫全書總目》在分析《漢志》以後各種分類法的得失利弊後，在考查前代目錄著作圖書歸類經驗教訓的基礎上，建立了一個比較嚴密、完善的分類體系，在推進中國古代目錄學的分類理論及其應用方面，發揮了積極的作用。《四庫全書總目》按照經、史、子、集四部分類法，於部下分類，類下再分子目，計四部四十四類六十六子目。集部別集一類，因書籍較多，以時代先後進行排列，雖未標明，實際上是暗分子目。[壹玖貳]

《四庫全書總目》初稿成於乾隆四十六年（1781）二月，次年編成200卷，再次進呈，後又隨著庫書的抽毀、刪削等不斷修改，至乾隆六十年（1795）始正式成書，刊刻完工，為武英殿刊本。[壹玖叁]《四庫全書總目》是在《四庫全書》纂修過程中產生的一部目錄著作，它由數十名學有專長的纂修官分頭撰寫，再經著名學者紀昀、陸錫熊等人考核增刪，反復修改潤飾而成，前後歷時二十餘年。這部凝結著眾多學者心血和反映當時學術水準的著作，是中國古代最重要的目錄學專著。[壹玖肆]《總目》體例整齊，思想統一，注重指示學術門徑，詳於內容介紹、文字考訂、得失評論乃至源流敘述，在閣書提要的基礎上又有了進一步的提高。[壹玖伍]它繼承了中國目錄學『辨章學術，考鏡源流』的優良傳統，總結了自漢劉向、班固以來歷代目錄著作的得失利弊，以比較完善的分類體系，提要、小序俱全的著錄方式，詳細介紹、評騭了《四庫全書》著錄、存目的各種書籍，系統考查、總結了中國學術的淵源流變，在中國目錄學史上，留下了極為重要的

注

壹玖零：黃愛平：《四庫全書纂修研究》，第348頁。

壹玖壹：顧志興：《文瀾閣四庫全書史》，第105—107頁。

壹玖貳：黃愛平：《四庫全書纂修研究》，第348—349頁。

壹玖叁：顧志興：《文瀾閣四庫全書史》，第85頁。

壹玖肆：黃愛平：《四庫全書纂修研究》，第296頁。

壹玖伍：黃愛平：《四庫全書纂修研究》，第334頁。

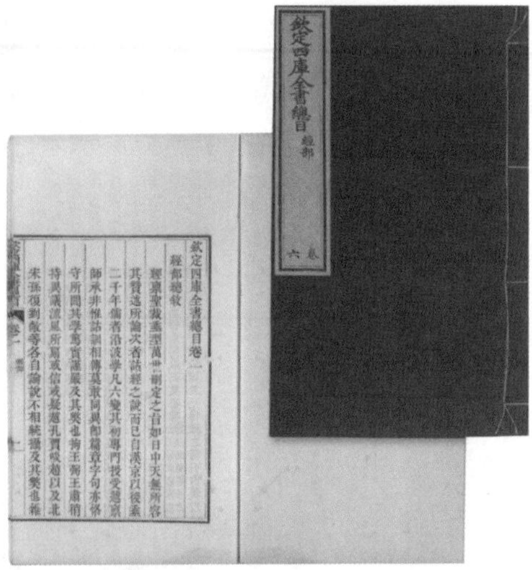

圖七十八：［清］紀昀等奉敕撰：《四庫全書總目》書影，清乾隆五十四年武英殿刊本，29.5cm×31cm，臺北故宮博物院藏。[壹玖玖]

篇章。[壹玖陸]由於《四庫全書總目》綜合吸取了諸家長處，又十分注重名實相符，因而成功地建立了一個比較嚴密、完善的分類體系，把上萬種書籍組織成一個有機的整體。[壹玖柒]

《四庫全書總目》於乾隆三十九年（1774）至四十六年（1781）編撰完成，寫本現已不傳，現存《四庫全書總目》為武英殿聚珍版，於乾隆六十年（1795）排版刷印一百部，其中四部由武英殿裝潢並送藏內廷四閣。其餘則陳設於宮中各處或由乾隆賞賜臣下。在古書的校勘方面，受《四庫全書》遍校歷代典籍的影響，校勘學至清乾隆以後發展到鼎盛，許多古代的重要典籍得到重新整理，湧現出一批名噪一時的校勘大家。如段玉裁一生精力薈萃於《說文解字注》中，校勘注釋，發明頗多，在很大程度上恢復了古書原貌。阮元組織一批學者遍校十三經，主持刊印成《十三經注疏》並《校勘記》，得到學術界一致好評。在目錄的編纂方面，《四庫全書總目》的纂修及其刊行，帶來了清代目錄學空前繁盛的局面，各種官撰、私修目錄著作數量猛增，並拓展到各個具體學科領域。[壹玖捌]（圖七十八）

寫本《四庫全書總目》和《四庫全書考證》，由於其「係全書綱領，未便仍分四色裝潢」，「用黃絹面頁，以符中央土色，俾卷軸森嚴，益昭美備」。[貳零零]即《總目》和《考證》在四庫中處於提綱挈領的地位，以中央之土所代表的黃色來標示，根據黃帝內經的理論，其協調和總領全書的功能則如同脾經一樣需要黃色之味的滋養是其內在的哲學含義。

殿本《四庫全書總目》，烏絲欄，版框高18.9cm，寬13.9cm，與原書相比版框高度略小，寬窄則相差無幾。四周雙邊，單魚尾，半頁九行，行二十一字。版心魚尾上載『欽定四庫全書總目』，字型略扁，下載『卷×』字體大小同上，其下小字雙行，右載『×部』左載『×類×』，字型為瘦長方形，再下居中載書冊頁碼，字體與『卷×』相同，字型略扁，且所有版心中的文字均為雕版印刷。《四庫全書總目》後又有浙江地方官府據文瀾閣本的翻刻本，最早的稱杭本或浙本，其後又有據浙本翻刻的揚州小字本、湖州沈氏刊本，及同治七年的廣東書局刊本，清末民初還有據粵本翻刻的石印本。但殿本雅緻清晰非其他本所及，作為初刻本現流傳已很稀少。

由於《四庫全書總目》卷帙繁多、翻閱不便，乾隆又諭令編撰了一套簡明的目錄，即20卷的《四庫全書簡明目錄》，此目只載卷數、撰者，並刪去《存目》。有了《四庫全書簡明目錄》，猶如書海導航有了明燈，使士子由此目而檢總目，再由總目而檢索全書自然為便。《四庫全書簡明目錄》於乾隆四十七年(1782)七月繕寫進呈。是年武進趙懷玉因事告假回籍，特『恭錄副墨以歸』，江浙一帶讀書士子紛紛前往借錄傳抄。趙懷玉遂悉心校讎，於乾隆四十九年（1784）刻於杭州，

注

壹玖陸：黃愛平：《四庫全書纂修研究》，第342頁。

壹玖柒：黃愛平：《四庫全書纂修研究》，第353頁。

壹玖捌：黃愛平：《四庫全書纂修研究》，第381—382頁。

壹玖玖：圖七十八：［清］紀昀等奉敕撰：《四庫全書總目》書影，清乾隆五十四年武英殿刊本，吳璧雍主編：《皇城聚珍——清代殿本圖書特展》，第31頁。

貳零零：中國第一歷史檔案館編：《纂修四庫全書檔案》，第1603頁，乾隆四十七年七月十九日多羅質郡王永瑢奏摺。

為地方最早的《四庫全書簡明目錄》刻本。貳零壹

據吴哲夫《四庫全書的配件》一文介紹，現臺北故宫博物院藏的《四庫全書簡明目錄》有三個版本。一、清乾隆間朱絲欄寫本，此本置於文淵閣《四庫全書》之前。文淵閣《四庫全書》共裝成六千一百四十四個木函，此部《簡明目錄》爲其開首的前三函。由於直接配屬於全書，所以版式行款與《四庫全書》相同。版匡高二一·五公分，寬十四·八公分。半葉八行，行二十一字。每冊書的前後各鈐『文淵閣寶』、『乾隆御覽之寶』朱文方形璽印，也與《四庫全書》一樣。二、清乾隆間内府烏絲欄鈔本，在文淵閣陳設圖中的東稍間寶座前，陳設有四函二十冊的一部《簡明目錄》，係以舊雕漆匣盛裝，這是清高宗在此休憩看書時案頭的參考工具書。內容與前本不殊，每半葉八行，行二十四字，字體遒健精美，框高十四·三公分，寬八·三公分，爲雅緻的袖珍本。書的前後，分别鈐『乾隆御覽之寶』、『古希天子』兩朱文圓形璽印；三、清乾隆間内府寫冊葉本，此書原陳設於文淵閣仙樓東稍間寶座，亦爲清高宗駕臨此地看書時，案前的參考工具書。冊頁本用潔白厚紙爲材料，烏絲界欄，筆妙墨精，冊葉裝，外加錦函，莊嚴富麗。每葉四十六行，分爲上下兩欄，字無定數。版匡高四十二·一公分，寬二十二公分。……乾隆三十九年十月十八日高宗曾指責説：『四庫全書處進呈抄録書本，朕連日偶加繙閱，檢出舛漏之處，不一而足』。於是令對修書館臣，嚴加考核，但成績又始終不理想。乾隆四十二年三月二十四日乃又詔示説：『自今年正月起，所有進過書籍，訛誤之處，交軍機大臣通行查核，經朕看出錯訛者，其分校、覆校名下錯至兩次，總裁名下所校錯至三次者，均著查明，奏請交部議處。』校出抄錯的地方，往往直接在《四庫全書》中挖改，因此今日還可在全書原本中看到許多挖改的痕跡。四庫全書據以謄録的版本往往有多個本子。此《四庫全書考證》一零零卷，四庫館鈔本，與庫書行款略有不同，即半葉九行，行二十一字。首附目録，書末署纂修官侯補司業王太岳、曹錫寶

圖七十九：［清］紀昀等撰：《四庫全書簡明目錄》卷包裝設計，清乾隆年間寫本，28.5cm×650cm，盒長39.5cm×32.8cm，通高10cm，故宮博物院藏。[貳零肆]

二人，謄錄貢生則有張山菊、周愛蓮、劉衡詔、李普元等四人。此書後由武英殿排版印行，亦爲半葉九行。[貳零貳]

四卷本卷軸裝《四庫全書簡明目錄》為紀昀寫本，卷軸裝仿宋式盤絛紋織錦包首，鑲嵌青玉軸頭，淡綠、淺黃雙色綾天頭，灑金箋引首，淺黃色綾隔水，海水江崖雜寶紋軸帶，上端繫青白玉別。自左至右卷為一束，分為四卷，合裝一紅木書盒內。該書裝幀技藝精湛，仿宋錦，古樸典雅，質地緊密厚實。反映出清內府書籍裝潢的藝術風格。[貳零叁] 外包裝盒長39.5cm，寬32.8cm，通高10cm。居中頂格陰刻『欽定四庫全書簡明目錄』，青綠填色，隸書字體，下緣餘出縱向三分之一的空間，使觀者視線聚焦在

注

貳零壹：顧志興：《文瀾閣四庫全書史》，第85—86頁。

貳零貳：參見吴哲夫：《四庫全書的配件》，第64—69頁。

貳零叁：朱賽虹主編：《盛世文治——清宮典籍文化》，第171頁。

貳零肆：圖七十九：［清］紀昀等撰：《四庫全書簡明目錄》卷包裝設計，清乾隆年間寫本，朱賽虹主編：《盛世文治——清宮典籍文化》，第178頁。

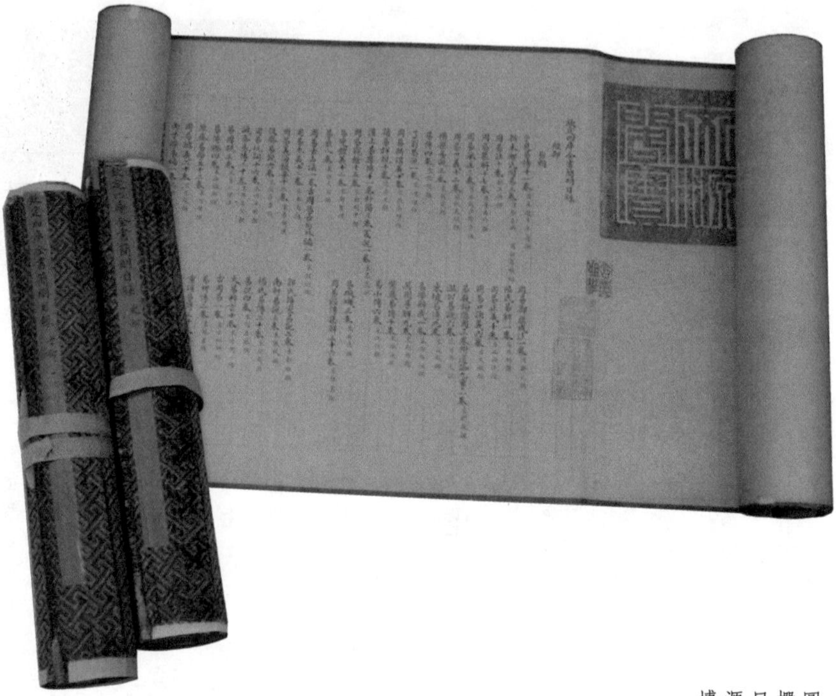

圖八十：［清］紀昀等撰：《四庫全書簡明目錄》卷，圓明園文源閣舊藏，臺北故宮博物院藏。貳零伍

版面的視覺中心，整個外函正面疏朗明靜，端莊雅緻。

卷軸裝寫本《四庫全書簡明目錄》，上下兩欄，墨筆，烏絲欄，天頭、地腳比例約為2:1，首行降一格繕寫『欽定四庫全書簡明目錄』，次行降四格繕寫『經部』，下一行降五格繕寫『易類』，再下一行降三格繕寫『子夏易傳十一卷』，其下雙行小字空間內夾寫單行『舊本題卜子夏撰』，其他同屬於一個級別的都一字排開，列同等高度。遇到『御定康熙字典四十二卷』則頂格繕寫，次行『欽定西域同文志二十四卷』『欽定增訂清文鑑三十二卷補編四卷總綱八卷補總綱一卷』『欽定滿洲蒙古漢字三合切清文鑑三十三卷』則降一格繕寫，次行『篆隸考異

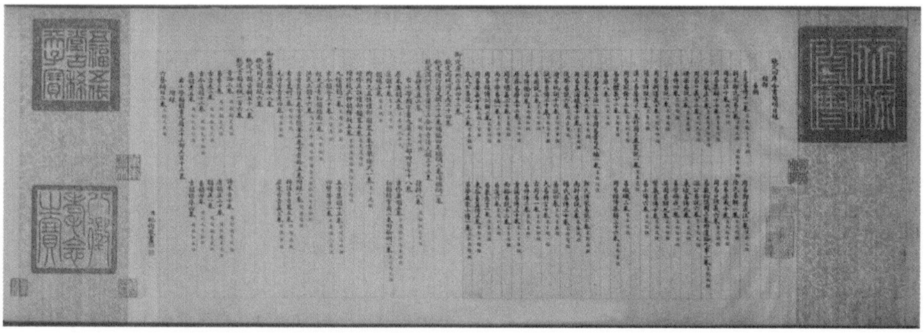

圖八十一：［清］紀昀等撰：《四庫全書簡明目錄·經部》卷，圓明園文源閣舊藏，臺北故宮博物院藏。貳零陸

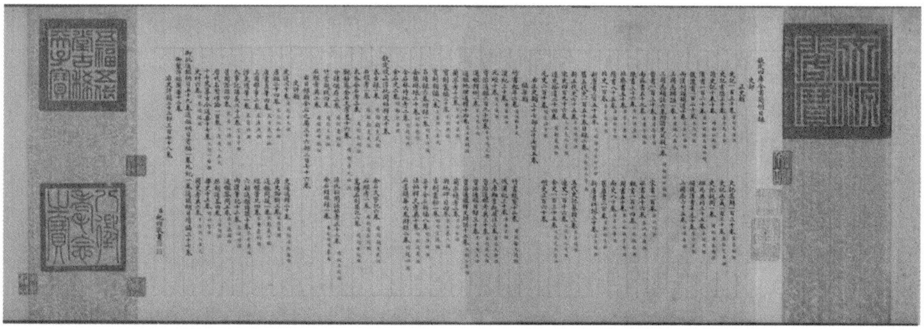

圖八十二：［清］紀昀等撰：《四庫全書簡明目錄·史部》卷，圓明園文源閣舊藏，臺北故宮博物院藏。貳零柒

注

貳零伍：圖八十：［清］紀昀等撰：《四庫全書簡明目錄》卷，俞小明主編：《四庫縹緗萬卷書——『國家圖書館』館藏與〈四庫全書〉相關善本敘錄》，第156頁。

貳零陸：圖八十一：［清］紀昀等撰：《四庫全書簡明目錄·經部》卷，俞小明主編：《四庫縹緗萬卷書——『國家圖書館』館藏與〈四庫全書〉相關善本敘錄》，第157頁。

貳零柒：圖八十二：［清］紀昀等撰：《四庫全書簡明目錄·史部》卷，俞小明主編：《四庫縹緗萬卷書——『國家圖書館』館藏與〈四庫全書〉相關善本敘錄》，第158頁。

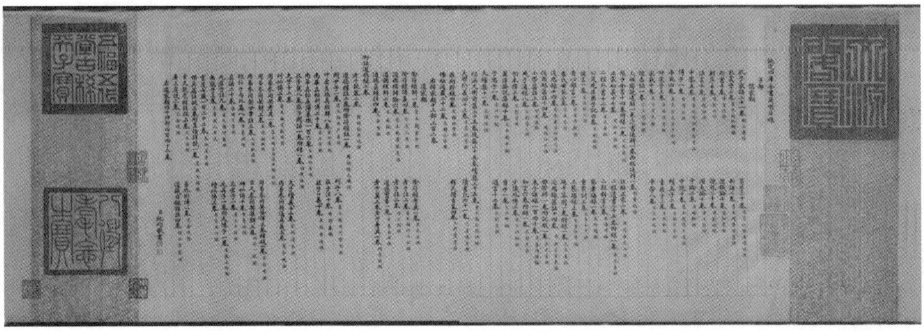

圖八十三：[清]紀昀等撰：《四庫全書簡明目錄·子部》卷，圓明園文源閣舊藏，臺北故宮博物院藏。貳零捌

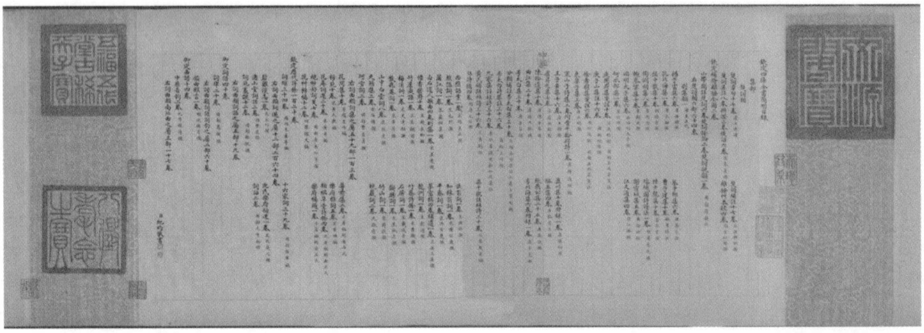

圖八十四：[清]紀昀等撰：《四庫全書簡明目錄·集部》卷，圓明園文源閣舊藏，臺北故宮博物院藏。貳零玖

二卷』降三格繕寫，再次一行『右小學類字書之屬三十六部四百七十八卷』降四格繕寫，『原本廣韻五卷』又恢復為降三格繕寫。若上下雙欄的上欄中某行字數比較多，則會越界佔據到下欄空間，下欄空間內對應的該行就不再書寫內容。因此，整個卷軸畫心之內文字體例極為嚴謹，因嚴格的書儀而呈現出秩序井然、節奏鮮明的理性之美。卷首鈐印為『文源閣寶』，卷末為『五福五代堂古稀天子寶』『八徵耄念之寶』。前後鈐印使卷軸裝寫本《四庫全書簡明目錄》莊嚴敬謹、廟堂氣十足，彰顯了乾隆朝的盛世威儀。（圖八十一～八十四）

紀昀等撰的烏絲欄寫本《四庫全書簡明目錄》線裝本二十卷，尺寸

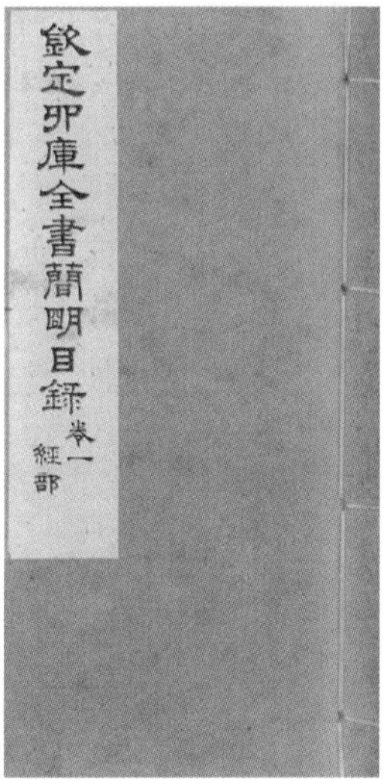

图八十五：［清］紀昀等撰：《四庫全書簡明目錄》線裝本二十卷，臺北故宮博物院藏。貳壹零

图八十七：［清］佚名：《四庫全書簡明目錄》冊外盒剔彩工藝。貳壹貳

縱向為27.7cm，橫向10.8cm，四眼鎖線裝，開本縱橫比例接近5:2，相對狹長的比例使此書在視覺上更接近經折裝。若干冊書置於函，書函尺寸為縱向21.5cm，橫向11.7cm，厚8.5cm，四函並置於一個漆盒裡，漆盒橫向51.5cm，縱向31.5cm，厚11.3cm。盒面工藝採用了大漆剔彩工藝，構圖飽滿，工藝精湛，顯示了清代內府高超的書籍裝潢工藝。（圖八十五～八十七）

據琚小飛《〈四庫全書考證〉考論》中研究，國家圖書館藏清代內府鈔本《四庫全書考證》一百卷，每半葉10行，行21字，紅格，白口，左右雙邊。書中圈點、塗改及校簽隨處可見，部分校簽存在前後相繼的校改痕跡。……

注

貳零捌：圖八十三：［清］紀昀等撰：《四庫全書簡明目錄·子部》卷，俞小明主編：《四庫縹緗萬卷書——『國家圖書館』館藏與〈四庫全書〉相關善本敘錄》，第159頁。

貳零玖：圖八十四：［清］紀昀等撰：《四庫全書簡明目錄·集部》卷，俞小明主編：《四庫縹緗萬卷書——『國家圖書館』館藏與〈四庫全書〉相關善本敘錄》，第160頁。

貳壹零：图八十五：［清］紀昀等撰：《四庫全書簡明目錄》線裝本二十卷，宋兆霖主編：《護帙有道——古籍裝潢特展》，第144頁。

貳壹壹：圖八十六：［清］紀昀等撰：《四庫全書簡明目錄》冊，清乾隆間內府烏絲欄寫本，宋兆霖主編：《護帙有道——古籍裝潢特展》，第144頁。

貳壹貳：图八十七：［清］佚名：《四庫全書簡明目錄》冊外盒剔彩工藝，宋兆霖主編：《護帙有道——古籍裝潢特展》，第144頁。

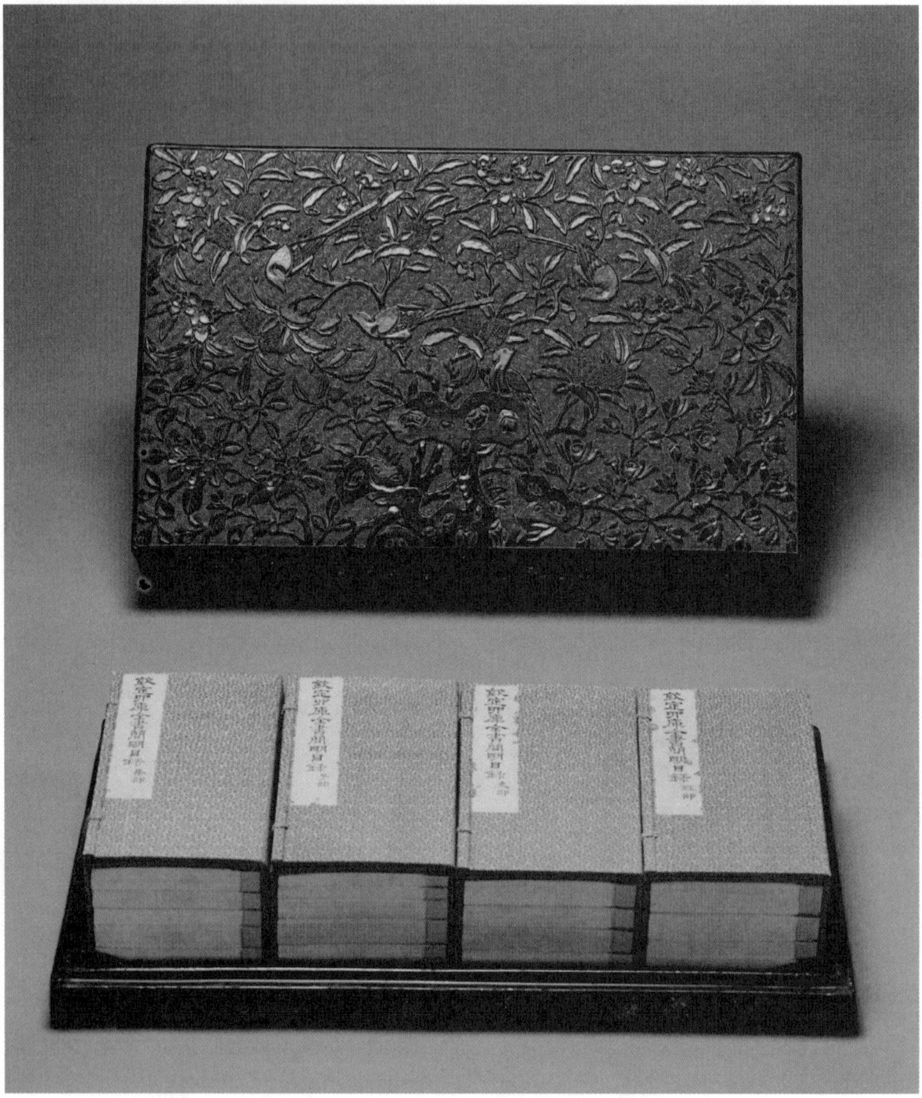

圖八十六：［清］紀昀等撰：《四庫全書簡明目錄》冊，清乾隆間內府烏絲欄寫本，尺寸 27.7cm×10.8cm，版框 14.3cm×8.3cm，書函 21.5cm×11.7cm×8.5cm，漆盒 51.5cm×31.5cm×11.3cm，臺北故宮博物院藏。貳壹壹

此係全書綱領，未便仍分四色裝潢，應請用黃絹面頁以符中央土色，俾卷軸森嚴，益昭美備。其文源、文津、文溯三閣，俟書成後照此辦理』。因此初步判斷清鈔本《考證》應該為進呈本。……仔細翻閱清鈔本《考證》，其版心著書名『四庫全書考證』，魚尾中著卷數、該卷書名及頁碼，完全遵照《四庫全書》用以進呈的著錄格式，而且抄寫工整、體例整飭，從其版式來說，當為進呈本。現今發現的四庫進呈底本的裝潢及行格版式也可以為《考證》的版本鑒別提供佐證。

李國慶先生曾發現天津市圖書館藏有四庫館的謄清本《公是集》《閩小記》等，其格式完全與四庫本相同，並且其上貼有黃簽以供進呈，其版式為上書口題『欽定四庫全書』，每半葉8行，行21字，紅格白口，四周雙邊，眉端有佚名簽批。除行數有異外，其他與《考證》版式完全一致。另民國十年江西熊羅宿影庫本《舊五代史》一百五十卷，其底本即為四庫進呈本，且亦為紅格白口，左右雙邊版式。再者就紙張方面來說，清鈔本《考證》的紙張潔白、質地細膩，似是棉紙的一種，紅格棉紙乃是四庫進呈本以及底本的專用紙張。從現存的四庫進呈本來看，用以進呈御覽的書籍均以紅格界欄裝潢，以示與其他稿本區別。結合這一點，清鈔本《考證》的裝潢版式當為進呈本無疑。其五，傅增湘先生《藏園群書經眼錄》卷六記載『《四庫全書考證》一百卷，清內府鈔本，朱欄精楷，是乾隆修書底本，在聚珍本前』。傅先生雖未直接言及清鈔本為進呈本，但其稱乾隆修書底本，即已表明清鈔本《考證》乃是文淵閣本謄錄的底稿本。[貳壹叁]

《四庫全書》的書籍設計汲取了前代優秀成果，結合皇家禮制要求和實際閱讀功能需求而進行了設計創新。其包背裝集蝴蝶裝和線裝的優點於一體，全書紙張精良，開本寬博、天地疏朗，墨色勻淨，欄線清晰。館閣體的書體使書籍通篇工整清晰、視覺統一中又傳達出不同的風格與氣質。不僅注重書法的點畫和結構的視覺審美，同時具備了易於識別等視覺傳達的實用功能，形成了宏闊而細膩的設計。《四庫全書》在穩定的版式設計中結合精雅的插圖設計、微妙的擡寫、降格以及變化豐富的館閣體書寫，形成了千變萬化、書卷氣極為濃厚的內文設計。同時各閣全書不同的鈐印也增加了版面的豐富性和莊嚴感，而精雅的插圖則呈現出非凡的藝術張力。整體的設計體現了宮廷修書華貴典雅的特點，同時嚴格的書儀禮制要求也處處顯示出等級差別。

注

貳壹叁：參見琚小飛：《清代內府鈔本〈四庫全書〉考證考論》，《文獻》2017年9月第5期，第151—155頁。

第六章 《四庫全書》藏書樓設計

社會安定、經濟富庶、文化昌盛、科技發達之時，也是藏書樓繁榮之日。書籍的庋藏和保存關乎到典籍的留存與文化的接續，因此歷代王朝莫不把藏書樓的營建作為弘揚文化的舉措。如漢代的東觀、蘭臺，唐代的集賢書院，宋代的崇文書院，明代的皇史宬、清代的天祿琳琅、五經萃室、文淵閣、乾清宮、長春書屋、味腴書室及武英殿修書處，均是庋藏典籍的重要場所。

中國古代的皇家藏書樓濫觴於商周，成於秦漢，經過隋唐和兩宋的發展，至明清時期，連同儒家書院、佛道寺觀藏書樓及民間藏書樓共同構築起了中國文化的精神家園，不同性質的藏書樓在流變中相互影響與交融。經過康、雍兩朝的經營，至乾隆時，皇帝處理政務、日常起居、休憩宴遊以及皇族學習修養等各種場所都是典籍的陳設之所。功能齊全、品類豐富的龐大皇家藏書網絡，集多種實際職能於一身，具有了典藏文獻、文治天下的功能。

因藏書樓承載了文人諸多情懷和理想，因此藏書樓建造中文人亦多參與規劃，因此藏書樓也折射了文人的藝術趣味，彰顯了時代的文風與審美格調。作為有史以來最大規模的修書盛舉，唯有專門營建藏書樓才可能貯藏體量龐大的《四庫全書》，彰顯乾隆朝的文治武功。乾隆在其繼位的第九年（1744），就曾下令將內府所藏自宋至明的各朝善本貯藏於昭仁殿，並題寫『天祿琳琅』匾額懸於室內。『天祿』取自漢代天祿閣藏書樓，以示昭仁殿藏書琳琅滿目。昭仁殿作為康熙寢居和讀書之所，乾隆幼時常在此跟隨祖父康熙讀書學習。乾隆四十年（1775），《天祿琳琅書目》十卷編纂成書並貯藏於此。

《四庫全書》卷帙浩繁、體量宏大，乾隆對其庋藏的場所極為重視，所以在纂修之初，即開始著手進行『北四閣』籌劃，以爲將來貯書之用。在《四庫全書》的編纂過程中，寧波范氏天一閣獻書約六百餘種，其所營建的天一閣歷經兩百餘年依然屹立於浙東。為此，乾隆三十九年（1774）六月二十五日軍機處發出《諭著杭州織造寅著親往寧波詢察天一閣房間書架具樣呈覽》，諭旨稱：『浙江寧波府范懋柱家所進之書最多，因加恩賞給《古今圖書集成》一部，以示嘉獎。聞其家藏書處曰『天一閣』，純用磚甃，不畏火燭，自前明相傳至今，並無損壞，其法甚精。著傳諭寅著親往該處，看其房間製造之法若何，是否專用磚石，不用木植，並其書架款式若何，詳細詢察，燙成準樣，開明丈尺呈覽』。[貳壹肆]在其後的籌劃過程中還反復叮囑『寅著未至其家之前，可預邀范懋柱，與之相見，告以奉旨，因聞其家藏書房屋書架造作甚佳，留傳經久，今辦《四庫全書》，卷帙浩繁，欲倣其藏書之法，以垂久遠』。[貳壹伍]

注

貳壹肆：顧志興：《文瀾閣四庫全書史》，第16—17頁。

貳壹伍：中國第一歷史檔案館編：《纂修四庫全書檔案》，第212頁，乾隆三十九年六月二十五日諭旨。

第一節 《四庫全書》藏書樓設計範式

乾隆除了為《四庫全書》的貯藏專門量身定做了七座藏書樓，同時還辟出紫禁城中的摛藻堂和圓明園內的味腴書屋專門貯藏《四庫全書薈要》，這種現象在歷史上是絕無僅有的。『七閣』俱以天一閣為範，同時『七閣』與天一閣，以及『七閣』之間又存在一定的差異，形成了獨特的風格，在古代藏書樓的建造設計史上佔有重要地位。

一、《四庫全書》藏書樓設計理念範式

天一閣樓主范欽出身寒微，卻在身份顯赫之時歸隱鄉里，窮畢生之力於藏書事業，成為明代中晚期的漢族文人代表，具有鮮明的士人文化精神，加之乾隆對漢文化的仰慕與推崇，為了緩和始終伴隨著的滿、漢矛盾與衝突，四庫全書編纂過程中乾隆始終對漢族文人貫徹了內緊外鬆的懷柔政策，為《四庫全書》藏書樓營建尋找一個精神典範成為重要的文化策略。以天一閣作為《四庫全書》藏書樓設計的典範，既籠絡了漢族知識份子，又使其蘊藏的士人文化得以最大程度地彰顯。（圖八十八）

圖八十八：范欽像

歷史上的無數次書厄使乾隆及其四庫館臣對庫書存亡尤為憂心，因此在現實中尋求到成功的範例，並從中汲取寶貴經驗就成為《四庫全書》藏書樓營建的重中之重。因范欽營建的天一閣是明代藏書樓中完整保存的孤例，所以乾隆御令對天一閣進行深入地考察和研究，希冀從中能汲取寶貴的經驗。

天一閣建於明嘉靖四十年至四十五年（1561—1566），是明代著名藏書家范欽的藏書樓，盛時藏書達七八萬卷，因此范欽被稱為浙東第一藏書家。范欽（1506—1585），字堯卿，一字安卿，號東明，鄞縣人，嘉靖十一年（1532）進士，官至兵部右侍郎，著有《天一閣集》《撫掌錄》《奏議》及《古今諺》等。至清乾隆修《四庫全書》時，天一閣保存已逾兩百餘年，其能保存如此之久，也是乾隆特別讚歎之處。（圖八十九）

天一閣主體建築在范氏住宅之東，坐北朝南，磚甃為垣，為取其透風，於前後簷俱設門窗，閣外四周設以圍牆，因建築中梁柱及書櫥俱用松杉，形制堅樸耐用。閣內天花上飾有水紋，取『以水剋火』之意。閣前鑿池，泉水清冽，於後面圍牆東北隅又鑿有曲池，於閣東引前池之水灌注其中，具備了防火的功能。主體建築面擴六間，西偏一間設有樓梯可登樓取書，閣的形制及書櫥、書目尺寸俱含六數。由此可見，天一閣防火理念不僅體現在藏書樓命名及形制上，同時也體現在

圖八十九：《天一閣圖》，乾隆《鄞縣志》貳壹陸

圖九十：天一閣東明草堂貳壹柒

藏書樓園林設計及其外觀圖案裝飾和室內陳列設計上。『以水剋火』、五行相剋的理念有深刻的文化淵源，這是《四庫全書》藏書樓仿天一閣的核心原因。（圖九十、九十一）

范欽的曾孫范光文於康熙四年（1665）在藏書樓前後砌成『九獅一象』的假山作為園林景致的點景，閣前水池除防火的實際功能外，還將『以水剋火』的意向導入到人們的心理需求之中，具有極強的象徵意義和審美意向，暗合了五行之中『以水剋火』的哲學理念。在審美層面，自古以來中國的古典園林中水景必不可少，它不僅在生態系統中維繫著園林中的植被和樹木，同時在視覺上對於營造幽遠的意境和雅緻的文人園林意象意義

圖九十一：天一閣匾額[貳壹捌]

重大，可謂園林無水不治。坐北朝南的六開間兩層磚木結構，前後均開窗通風以防潮，樓上大通間用以陳列書籍，正中懸有明王原相所書『寶書樓』匾額，中間用書櫥隔而為六。樓上一間寓意『天一』，樓下六間暗合『地六』，因此上一下六，寓意『天一生水，地六成之』，從建築的設計到室內的陳列佈局，以及富有吉祥寓意的紋樣設計都明確了『以水剋火』的警示和善願。

　關於天一閣命名有兩種說法，第一種說法在全祖望《天一閣碑目記》中有載：『閣成之初於閣前鑿池，忽得吳道士龍虎山天一池石刻，以為與閣鑿池之意相契合，因次得閣名「天一閣」』。第二種說法源自鄭玄為《周易·繫辭》所做的注，《鄭氏周易》

注

貳壹陸：圖八十九：《天一閣圖》，乾隆《鄞縣志》，轉引自顧志興：《文瀾閣四庫全書史》，第18頁。

貳壹柒：圖九十：天一閣東明草堂，翟云倩2021年4月18日攝於天一閣。

貳壹捌：圖九十一：天一閣匾額，顧志興：《文瀾閣四庫全書史》，第59頁。

卷下：『天一生水於北，地二生火於南，天三生木於東，地四生金於西，天五生土於中，陽無偶，陰無配，未得相成。地六成水於北，與天一並。天七成火於南，與地二並。地八成木於東，與天三並。天九成金於西，與地四並。地十成土於中，與天五並。……天數五，地數五，五位相得而各有合』。[貳壹玖]戰國時有五行相生相剋的理論，歷代最大的書厄莫過於火患，天一閣的命名合其天一、地六之象，意為『以水剋火』之意。我贊同虞浩旭在《嫏嬛福地天一閣》中的陳述，認為范欽刻意安排『天一地六』的建築結構，應是先有名而後建閣，他對天一閣的命名和設計應是經深思熟慮而不應是在閣成後『忽得吳道士龍虎山天一池石刻』才命名的[貳貳零]。天一閣『天一生水，地六成之』的設計理念體現在閣的命名、建築、佈局、書籍的陳列與儲藏等方面，加之完備的管理模式，使其成為公私藏書家心目中的文化偶像。乾隆對天一閣的推崇，首先也體現了他對於文化理念以及其希冀閣、書長久保藏的美好願望。因此仿天一閣建築設計理念和建築形制營建《四庫全書》的藏書樓就顯得意義非凡。

二、《四庫全書》藏書樓建築設計範式

天一閣的主體建築寶書樓是一座完全從功能角度出發營造的重簷硬山頂建築，其平面佈局十分特殊，為符合『天一生水，地六成之』中的數字『六』而與中國傳統建築奇數開間的古制有所不同，採用偶數六開間，其實是標準的五開間再外加一間西側樓梯間而湊成『六數』。閣分兩層，進深均四間，面闊六間，樓上相通成一間，樓下分六間。西面的一間是樓梯間，筆者曾沿此樓梯登樓，樓上四間為藏書之處，每間縱向按經、史、子、集排列兩行書櫥，南北窗戶為四扇推拉窗，可用於通風防潮。室內還增加一道可拆卸的木板窗，目的是加一層防護，以避免風雨直接吹到書籍之上而導致其受潮。樓板為木地板，也是為了隔絕潮氣，因為書籍不只怕火同時也怕潮，書籍潮濕後就容易發生霉變。這些用來做窗的木板同時還可以

用於天氣晴朗時曬書之用，可謂一舉兩得，既節約了空間又提高了效率，同時將室內空間規劃得相當簡約，是功能至上的設計體現。樓下四個閱覽室，東稍間為儲藏室，儲藏書版。為了防止火患，天一閣採取了在藏書樓兩側築封火牆的建築形式。封火牆又稱觀音兜，是浙東民居山牆的一種樣式，具有江南水鄉民居建築的風格，不僅具有防火作用，同時其半月形白牆黑瓦裝飾中，黑色作為方位色，其在五行中對應的是『水』，因此該裝飾色也體現了『以水剋火』的寓意。黑色的瓦片與白色的圍牆形成強烈的視覺對比，呈現出藏書樓古樸素雅的格調。天一閣裝飾中除了江南建築通常的吉祥裝飾外，最大的特點就是在天花及承重擡梁上飾青、綠二色水錦紋和水雲帶等紋飾，在藝術裝飾上也突出了『以水剋火』的象徵含義。（圖九十二~九十六）

注

貳壹玖：［漢］鄭玄：《周易鄭注》卷七，胡海樓叢書本，第5—6頁。

貳貳零：參考虞浩旭：《嫏嬛福地天一閣》，桂林：漓江出版社2004年版。

圖九十二：寧波天一閣 貳貳壹

圖九十三：天一閣正立面圖 貳貳貳

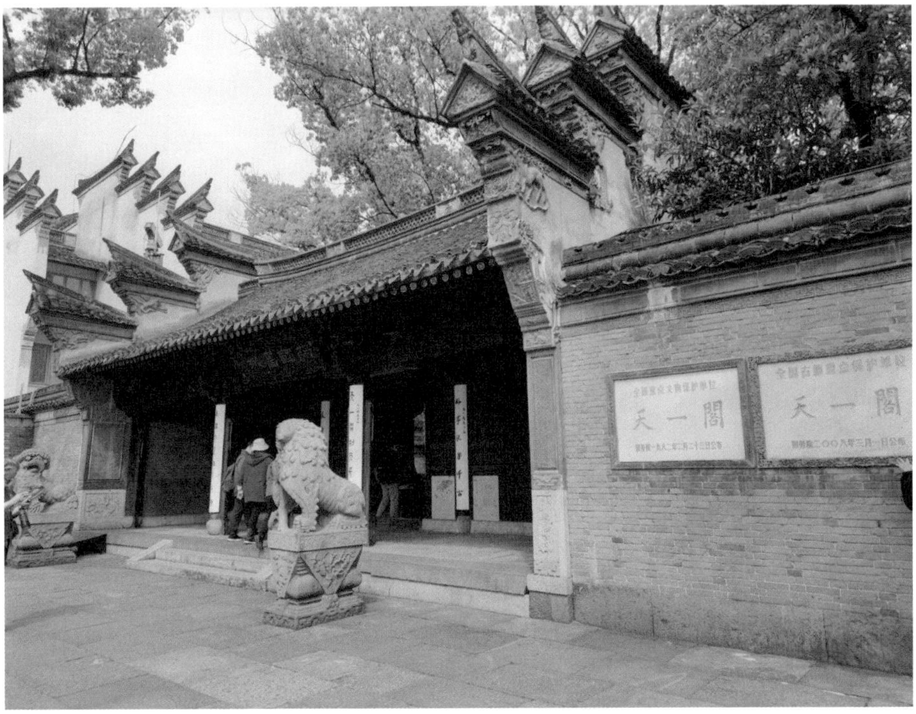

圖九十四：天一閣門殿封火牆

注

貳貳壹：圖九十二：寧波天一閣，梅叢笑：《文瀾遺澤——文瀾閣與〈四庫全書〉陳列》，第38頁。

貳貳貳：圖九十三：天一閣正立面圖，浙江省寧波市天一閣博物館編：《天一閣『四有』檔案資料》，全國重點文物保護單位內部資料。

圖九十五：天一閣封火墻

圖九十六：天一閣天花裝飾　貳貳叁

天一閣藏書樓前的水池天一池，乃引附近月湖之水而成，不僅可以作為救火時的消防用水，同時水也賦予了建築和園林幽靜雅緻的格調，增添了悠遠寧靜的閱讀氛圍。天一池南置假山，山上築方亭及石凳供人小憩，儼然一座有山有水的江南園林。此處的山水不再是物質意義上的山水，而是中國人心目中的文人山水。文人可以隱居在園林的山水之中，安放隱逸的情懷。（圖九十七）

乾隆三十九年（1774）年六月二十五日杭州織造寅著奉命前往天一閣實地考察，於同年八月十日、十五日兩次奏報：天一閣除『磚甃為垣』外，藏書處梁柱俱用松杉等木。因南方氣侯比較濕潤，天一閣僅於樓上貯書，並前後開窗，取其透風，其貯書之櫥十隻，內六櫥前後設門，兩面都可取書，且放置在柱子之間作為開間隔斷。為避免受潮書櫥之下放置著石英石以收潮氣，同時制定一年一度的曬書制度，並在書中夾芸香以防蠹蛀。這一系列措施都顯示了天一閣在保護書籍方面的重視程度。樓上六間以書櫥分割，其編號為『溫、良、恭、儉、讓，日、月、星、辰、龍，宮、商、角、徵、羽』。

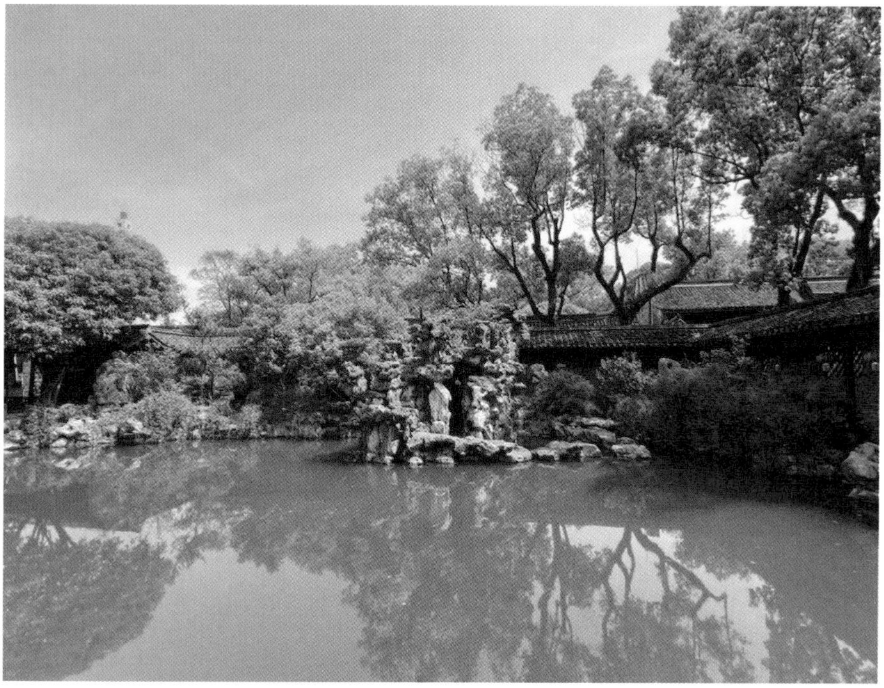

圖九十七：天一閣園林

注

貳貳叁：圖九十六：天一閣天花裝飾，2021年4月18日翟宇航攝於天一閣。

第二節 《四庫全書》藏書樓命名

因為《四庫全書》冊數繁多，體量宏大，需要有庋藏之所。乾隆優先營建『北四閣』後，又為嘉惠藝林，啟牖後學而續修了『南三閣』三份全書。寅著親自到天一閣查看後，測繪了詳細的圖紙呈報，於是清廷開始營造『北四閣』。

在閣的命名上，『七閣』仿天一閣『天一生水、地六成之』『以水剋火』的設計理念，將『北四閣』分別命名為文淵閣、文源閣、文津閣、文溯閣，將『南三閣』命名為文瀾閣、文滙閣、文宗閣。乾隆曾在《文溯閣記》中說，『權輿二典之贊堯、舜也，一則曰文思，一則曰文明，蓋思乃蘊於中，明乃發於外，而胥藉文以顯。文在理也，文之所在，天理存焉，文不在斯乎，孔子所以繼堯、舜之心傳也。世無文，天理泯，而不成其為世，夫豈鉛槧簡編云乎哉？然文固不離鉛槧簡編以化世，此四庫之輯所由亟亟也』[貳貳肆]。《堯典》《舜典》中對堯、舜的讚揚，總結起來就是『文思』『文明』，其中哲學的思辨蘊含其中，以文明的形態得以發散，但全都依賴典籍得以傳承，這其中蘊含著的『天理』是典籍得以存在的意義，因此，孔子才能繼承堯舜的心傳。世間沒有典籍，則天理泯滅而不能存於世，這也是纂修四庫的緊迫性所在。

《文溯閣記》玉冊，長 23.7 厘米，寬 13 厘米，厚 6 厘米，單片散狀白玉質，乾隆御筆書寫，楷書陰刻填金。首、尾兩頁刻描金升降龍圖案。八片散裝於木質書函之中。每片四行，行八字，通篇字大行疏，天地勻停，佈局均衡。（圖九十八）

滿族血統的清朝執政者馬背上得天下，為了能有效統治漢人，不得不全盤接受已經高度發達的漢文化洗禮。『為往聖繼絕學』是傳承文明的必由之路，也是每一個漢族士人的終極理想。統治者若想真正掌控王權、安定

圖九十八：［清］弘曆撰：《文溯閣記》玉冊，23.7cm×13cm×6cm，故宮博物院藏。貳貳伍

注

貳貳肆：中國第一歷史檔案館編：《纂修四庫全書檔案》，第 2724—2725 頁，附錄二《文溯閣記》。

貳貳伍：圖九十八：［清］弘曆撰：《文溯閣記》玉冊，朱賽虹主編：《盛世文治——清宮典籍文化》，第 61 頁。

人心、使王朝基業更加穩固，必須與漢人一道堅守這一核心理念，因此，乾隆也繼承了盛世修書的傳統，接續了傳承文脈與道統的責任。

藏書樓的命名以水喻文有兩層含義：其一，據《御製文二集·文溯閣記》卷一四載：『四閣之名，皆冠以「文」，而若「淵」、若「源」、若「津」、若「溯」，皆從水以立義者，蓋取范氏天一閣之為』；『若夫「海」，「源」也，衆水各有源，而同歸於海，似海為其尾而非源，不知尾閭何洩，則仍運而為源。原始反終，大易所以示其端也。津則窮源之徑而溯之，是則溯也、津也，實已迨源之淵也。水之體用如是，文之體用顧獨不如是乎？恰於盛京而名此名，更有合周詩所謂『遡澗求本』之義，而予不忘祖宗創業之艱，示子孫守文之模，意在斯乎！』[貳貳陸]其意指水各有源，同歸於淵，淵為源原，源為淵頭，由淵覓源，其經徑為津，其行為溯，盛京為滿族發祥地，故其閣命名為『文溯』，含有不忘祖宗之意。[貳貳柒]乾隆將『文』比作水，因書最懼火患，厭水防火，祈求神明永保庫書成為要旨。四個藏書閣的名稱都冠以『文』字，而後『淵』『源』『津』『溯』都是從『氵』部的字，仿范欽藏書樓『天一閣』的命名，是為了暗合五行之中『以水剋火』的含義，希冀典籍的貯藏能永避火患。『文淵』的閣名象徵衆多水流都有其源頭，最終匯向大海，大海是水的取歸或傾瀉之所，若瞭解其淵源則就明瞭了水如何傾瀉，故需要持續地回溯其源頭，知曉源頭反能更好地有所因循，這是《易經》給出的啓示。『津』是回溯源頭的途徑和方法，若能按其途徑和方法進行回溯則可以追本溯源。乾隆在《文津閣記》中記載：『欲從支派尋流，以溯其源，必先在乎知其津』。『文津』之意即是循著水流方向追溯文化之根的方法和途徑。水的體用如此，文章的體用也是如此。其二，因文溯閣所在的盛京瀋陽曾是清朝立國的發源地，用『文溯閣』命名《四庫全書》的藏書樓則暗含《公劉》篇中所說的『遡澗求本』的意義，其目的也是為曉喻子孫不忘其祖宗建國的艱難和傳承文化之用意。

乾隆又在《文源閣記》中記：『文之時義大矣哉！以經世，以載道，以立言，以牖民，自開闢以至於今，所謂天之未喪斯文也。以水喻之：則經者文之源也，史者文之流也，子者文之支也，集者文之派也。派也，支也，流也，皆自源而分；集也，子也，史也，皆自經而出。故吾於貯四庫之書，首重者經，而以水喻文，願溯其源，且數典天一之閣，亦庶幾不大相徑庭也夫』。典籍承載的文化意義重大，不僅經世致用、承載道統，還記錄思想、開啟民智，開天闢地至今從未被辱沒。乾隆將《四庫全書》所承載的思想和文化比作水，經部是眾流之源，經學歷來在中國古代的學問之中都排在首位，是一切學問的根脈，具有統領作用。以五經《詩》《書》《易》《禮》《春秋》為核心形成的蔚為大觀的經學系統是中國哲學的內核和源頭，故用『文源』來喻經部。史部貫通古今如河之支流、子部彙集百家如河之支脈、集部文稿薈萃為文之支派。水之支流、支脈都是從水之源頭上化分而來，史部、子部、集部也都是從經部中化分而來，所以繕寫《四庫全書》，首重經部，連同史部、子部和集部將中國傳統文化的源頭及支脈統攝在一起，通過仿天一閣典藏的經典範式回溯源頭。因此，庋藏《四庫全書》的『北四閣』被命名為『文源閣』『文淵閣』『文溯閣』『文津閣』。（圖九十九）但文淵閣的命名並非始於乾隆，據沈叔誕《文淵閣表記》載，明洪武年間明太祖朱元璋在南京奉天門之東建有兼做內閣議事廳功能的文淵閣，明成祖朱棣遷都北京後又在左順門東南方遵循舊制營建了十開間的文淵閣。明亡之際，文淵閣毀於火患。乾隆四十年（1775）於紫禁城東南隅營建了用於貯藏《四庫全書》的藏書樓文淵閣，其重簷歇山式藏書樓與之前的文淵閣建築有所不同，所以乾隆只是繼續沿用了明代的稱謂而已，建築形制則有了很大地變遷。

注

貳貳陸：中國第一歷史檔案館編：《纂修四庫全書檔案》，第2724—2725頁，附錄二《文溯閣記》。清曹秀先手書《文溯閣記》，曹秀先（1708—1784）乾隆間進士，累官至禮部尚書。其手書《文溯閣記》書法頗精工。

貳貳柒：章采烈：《文溯閣與乾隆御製詩》，《圖書館學刊》1989年第6期，第60頁。

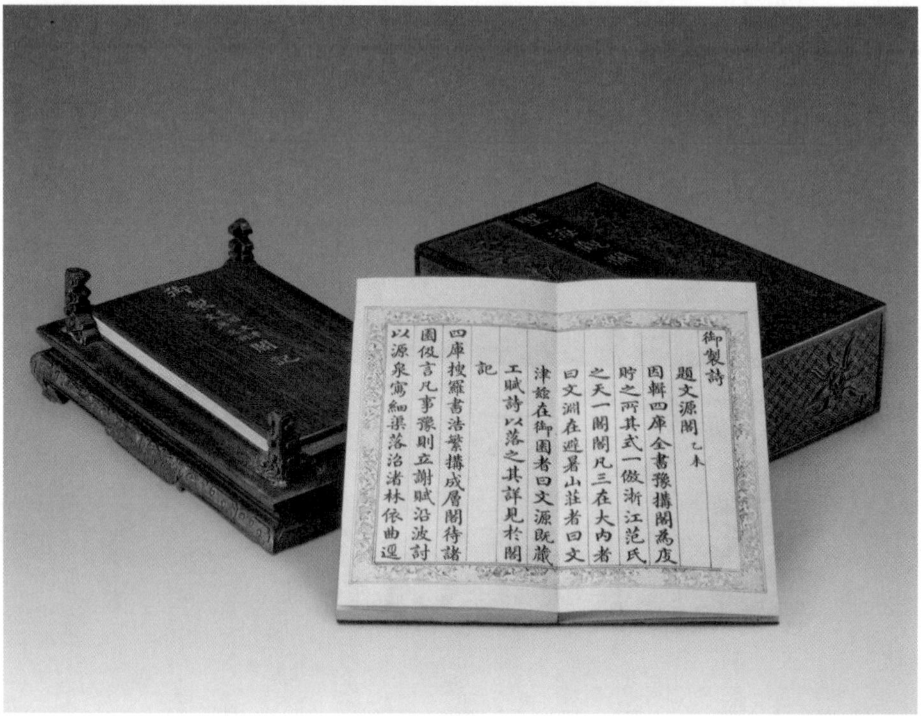
御製詩
題文源閣 乙未
因輯四庫全書豫搆閣為度
貯之所其式一倣浙江范氏
之天一閣閣凡三在大内者
曰文淵在避暑山莊者曰文
津餘在御園者曰文源既蔵
工賦詩以落之其詳見於閣
記
四庫搜羅書浩繁搆成層閣待諸
園似言凡事豫則立謝賦沿波討
以源泉寫細渠落洽諸林依曲迴

圖九十九：［清］弘曆撰、綿恩寫：《御製文淵、文源、文津文溯閣記》冊，版框 16.5cm×10.7cm。貳貳捌

注

貳貳捌：圖九十九：［清］弘曆撰、綿恩寫：《御製文淵、文源、文津文溯閣記》冊，朱賽虹主編：《盛世文治——清宮典籍文化》，第 61 頁。

第三節　《四庫全書》藏書樓設計

據《清高宗御製詩》五集卷十八記載御園之文源閣、山莊之文津閣，都是從甲午始建，乙未竣工的。大內的文淵閣始於乙未成於丙申，盛京的文溯閣則始於甲午，竣於壬寅。但據梁思成《清文淵閣實測圖說》記載，乾隆三十九年十月營建文淵閣於大內文華殿之北，同時於圓明園北路營建文源閣，其後又於奉天熱河續建文溯閣，其中文津、文瀾、文滙、文宗、五閣都以文淵為圭臬，可見梁思成關於四閣建成順序的記述並不完全準確，其餘各閣也並非都以文淵閣為範。目前所知，文滙閣以天一閣為範，文瀾閣以文淵閣為範。

經過詳細的勘察後，清廷按寅著繪製的圖紙，以天一閣為範開始營建《四庫全書》藏書樓。乾隆三十九年（1774）至乾隆四十七年（1782），『北四閣』以文津閣、文源閣、文淵閣、文溯閣為序歷時九年次第建成。在『北四閣』的規劃實施過程中，乾隆考慮到江南為人文薈萃之地，《四庫全書》宜廣布流傳以光文治，這對於強化文化統治大有益處，因而決定增建『南三閣』。隨後鎮江的文宗閣、揚州的文滙閣、杭州的文瀾閣次第落成。同時《四庫全書薈要》則貯藏於摛藻堂和味腴書屋。

一、《四庫全書》藏書樓建築設計

本章以首先建成的文津閣為主要研究對象，在其與天一閣的縱向對比中考察《四庫全書》的藏書樓及其配套的園林設計，以期獲得《四庫全書》皇家藏書樓及其園林藝術審美特質的傳承與創新之處。

文津閣皇家園林地處河北省承德市雙橋區避暑山莊之內的平原區西部，於乾隆三十九年秋動工興建，次年夏率先告成。作為皇家園林的承德避暑山莊，在康熙時期就是召見外國使節、宗教領袖、各族首領、朝廷重臣的地方，同時還兼具了消夏避暑的雙重功能。在這裡營建《四庫全書》的藏書樓可以彰顯乾隆的文治武功。『山莊千尺雪之後，卜高明爽塏，以藏《四庫全書》，題曰「文津閣」，與紫禁、御園三閣遙峙，前為趣亭，東則月臺，西乃西山，蓋仿范氏成規，兼米庵之勝概矣』。[貳貳玖]乾隆五十年（1785）第四分《四庫全書》入藏於此。

首先建成的文津閣雖然其傳承了天一閣的設計理念，但因其是皇家藏書樓，所以體量更大、規格也更高。文津閣坐北朝南，入口為南向三楹進深二間的門殿，佔地面積約為57平方米，曲池之後即為藏書樓主體建築文津閣，其建築形制為重簷前後廊卷棚式硬山磚木結構。藏書樓黑色布瓦覆頂，黑色在五行相剋理論中對應水，因此水的方位色黑色象徵了『以水剋火』的吉祥寓意。一層面闊六間，進深五間，六間皆獨立為單間，頂層的六間相通為一間，通間面闊約26米，進深約15米，通高約14米，前後設廊，建築面積約756平方米。此閣一層六間、頂層一間的結構形制仿天一閣『天一生水，地六成之』的設計理念，取《易經》『天一』、『地六』的『以水剋火』之意。因此該建築外觀的形制雖然是二層建制，但是為了便於貯藏體量龐大的《四庫全書》，於上、下樓層中間設計了一個暗層，是明二暗三的『偷工造』結構，此暗層因被屋簷遮擋而避免了陽光直射，對於藏書的保存極

圖一零零：文津閣外觀 貳叁零

為有利。暗層用楠木造壁，起到了防蟲、防潮和收納作用。外觀兩層都挑出廊簷，且前後窗都裝有窗櫺、窗紗，這對於防止紫外線直接照射書籍起到了遮擋作用，同時也營造了寧靜、平和與安詳的讀書環境。（圖一零零）

繼文津閣之後又依計劃建成了『北四閣』中的文源閣、文淵閣、文溯閣。其營造的理念和基本形制大體一致，俱以寧波范式天一閣為範，但是因等級、氣候、地形及受重視的程度不同，與天一閣之間，以及各閣之間都還存在諸多差異。皇家藏書樓效仿民間藏書樓而建，在中國歷史上是絕無僅有的案例。

乾隆三十九年文源閣藏書樓在京郊圓明園內原有建築四達亭的基礎上開始改建，次年繼文津閣之後落成，

注

貳貳玖：黃愛平：《四庫全書纂修研究》，第153頁。

貳叁零：圖一零零：文津閣外觀，朱賽虹編：《盛世文治——清宮典籍文化展》，第57頁。

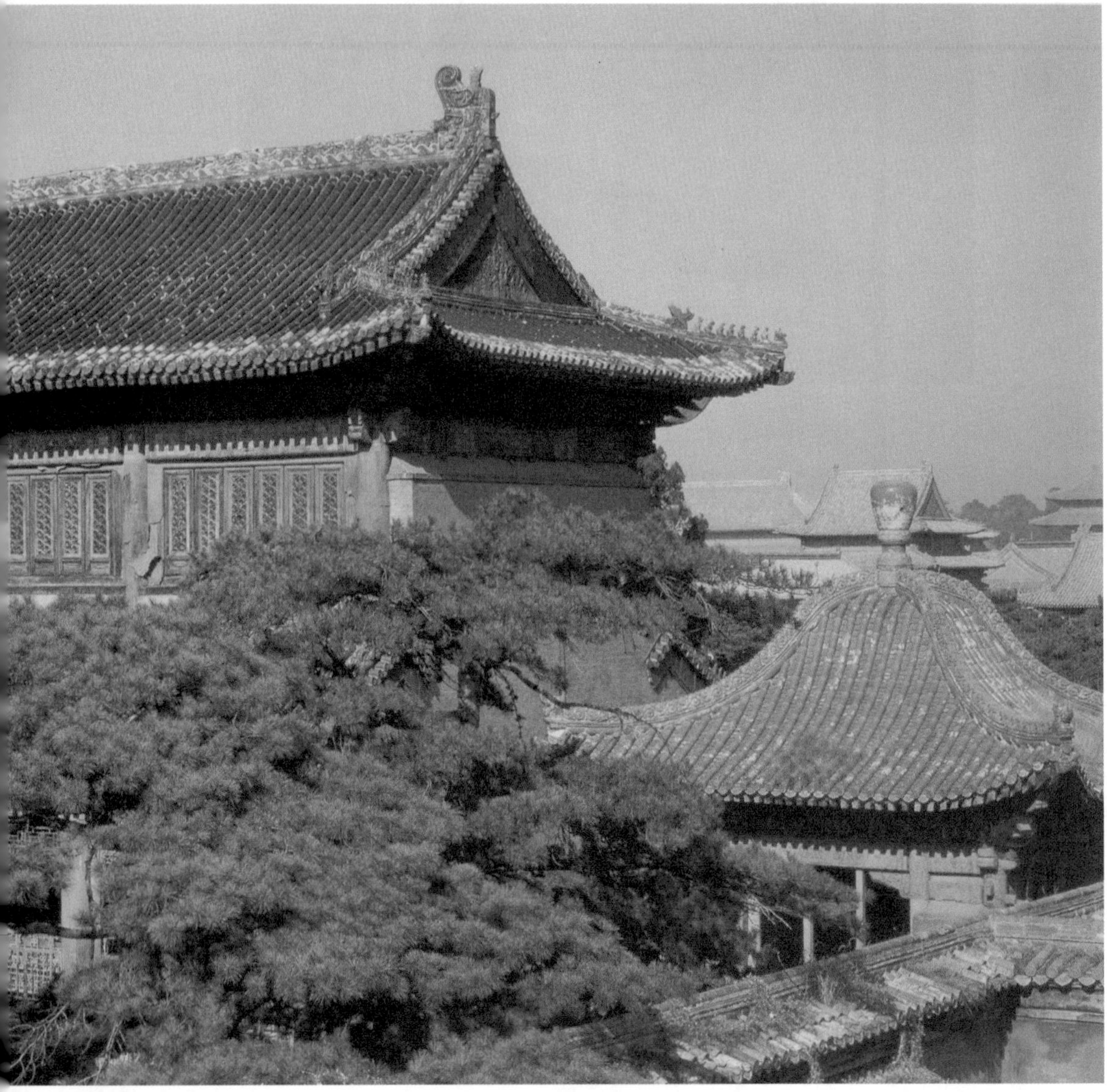

圖一零一：文淵閣外觀 貳叁壹

七年後（1782）《四庫全書》入藏於此。據《日下舊聞考》卷八十一載，其園於水木明瑟之北，西為文源閣，面擴六楹，閣西為柳浪聞鶯，閣內懸乾隆御題的『汲古觀瀾』匾額。閣前矗立巨石『玲峰』，其上刊刻有乾隆題的《文源閣詩》，閣東御碑亭內石碣上刊有乾隆御製的《文源閣記》。閣毀於咸豐十年（1860），現無法考證。

文淵閣坐北朝南，為歇山頂建築，面闊六間約33米，進深三間約14米，兩側山牆水磨青磚貫通屋頂。上簷為黑琉璃瓦綠剪邊，屋脊亦呈綠色，以黑色為主、綠色為輔的色彩裝飾亦取『以水剋火』之義。正脊雕有遊龍浮雕，兩側裝有避火的鴟吻，四角挑簷上安八隻脊獸。前廊欄杆設回紋裝飾，簷下倒掛楣子，雀替設卷草紋，綠色簷柱，簷下飾蘇式彩繪。三層簷下正中懸『文淵閣』匾額，字體為顏體，字形寬博雄渾、儒雅中正。枋側裝飾書籍圖案，以增藏書樓書香之氣息，枋下則飾以水紋圖案，取『以水剋火』之義。建築氣勢雄偉、莊嚴富麗，整體裝飾簡潔素雅、古樸蒼勁，彰顯了皇家藏書樓恢宏的氣象。

文淵閣一層前後均設走廊，前廊左右各有券門，明間前亦設門，居中三間設為廣廳，中間設御榻、寶座，為乾隆經筵講習和登閣覽閱之處，寶座後至東西次間裝隔扇，左右有門，直通東西梢間。東梢間南窗下設有御榻可供皇帝休息，西梢間的西壁南端為樓梯間，由此可上二、三層。直上三層的方井四周設欄板，可由此處將書籍直接吊運至一層。三層除了西間為樓梯間外，其餘空間則為通間，亦仿天一閣『天一生水、地六成之』的設計理念。書架列於前後金柱間，佔據五個開間，金柱至簷柱間為通道，廊北側為防潮裝有隔板。二層與文津閣相似，也利用上層樓板之下的腰部空間多造出一個夾層用於貯藏體量巨大的《四庫全書》。

文淵閣作為皇家建築雖然從建築形制到園林規劃及裝飾設計上取法天一閣，但是外觀上體現了作為皇家藏書樓所具有的廟堂之氣和森嚴等級，這和民間私人藏書樓天一閣樸素清雅的藝術審美頗有差異。在書架之下、楠木盒之內放置冰麝樟腦，勝於天一閣芸草石英石防蠹的方式。

中國傳統磚木結構的古建築是華夏文明的直接體現之一，在長達七千餘年的演變和塑造之中，形成了鮮明的風格和獨特的體系，其榫卯連結方式更是中國古代木結構建築所獨有的特點。這種巧妙的連接方式允許連接的梁、柱發生一定的相對滑移和轉動，讓單薄的木構件在整體上能夠承受相對巨大的壓力，同時能夠承擔一定的荷載和彎矩。受力時榫卯節點能夠發生變形與摩擦滑移，從而耗散結構受到的地震能量，削弱地震回應，提高建築物在地震中的安全性，具有明顯的半剛性，這已經被很多文獻所證實。……瀋陽故宮文溯閣是一種七檁硬山木構架建築，其中有一個較為重要的復合榫卯節點，該節點重復出現於各梁柱連接部位，對建築的抗震性能有著不可忽視的影響。貳叁貳

文溯閣從乾隆三十九年（1774）開始規劃，至四十七年（1782）完成，於四閣中最晚建成。文溯閣位於盛京瀋陽故宮內，閣在宮殿西側，面闊也為六間，東西設遊廊二十五間，敞軒五間，明樓一座，南配房十七間，東西南北耳房六間，直房十四間。又有南北耳房四間，直房四間，宮門三間，碑亭內御碑上刊刻乾隆御題的滿、漢文《文溯閣記》。

乾隆四十七年（1782）七月，下令續繕三份全書，分別庋藏揚州文滙閣、鎮江文宗閣、杭州文瀾閣。……早在乾隆四十二年（1777），兩淮鹽政寅著領到頒貯揚州天寧寺行宮和鎮

注

貳叁壹：圖一零一：文淵閣外觀，朱賽虹編：《盛世文治——清宮典籍文化展》，第50—51頁。

貳叁貳：孫國軍、趙益峰、薛素铎、李江、李曉輝：《復合榫卯節點連接特性擬靜力試驗研究》，《天津大學學報（自然科學與工程技術版）》2018年S1期，第20—26頁。

圖一零二：文溯閣外觀[貳叁叁]

江金山行宮的兩部《古今圖書集成》後，就曾奏請『於行宮內就高寬之處，仿佛天一（閣）規模，鼎建書閣，永遠寶藏』。乾隆四十四年（1779），位於鎮江金山寺行宮之左的藏書樓首先建成，乾隆賜名文宗閣，貯《古今圖書集成》一部。次年，位於揚州大觀堂一側的藏書樓相繼告竣。據李斗《揚州畫舫錄》記載『御書樓在御花園中，園之正殿為大觀堂，樓在大觀堂之旁，恭貯《古今圖書集成》全部，賜名文滙閣，並「東壁流輝」匾』。『文滙閣凡三層，宋廟楹柱之間，俱繪以書卷』。[貳叁肆]因閣已毀，現無法考證。文滙、文宗二閣除庋置《古今圖書集成》各一部外，都還留有不少空餘書格，因而乾隆責成兩淮鹽政伊齡阿前往查看，『若書格不敷』，即『酌量再行添補』，所需工費由兩淮商人捐辦。伊齡阿『隨即親詣大觀堂之文滙閣檢查書格』，見『所餘空格盡多，查金山文宗庫書格一律相同』，均可供將來收貯全書。[貳叁伍]文宗閣位於鎮江金山寺行宮之左，建於乾隆四十四年（1779），是『南三閣』中首先告竣的，現閣毀無法考證。文滙閣建於乾隆四十五年（1780），現閣毀亦無法考證。

二、《四庫全書》藏書樓與天一閣設計異同

『七閣』與天一閣最主要的差異在於建築內部構造的改進，天一閣採用上下兩層的結構，而七閣採用明二層暗三層的『偷

工造』法，即外觀重簷兩層，實際上卻利用上層樓板之下的腰部空間多造一夾層，閣上、中、下三層都用來庋藏書籍。在保證內部空間增大的前提下，外部構造沿襲天一閣兩層的結構，節省工料，又便於利用暗層空間貯書，體現了清宮建築工程設計的技巧和審美。

『七閣』加設暗層的原因主要是考慮到書籍儲藏量的增加，在梁思成的《文淵閣測繪圖說》中有精到分析，『按是書共計七萬九千三十卷，分裝三萬六千冊，納為六千七百五十二函，再益以《四庫全書總目》《四庫全書考證》及《圖書集成》諸書，視范氏所藏，軼出一倍以上，故閣之外觀，雖如天一閣採用重簷，而內部結構，復利用下簷地位，增為上中下三層，不能不謂與書量有關也。至於各書之排列，下層中央三間，置《總目考證》及《圖書集成》，左右梢間置《四庫》經部，而以史部庋之中層，子部集部庋之上層。書架之數，除中層外，其餘各室，胥於左右壁各列四具，中央復置方架一。足徵工事開始前，對於全書數量，與書架尺寸，及其排列方法，曾經縝密之考慮，而建築物之面積高度，殆亦取決於是』。[貳叁陸] 因全書加上《古今圖書集成》總藏書量已超出天一閣的一倍，但為了在形式上仿天一閣『天一生水、地六成之』的兩層建築形制，所以只得在『七閣』的建築上採用外觀兩層，實則內部三層的構造，這樣既能在外觀形式和寓意上遵循天一閣的兩層構造，同時又能

注

貳叁叁：圖一零二：文溯閣外觀，梅叢笑主編：《文瀾遺澤——文瀾閣與〈四庫全書〉陳列》，第58–59頁。

貳叁肆：［清］李斗：《揚州畫舫錄》卷四，第103—104頁。

貳叁伍：黃愛平：《四庫全書纂修研究》，第160—162頁。

貳叁陸：梁思成：《文淵閣測繪圖說》，《梁思成全集》第3卷，第110頁。

在功能上滿足實際要求。因此可以推知，在藏書樓建造之始，就對藏書量、書架數目尺寸及排列的位置以及相關室內附件的陳設進行了詳細的統計與設計，對藏書樓的外觀與內部結構協調進行了精密的計算和規劃。

梁思成《文淵閣測繪圖說》中載：『東西二面，……無絲毫虛飾，而牆面用青磚水磨，尤擅樸素之美，惟南端以白石券門與綠琉璃門罩，使外觀略具變化而已。上部山花結帶之下，用水紋襯托，殆亦緣厭勝之故？外部色彩以寒色為主，亦為此閣重要特徵』。[貳叁柒]在外觀裝飾上，天一閣的外觀具有南方民間建築的特點，黑色廊柱，大量的厭勝手法，整體裝飾以素雅的冷色調為主。『七閣』大體也仿效了天一閣，但除此之外還增加了具有象徵性的裝飾色彩以期達到藏書樓的禮制功能。如文溯閣所有的門、窗、柱都漆為綠色，外簷彩畫也以藍、綠、白相間的冷色調為主，其屋頂改清代皇家建築的黃琉璃瓦為黑琉璃瓦綠剪邊、正脊上飾紫色雲龍紋雕飾、並將柱漆為深綠色，槅扇、欄窗漆為黑褐色，這些裝飾手法使得皇家藏書樓又迥異於天一閣，除具備天一閣樸素、雅緻的美學特徵外，還賦予了其中正典雅、富麗堂皇的廟堂之氣。

在平面佈局設計上，天一閣的核心設計理念為『天一生水、地六成之』。在此設計理念的指導下，天一閣的開間為六開間，『七閣』的設計也遵照此形式，但『七閣』的樓梯間均比較小，如文淵閣『其東部五間，以明間面闊為最巨，次梢諸間，較之稍狹，一如普通建築之原則，惟於西側另附樓梯一間，足成六成之數耳。然後者面闊，不足梢間二分之一，顯居附屬地位，故此閣仍以東部明間為主體，使其中線與前部文華、主敬二殿一致。』[貳叁捌]可以說，文淵閣的開間處理方式，一則是因為登樓的實際功能所需，二是因為要和天一閣的吉祥寓意相一致，以湊齊六開間這個數字。但是為了在中線上基本和主體建築群保持一致而採取了以明間為主體的空間佈局，這是考慮到其所處皇家建築群的整體設計需要而形成的。其中將曲池改為方形形制與天一閣以及其他閣有很大不同，一是考慮到與文淵閣主體建築歇山式風格協調一致，二是與圓明園皇家園林群落中其他位於中軸線上的建築保持左右對稱的規制，傳達皇家園林中正、莊嚴的氣氛。

在建築體量設計方面，表九列出了天一閣和文淵閣、文津閣、文瀾閣的面闊、進深、高度及比例關係：[貳叁玖]

表九：天一閣、文淵閣、文津閣、文瀾閣建築尺度比較：

	面闊	進深	高度	比例
天一閣	19970	7950	9130	1:0.40:0.46
文淵閣	33000	14770	14800	1:0.44:0.46
文津閣	26020	14062	13085	1:0.54:0.50
文瀾閣	25095	13180	13400	1:0.53:0.54

（單位 mm，精確度 0.00）

注

貳叁柒：梁思成：《文淵閣測繪圖說》，《梁思成全集》第 3 卷，第 112 頁。

貳叁捌：梁思成：《文淵閣測繪圖說》，第 110 頁。

貳叁玖：表格中的天一閣的尺寸根據浙江省寧波市天一閣博物館編：《天一閣『四有』檔案資料》，全國重點文物保護單位內部資料；文淵閣的尺寸根據梁思成：《文淵閣測繪圖說》，《梁思成全集》第 3 卷，中國建築工業出版社，2001 年。文津閣的尺寸根據徐鎮：《文津閣》，《古建園林技術》，1983 年創刊號，第 56—57 頁。文瀾閣的尺寸根據浙江省博物館編：《文瀾閣『四有』檔案資料》，全國重點文物保護單位內部資料。

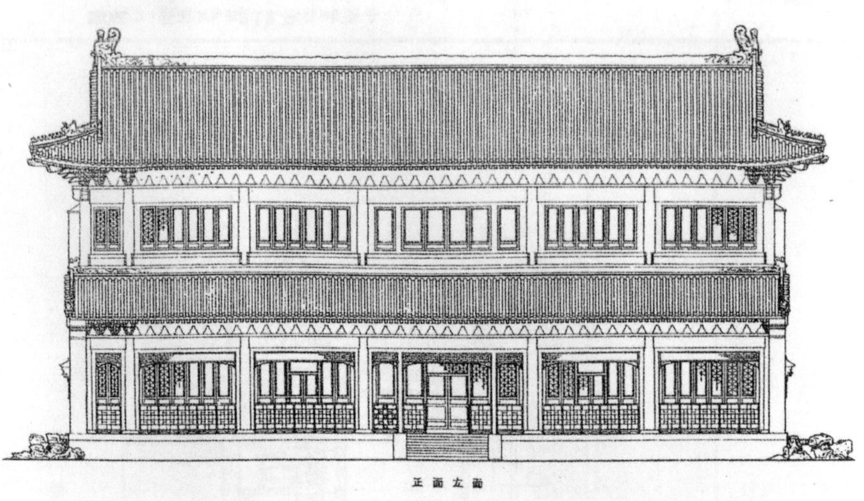

圖一零三：文淵閣正立面。
貳肆零

從上表可以看出，《四庫全書》藏書樓各閣面闊、進深與高度都比天一閣尺度要大，但『七閣』因藏書量的倍增而需要增加建築體量和內部空間，所以《四庫全書》的藏書樓設計在體量增加的同時最終與天一閣在視覺比例上基本保持了一致，同时又保證了藏書樓對藏書量的功能要求。文淵閣、文津閣、文瀾閣在整體體量增加的情況下，面闊和高度基本按照天一閣的比例關係同比進行了放大，唯進深更為增大，但外觀上並不影響正面的視覺平衡。文淵閣相比文津閣、文瀾閣面闊尺度更大，與紫禁城中氣勢雄偉的建築群保持了同等的規制，而文瀾閣在建築的面闊及進深上也不及文津閣，因等級差異顯示出南北建築的不同尺度。（圖一零三、一零四）

藏書樓建築配套的園林設計方面，乾隆三年（1738），全祖望在《天一閣碑目記》中就曾言明閣之初建時鑿池於下，環植竹木。到了康熙四年（1665），范欽的曾孫范光文又在天一池的周圍疊石建亭，用假山築成『福祿壽』三個字和『九獅一象』『蘇武放羊』『秀雲讀書』等造型，並植竹養魚。這使得天一閣藏書樓和園林渾然一體，具有了獨特的江南民間建築風格。現存的四閣均有碑亭，除文溯閣外都有水池，可見四庫藏書樓的園林設計也在一定程度上以天一閣為範。但皇家建築中碑亭的設置是『七閣』與天一閣的重大區別之一，又因各閣具體環

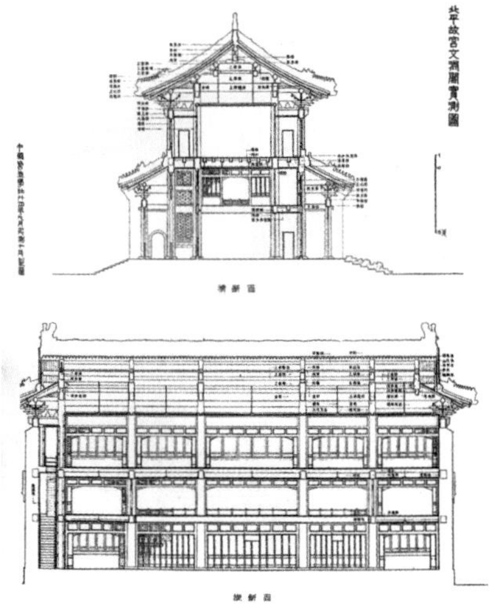

圖一零四：文淵閣縱、橫斷面圖。貳肆壹

境中空間的大小和周圍建築群的影響，而在藏書樓配套設施上有了略微差異。其中『南三閣』全書及頒建藏書樓的目的一是籠絡江南士大夫的文人團體，二是鞏固其統治地位，三是傳播其所弘揚的崇儒重道思想。

三、《四庫全書》藏書樓設計異同

七座《四庫全書》藏書樓即『七閣』有南北閣之分，是因為文淵、文源、文津三閣分別在紫禁城、圓明園和避暑山莊的行宮之內，文溯閣在清入關前的瀋陽故宮，故『北四閣』稱『內廷四閣』，以區別後來增建的『南三閣』。『七閣』之間的比較主要存在於『北四閣』與『南三閣』之間，同

注

貳肆零：圖一零三：文淵閣正立面，梁思成：《文淵閣測繪圖說》，《梁思成全集》第3卷。

貳肆壹：圖一零四：文淵閣縱、橫斷面圖，梁思成：《文淵閣測繪圖說》，《梁思成全集》第3卷。

為皇家建築，因乾隆的重視程度不同、地理環境差異而導致『七閣』在建築形態上存在差異，下面以『北四閣』之中的文淵閣和『南三閣』之中的文瀾閣為例進行說明。

乾隆在其《文源閣記》中提到：『藏書之家頗多，而必以浙之范氏天一閣為巨擘，因輯《四庫全書》，命取其閣式，以構庋貯之所。既圖以來，乃知其閣建自明嘉靖末，至於今二百一十餘年，雖時修葺，而未曾改移。閣之間數及梁柱寬長尺寸，皆有精義，蓋取『天一生水，地六成之』之意。貳肆貳乾隆得寅著的匯報後，見其繪製的天一閣藏書樓圖樣後，遂下令仿效天一閣建築形制建造內廷四閣。

通過『北四閣』與『南三閣』營建目的比較，可以發現『北四閣』主要為皇家服務，『南三閣』主要為民間士子開放。乾隆深諳文化的延續需仰賴圖書的保藏，而藏書樓的建制及管理是書籍得以保存的重中之重。乾隆命寅著考察完天一閣後即令營造四閣，首先完成的是承德避暑山莊的文津閣以及圓明園的文源閣，而後大內的文淵閣和盛京的文溯閣相繼落成。文淵閣建造之時，乾隆曾題《御筆文淵閣記》：『國家荷天庥，承佑命，重熙累洽，同軌同文，所謂禮樂百年而後興，此其時也。而禮樂之興，必藉崇儒重道，以會其條貫，儒與道，匪文莫闡，故予蒐四庫之書，非徒博右文之名，蓋如張子所云：爲天地立心，爲生民立道，爲往聖繼絕學，爲萬世開太平。胥於是乎繫。故乃下明詔，敕岳牧，訪名山，搜秘簡，並出天祿之舊藏，以及世家之獨弆；於是浩如淵海，委若邱山，而總名之曰《四庫全書》。蓋以古今數千年，宇宙數萬里，其間所有之書雖夥，都不出四庫之目也。乃掄大臣俾總司，命翰林使分校，雖督繼晷之勤，仍予十年之暇，夫不勤，則玩日愒時，有所不免；而不予之暇，則又恐欲速而或失之疏略，魯魚亥豕，因是而生。語有之，「凡事豫則立」。書之成雖尚需時日，而貯書之所，則不可不宿構。宮禁之中，不得其地，爰於文華殿後，建文淵閣以待之。文淵閣之名，始於勝朝，今則無其處，而內閣大學士之兼殿閣銜者，尚存其名；茲以貯書所為，名實適相副，而文華殿居其前，乃歲時經筵講學所必臨，於以枕經葄史，鏡己牖民，後世子孫，奉以爲家法，則予所以繼繩祖考覺民之殷心，化育民物返古之深意，庶在是乎！庶在是乎！閣之制一如范氏天一閣，而其詳則見於御園文源閣之記。甲午孟冬月中澣御筆。』此題記匡長40.6cm，寬24.3cm。冊葉裝，每葉二行，行三字，首葉鈐『德日新』朱文方形印記。紙用舊藏經紙，外盛以紫檀罩蓋，雕雙龍，裝潢考究，原陳設於文淵閣東稍間寶座旁。[貳肆叁]可見藏書樓營建之初，目的只為修建內廷四閣。江南雖人文薈萃，同時也是反清士人的聚集地，為使江南社會穩定，人心歸順，文人思想的引導和控制變得更加重要，因此後期增設了『南三閣』。（圖一零五）

從藏書樓建築及其附屬園林設計的比較來看，以文淵閣為代表的『北四閣』和以文瀾閣為代表的『南三閣』都是為《四庫全書》的貯藏而營建的，其基本結構相同，均為六開間，外觀兩層，內設暗層的清代典型『偷工造』法。但『南三閣』畢竟是敕建的地方建築，所以在規格上次於『北四閣』，今就僅存的『南三閣』之一的文瀾閣（光緒年間重修）觀察，『南三閣』均無乾隆記文，而『北四閣』如文淵閣為歇山式，屋頂覆蓋黑琉璃瓦綠剪邊，不僅有碑亭，且有乾隆記文，這也是南北閣之間最大的區別。

同時『北四閣』之間也存在外觀形式上的差別，以現存的三閣為例來

注

貳肆貳：中國第一歷史檔案館編：《纂修四庫全書檔案》，第2722頁，附錄二《文源閣記》。

貳肆叁：參見吴哲夫：《四庫全書的配件》，臺北：《故宮文物月刊》五卷二期，1987年5月，第69—70頁。

圖一零五：［清］佚名：《御筆文淵閣記》雕龍木函，乾隆御書本，冊頁尺寸48.2cm×29.2cm×5.3cm，版框40.5cm×24.3cm，木盒51cm×32×11.2cm，臺北故宮博物院藏。

貳肆肆

看，僅文淵閣為歇山式，文津、文溯兩閣都為硬山式，因文淵閣地處紫禁城中，要遵從宮式作法和體現皇帝尊嚴而採用歇山式，但各地行宮則同時作為乾隆休閒的場所，與紫禁城的政治地位不可同日而語，相對比較輕鬆和樸素，而採用了硬山式，此區別既反映了功能的不同，也反映了古代社會森嚴的等級制度和上尊下卑的禮制。

文瀾閣建成於乾隆四十八年（1783），由浙商主動捐資營建。咸豐十一年（1861）因遭兵燹而閣圮書散。……池南之五間平廳，當為清帝蒞臨文瀾閣時略事休憩之所，亦可於此召見地方官員，舊時曾設有御座，其西為遊廊，趣亭，東為月臺。乾隆於四十九年（1784）南巡時，曾於文瀾閣作《趣亭》《月臺》《文瀾閣》三首詩，其後光緒年間由浙江巡撫譚鍾麟恭錄並鐫刻於石碑之陰，字均為歐體，陰面譚鍾麟還恭錄了乾隆於四十七年（1782）七月初八日決定頒賜杭州文瀾閣《四庫全書》的諭旨一道，字為柳體。石碑陽面鐫刻篆文『御製』兩字，現石碑立於月臺之北的御碑亭內。從詩中自注可以看出文源閣、文津閣皆有趣亭、月臺，而『文瀾閣亦仿其式為之』，今亭為光緒年間重建。月臺為疊石而成之平臺，前有高牆，故乾隆《月臺》詩末句曾戲言『登望微嫌似面牆』，自注『此臺在文瀾閣前，是以近牆故戲及之』。文瀾閣的所有碑刻匾額，乾隆四十八年（1783）十一月二十二日已由軍機處『發下御

筆墨寶四張』，由浙江巡撫按照背面所開尺寸照式製造懸掛。貳肆伍（圖一零六～一一二）

乾隆年間所建的文瀾閣，由於咸豐十一年（1861）太平軍再度攻入杭州時失於保護，遭致閣圮書散的厄運。光緒七年（1881），丁丙、鄒在寅按原樣重建文瀾閣，所以今存之閣大體反映了乾隆時初建之風貌。文瀾閣規制取法天一閣，並仿照文淵閣『偷工造』結構營建，硬山頂覆深綠色琉璃瓦，黃色琉璃瓦鑲簷頭，重簷飛宇、鉤欄望柱，氣勢雄偉。文瀾巍峙湖濱，登閣四望，左白堤逶迤秀逸，右西泠風致天然，遠山青黛，平湖瀲灩，遠望市廛，屋宇人家，鱗次櫛比。（圖

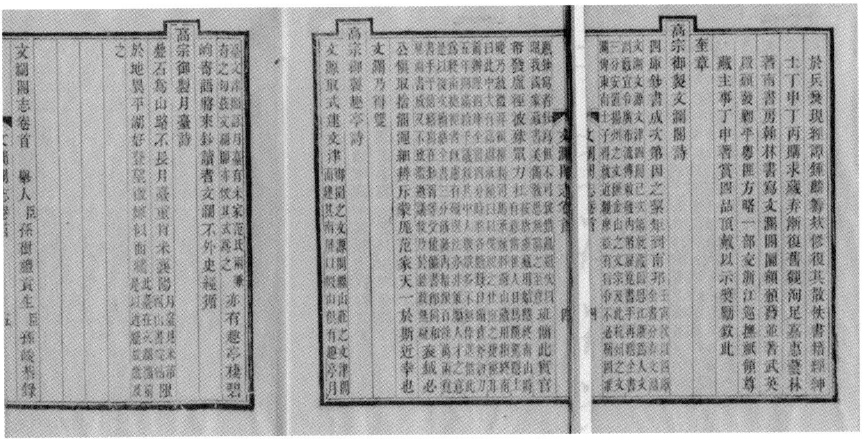
於兵燹現經譚鍾麟籌款修復其散佚書籍經紳
士丁申丁丙購求藏弆漸復舊觀洵足嘉惠藝林
著南書房翰林書寫文瀾閣匾額發並著武英
殿頒發劉平粵匪方略一部交浙江巡撫祇領尊
藏主事丁申著賞四品頂戴以示獎勵欽此
奎章
高宗御製文瀾閣詩
四庫鈔書成次第因之[illegible]到南邦[illegible]
[illegible]
公慎取捨淄澠細辨斥蒙厖范家天一於斯近幸也
文瀾乃得雙
高宗御製趣亭詩
文源取式建文津[illegible]
[illegible]
高宗御製月臺詩
疊石爲山路不長月臺重有米襄陽[illegible]
於地異乎湖好登望微嫌似曲藏[illegible]
之
文瀾閣志卷首　舉人臣孫樹禮　貢生臣孫峻恭錄

圖一零六：《文瀾閣御製詩》書影 貳肆陸

注

貳肆肆：圖一零五：［清］佚名：《御筆文淵閣記》雕龍木函，宋兆霖主編：《護帙有道——古籍裝潢特展》，第133頁。

貳肆伍：顧志興：《文瀾閣四庫全書史》，第98頁。

貳肆陸：圖一零六：《文瀾閣御製詩》書影，［清］孫樹禮、孫峻：《文瀾閣志》卷首，錢塘丁氏嘉惠堂光緒二十四年戊戌（1898）《武林掌故叢編》本，第4—5頁。

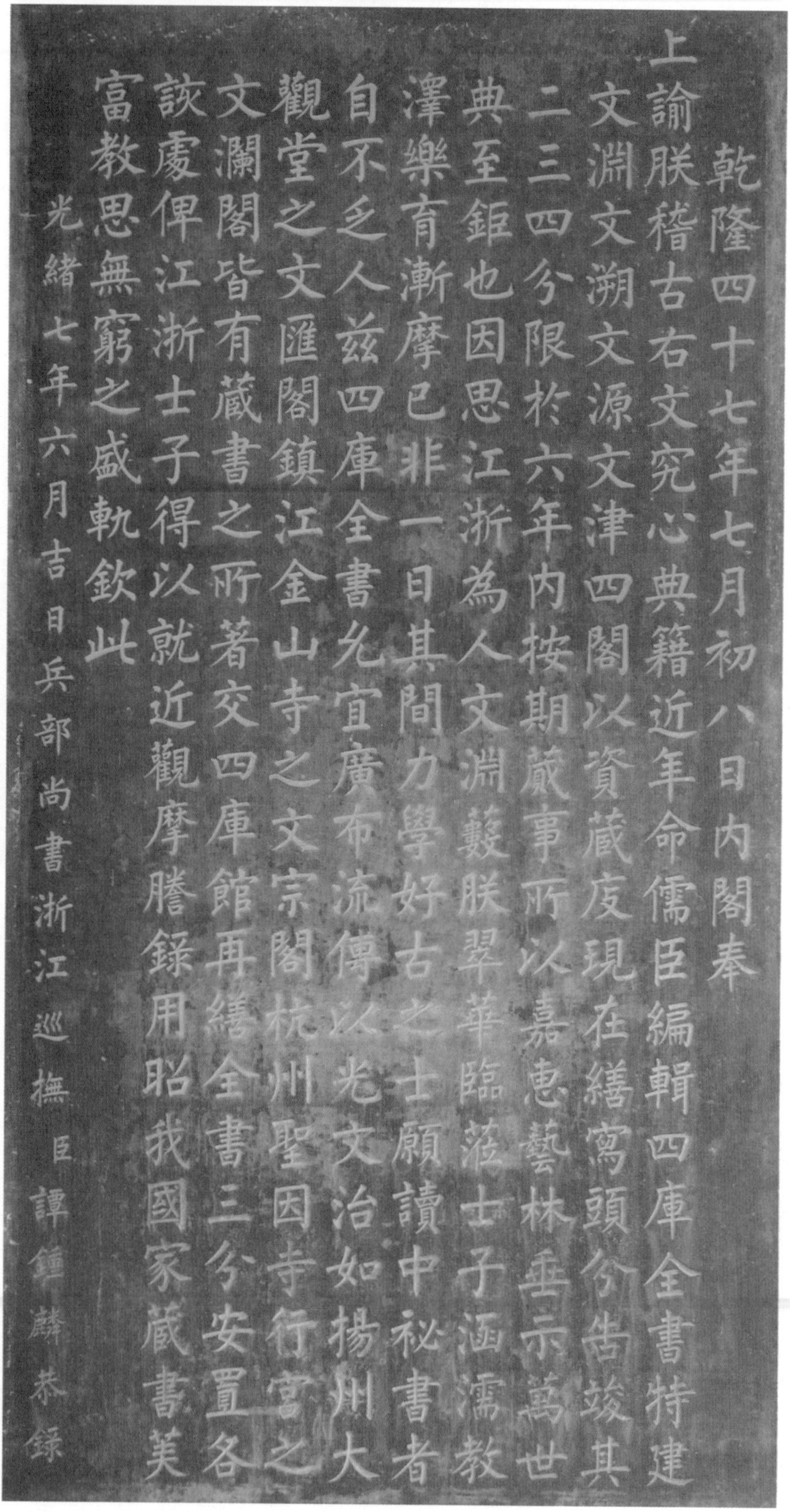
乾隆四十七年七月初八日内閣奉
上諭朕稽古右文究心典籍近年命儒臣編輯四庫全書特建
文淵文溯文源文津四閣以資藏庋現在繕寫頭分告竣其
二三四分限於六年内按期蕆事所以嘉惠藝林垂示萬世
典至鉅也因思江浙為人文淵藪朕翠華臨蒞士子涵濡教
澤樂育漸摩已非一日其間力學好古之士願讀中秘書者
自不乏人茲四庫全書允宜廣布流傳以光文治如揚州大
觀堂之文匯閣鎮江金山寺之文宗閣杭州聖因寺行宮之
文瀾閣皆有藏書之所著交四庫館再繕全書三分安置各
該處俾江浙士子得以就近觀摩謄錄用昭我國家藏書美
富教思無窮之盛軌欽此
光緒七年六月吉日兵部尚書浙江巡撫臣譚鍾麟恭錄

圖一零七：文瀾閣御碑拓片：光緒七年六月吉日兵部尚書浙江巡撫譚鍾麟錄乾隆四十七年七月初八日内閣上諭。

貳肆柒

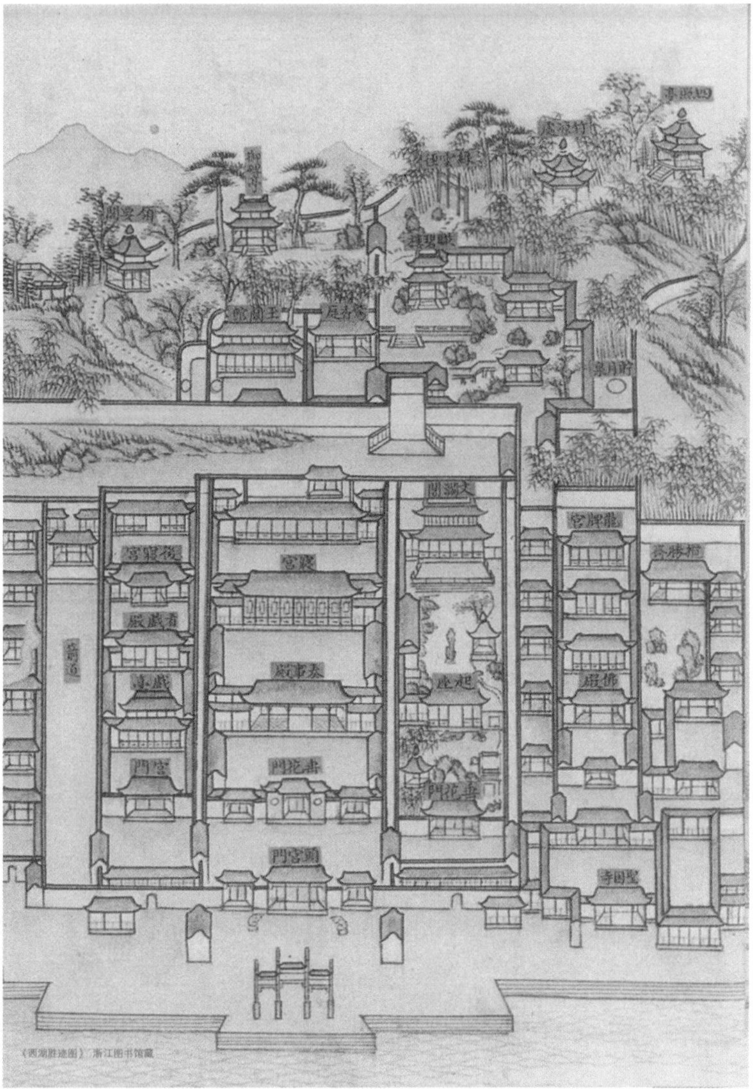

圖一零八：《西湖勝蹟圖》[貳肆捌]

注

貳肆柒：圖一零七：文瀾閣御碑拓片，梅叢笑主編：《文瀾遺澤——文瀾閣與〈四庫全書〉陳列》，第51頁。

貳肆捌：圖一零八：《西湖勝蹟圖》，梅叢笑：《文瀾遺澤——文瀾閣與〈四庫全書〉陳列》，第46頁。

圖一零九：《聖因寺圖》貳伍零

圖一一零：《西湖園林圖》之《文瀾閣》貳肆玖

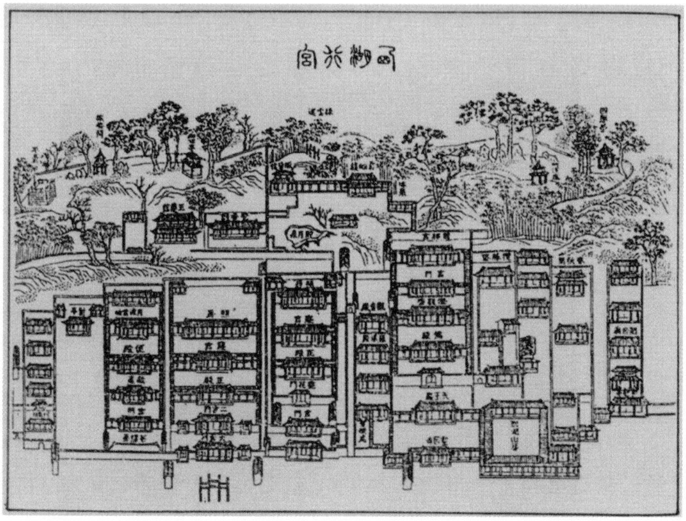

圖一一一：《西湖行宮圖》貳伍壹

圖一一二：［清］孫樹禮、孫峻：《文瀾閣圖》。貳伍貳

注

貳肆玖：圖一零九：《聖因寺圖》，雍正《浙江通志》卷一，文淵閣《四庫全書》本，第94頁。

貳伍零：圖一一零：《西湖園林圖》之《文瀾閣》，梅叢笑：《文瀾遺澤——文瀾閣與〈四庫全書〉陳列》，第49頁。

貳伍壹：圖一一一：《西湖行宮圖》，原載《南巡盛典》卷一〇二，轉引自梅叢笑：《文瀾遺澤——文瀾閣與〈四庫全書〉陳列》，第44頁。

貳伍貳：圖一一二：［清］孫樹禮、孫峻：《文瀾閣圖》，《文瀾閣志》卷上，第4—5頁。

圖一一三：文瀾閣外觀。貳伍叁

一一三～一一五）

《四庫全書》的七座藏書樓皆取法范氏天一閣『以水剋火』的設計理念，在閣的命名及建築形制上均有體現。『七閣』因藏書量劇增而採用的明二暗三的『偷工造』法是與天一閣最大的差異，同時『七閣』之間因宮廷建築與地方敕建建築的不同、南北建築功能和形式的不同以及乾隆重視程度的不同使得『七閣』之間也存在一定的差異。『七閣』中僅有紫禁城中的文淵閣為歇山式，『南三閣』在規格上也次於『北四閣』，不僅無乾隆記文，也沒有碑亭。這些差異的存在一方面體現了功能的不同，同時更反映了古代社會嚴格的等級差別。

四、《四庫全書》陳列設計

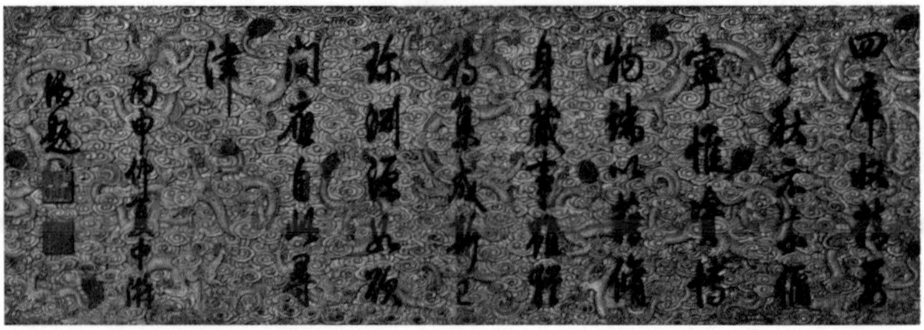

圖一一四：文瀾閣御製詩匾額，浙江省博物馆藏 貳伍肆

圖一一五：丁丙像（主持光緒補鈔）[貳伍伍]

《四庫全書》體量浩繁，為了合理皮藏，四庫館臣不僅製作了書函、書架，更是對《四庫全書》陳設的具體方案、配套的室內景觀做了詳細的規劃和記錄。書籍的貯藏包括『北四閣』和『南三閣』全書以及相關衍生品的貯藏。（圖一一六）

『北四閣』中以文淵閣為例，據

圖一一六：文淵閣室內陳設。[貳伍陸]

注

貳伍叁：圖一一三：文瀾閣外觀，朱賽虹編：《盛世文治——清宮典籍文化展》，第62頁。

貳伍肆：圖一一四：文瀾閣御制詩匾額，梅叢笑：《文瀾遺澤——文瀾閣與〈四庫全書〉陳列》，第24—25頁。

貳伍伍：圖一一五：丁丙像（主持光緒補鈔），陳東輝主編：《文瀾閣四庫全書提要彙編》，第11頁。

貳伍陸：圖一一六：文淵閣室內陳設，朱賽虹主編，《盛世文治——清宮典籍文化》，第52頁。

吴哲夫《四庫全書纂修之研究》載『經、史架高七尺四寸，寬四尺，深二尺。每架四隔，各十二函。子、集架高十尺八寸，每架六隔，各十二函。共一百零三架，六千一百四十四函』[貳伍柒]。雖然子集架比經史架高兩層，因經部、史部架高一致，分別在一層、二層，子、集架高一致，均在三層，因而各層空間陳設在視覺上也保持了一致。以現存文津庫書架為例，書架中間隔以擋板，三個側面均只用木條做骨架，底部也做成鏤空的格狀，書函置於其上，四面通風，防潮、防腐且便於取放。經、史架六層，子、集架四層，但每層貯書四列且尺寸也相同，每列三函，共十二函。書函的順序從上到下、從左至右排列。書架最上骨架外側從左向右鐫刻『欽定四庫全書』，於右側從上至下鐫刻『×部第×架』，分門別類，一目了然。這也體現了中國古人尚左的尊卑觀念。

清咸豐七年（1857），內府重新點檢文淵閣《四庫全書》，並將文淵閣所陳設的一切書畫、典籍、文玩等物，依原先的室內陳列繪圖裝訂成冊。此陳設圖共九頁，分別爲：文華殿寶座陳設、文敬殿寶座陳設、文淵閣明間寶座陳設、文淵閣東稍間寶座陳設、文淵閣樓筒陳設、文淵閣仙樓東稍間寶座陳設、文淵閣大樓南面寶座陳設、文淵閣大樓北面寶座陳設、文淵閣樓下淨房陳設。並另造陳設賬簿一冊，詳細一一注明陳設圖中對應函匣內的所盛之物。例如文華殿寶座之陳設圖

圖一一七：文淵閣三層室內陳設[貳伍捌]

中的二個紫檀匣，則紫檀匣條目下則註明了內盛之物：玳瑁筆二枝蟲蛀，硃墨二錠，黑墨一錠。此外，賬冊還標明各器玩之質地。例如同一文華殿寶座前陳設著鋄金鎮紙，賬冊標明爲鑿銅鍍金鎮紙，下又注銅掐絲鍍金托。此賬冊共計二十八葉，於詳細注明陳設圖上每件圖物之外，尚多圖中所未繪明之物。例如床上所鋪、牆上所掛字畫等，都逐件加以記載標出。如賬冊上載文淵閣東稍間床上鋪線白氈二塊（蟲蛀），洋漆坑案一張，案上設：太白陰經二函（咸豐六年二月初五日懋勤殿交出）；案下設：御筆平定兩金川得勝圖一冊（十二詠）、御筆平定臺灣戰圖一冊（十二詠）。最後此賬冊載：文淵閣明間書籍云：『古今圖書集成十二架，每架四十八函（疑爲槅），計書五六七函。經部留空書二函（下注三二六及三二七函）。』東西稍間書籍：『經部二十二架，每架四十八函，計書九百六十函。」仙樓書籍：「史部二十二架，每架四十八函，計書一千五百八十四函。」大樓書籍：「子部二十二架，每架七十二函，計書一千五百八十四函。集部二十八架，每架七十二函，計書二千十六函。』由以上記載，知此陳設冊，已爲文淵閣提供相當明確的藏書狀況。值得一提的是經部留空之第三二六及三二七函，乃爲盛《日講詩經解義》一書所預留的木函，此書始終未編成，木函一直空著，迄今還保存在臺北故宮博物院庫房中。文淵閣

注

貳伍柒：吳哲夫：《四庫全書纂修之研究》，第145頁。

貳伍捌：圖一一七：文淵閣三層室內陳設，梅叢笑主編：《文瀾遺澤——文瀾閣與〈四庫全書〉陳列》，第69頁。

《四庫全書》依經、史、子、集四部，分別列架，然後按函次上架。爲使函架排列方位明晰，便於檢尋提閱，於是館臣又編定《四庫全書分架圖》四卷，對所陳列書籍的名稱及排列方位均繪圖詳細註明。此分架圖分四冊，梵夾裝。書面以木版爲之，並刻書名，塡以白色。另外又有一部絹面四冊的分架圖，封面依《四庫全書》經、史、子、集顏色分爲四色。惟紙張甚差，書冊較全書爲小，似爲晚清時內府點檢時所抄錄，因爲僅係供點檢用，屬賬冊而不供陳列，所以書法潦草，裝訂粗疏，遠非庫書可比。貳伍玖

『南三閣』成書及各閣完成的確切時間據乾隆五十五年（1790）六月初一日的上諭中言三閣全書『茲已厘

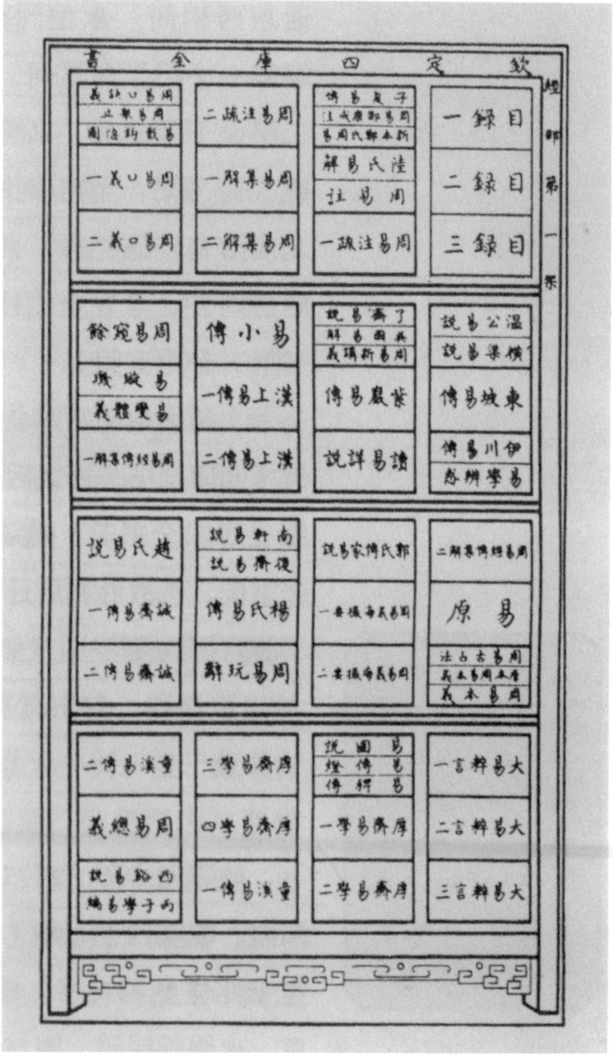

圖一一八：文淵閣《四庫全書》分架圖 貳陸零

訂蕆工，悉臻完善』，可推斷南三閣書遲至乾隆五十五年六月之前還在陸續頒發庋藏，而其成書及各閣完成的確切時間無法詳考。僅在《揚州畫舫錄》中有記載，揚州文滙閣最下一層中間貯《古今圖書集成》，兩畔貯經部，中層貯史部，上一層左子右集。

文瀾閣建成後由兩浙鹽政負責運輸及貯藏事宜，於乾隆五十二年（1787）夏至乾隆末年頒齊，將四庫三萬五千九百九十冊藏書按文淵閣式樣排架貯藏，據《文瀾閣志》記載，『文瀾閣閣建三層，第一層中藏《古今圖書集成》，後及兩旁藏經部，第二層藏史部，第三層藏子、集二部，皆分庋書格』[貳陸壹]。其儲藏之書格為獨立庋藏，《古今圖書集成》及經部、史部每架四屜，集部略多，為每架六屜，每屜四撞，每撞三函。光緒時易書架為書櫥，[貳陸貳]一時『四庫縹緗，津逮末學，鄉嬛福地，遍及東南』[貳陸叁]。據《文瀾閣志》中所繪『文瀾閣排架圖』[貳陸肆]可知一層廣廳設御案，與其左面、東牆、右面及西牆沿逆時針方向陳設《古今圖書集成》十二櫥，於東稍間南面設榻，於中間、東牆、西牆也沿逆時針方向貯經部一至十架，於西稍間西牆、中央、及東牆也沿逆時針方向貯十五至二十架。二層東面的夾層在東牆、中央、沿逆時針方向貯史部一至八架，於走廊靠北牆從東向西貯史部九至二十五架，於西夾層的西牆、中央、東牆貯史部二十六至三十三架。於三層明間御座前貯子部一、二架，於東、西牆

注

貳伍玖：吳哲夫：《四庫全書的配件》，第70—71頁。

貳陸零：圖一一八：文淵閣《四庫全書》分架圖，見中國第一歷史檔案館編：《纂修四庫全書檔案》上冊扉頁。

貳陸壹：[清]孫樹禮、孫峻：《文瀾閣志》卷上，第2頁。

貳陸貳：書櫥正面右扇櫥門鐫刻『文瀾閣尊藏第×櫥』，左扇櫥門鐫刻『欽定四庫全書×部×』，文字俱豎寫，用鎦金裝飾，書櫥漆以黑色，櫥櫃大小不一。現文瀾閣全書藏浙江圖書館，利用樟木書櫥儲藏。

貳陸叁：《兩浙鹽法志·文瀾閣圖說》，卷二。

貳陸肆：[清]孫樹禮、孫峻：《文瀾閣志》卷上，第7頁。其中的『文瀾閣排架圖』由陸光祺于文瀾閣被毀後憑記憶重錄的，後被刻入《文瀾閣志》。

圖一一九：文瀾閣《四庫全書》書櫥，浙江圖書館藏 貳陸伍

沿逆時針方向貯子部三至十架，於東次間西牆和中央沿逆時針方向貯子部十一至十六架，於西次間東牆及中央順時針貯子部十七至二十二架，於東次間的東牆、西次間的西牆沿逆時針方向貯集部一至八架，於東稍間西牆、中央、東牆沿逆時針方向貯集部九至十八架，於西稍間東牆、中央、西牆沿順時針方向貯集部十九至二十八架。（圖一一九、一二零）

整個文瀾閣三層的書架在數目上

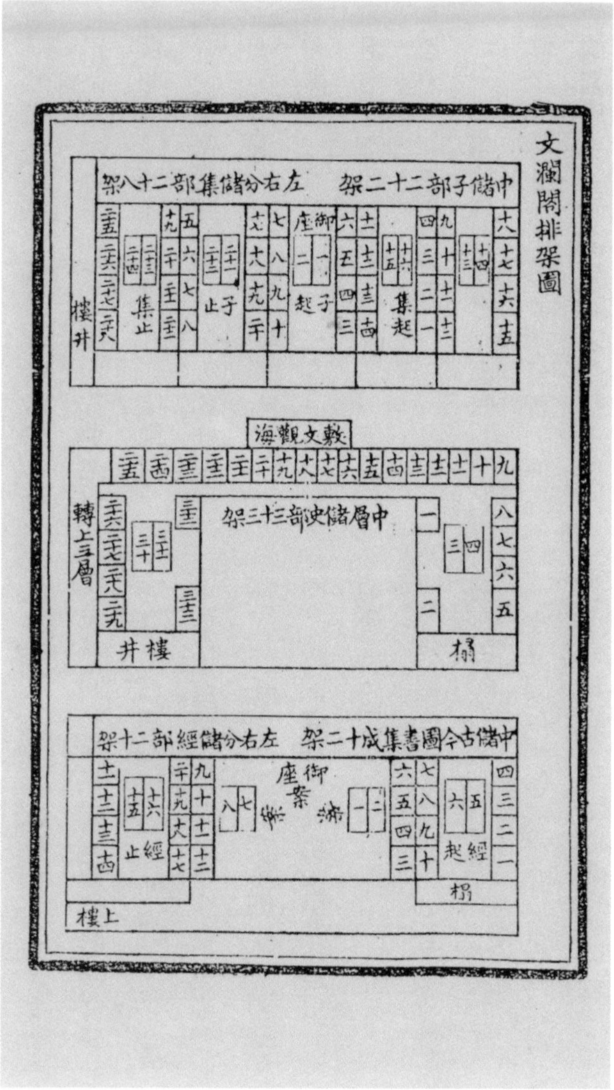

圖一二零：文瀾閣排架圖[貳陸陸]

注

貳陸伍：圖一一九：文瀾閣《四庫全書》書櫥，梅叢笑主編：《文瀾遺澤——文瀾閣與〈四庫全書〉陳列》，103頁。

貳陸陸：圖一二零：文瀾閣排架圖，[清]孫樹禮、孫峻《文瀾閣志》，第7頁。

完全對稱，在順序上則依各層的實際情況以左右對稱或者逆時針排列。一層因明、次間貯《古今圖書集成》書架以逆時針排列而自成系統，東、西稍間雖均貯經部，但因有廣廳相隔而各自以逆時針排列。二層均貯史部，各個空間又連為一體，在書架陳設上則呈現整個空間逆時針排列的狀況。三層的情況比較複雜，明間沿逆時針方向排列，東、西次間在各自的部類範圍內逆時針排列，同時子、集又以御座為中心呈對稱排列。

天一閣一層不貯書，書櫥的櫥名蘊涵了五行系統中五德、五音等傳統的儒家思想，而文瀾閣因為藏書量的大增而於三層全貯書，書架的逆時針排列也是源於五行學說，因為四時、四象、四方在仰觀天象時是逆時針方向，經、史、子、集又是以此為象徵的。同時以御案為中心的左右對稱陳設則顯示了帝王的絕對尊嚴。中國傳統文化中陰陽五行觀念對文人士大夫產生了深遠的影響，鍾愛並諳熟漢文化的乾隆及四庫館臣自然也會深受影響。以象徵皇權的居中御座為中心，彰顯了皇權至上的等級觀念，兩側均按逆時針進行排列的方式呈現出五行的運行法則。

光緒六年（1880）文瀾閣重建後書籍的陳列有所改變。據《文瀾閣志》『文瀾閣分櫥圖』可知，為表示敬謹將清世祖順治欽定的《勸善要言》《古今圖書集成》《全唐文》《平定粵匪方略》共十六櫥沿逆時針方向貯於一層廣廳，於東西稍間也各沿逆時針方向各貯經部八櫥，比原先少四櫥。二層貯史部二十四櫥，比原先少九櫥，其中於東稍間內南向貯一櫥，東向貯四櫥，北向貯兩櫥，東西夾層格局對稱，於過道間靠北中間貯四櫥，兩邊各貯三櫥，其順序則連通各空間按大的逆時針方向排列。三層改原來中間子部兩邊集部為中間集部兩邊子部，於東西稍間各沿逆時針方向貯十二櫥，共二十四櫥，比原先多兩櫥。於中央廣廳貯集部三十三櫥，比原先多五櫥，繞方井對稱陳列，順序則為龍形排列。
貳陸柒
為供乾隆南巡視察，文瀾閣一層中間設有乾隆的御座及御案，二層不設御榻及御座，而增設方井，空間更為疏朗通透，並懸掛乾隆御筆親題的匾額『敷文觀海』，整個文瀾閣陳設秩序井然、寧靜典雅。文瀾閣於乾隆四十八年（1783）年底落成，次年乾隆即做了第六次南巡，並作了《文瀾閣》《趣亭》《月臺》三首詩。《文瀾閣》詩載『四庫抄書成次第，因之絜矩到南邦。班倆此實官帑發，盧徑彼殊眾力扛。衮鉞必公慎取捨，淄澠細辨斥蒙厖。范家天一於斯近，幸也文瀾乃得雙。』[貳陸捌] 1911年至今，文瀾閣《四庫全書》遷至浙江圖書館，現閣書分離。

據李斗《揚州畫舫錄》記載：『文滙閣凡三層，宲霤楹柱之間，俱繪以書卷。最下一層，中供《圖書集成》，書面用黃色絹；兩畔櫥皆經部，書面用綠色絹；中一層盡史部，書面用紅色絹；上一層左子右集，子書面用玉色絹，集用藕合色絹。其書帙多者，用楠木作函貯之，其一本二本者，用楠木板一片夾之，束之以帶，帶上有環，結之使牢』[貳柒貳] 揚州文滙閣最下一層中間貯《古今圖書集成》，中間的暗層全部貯史部，上一層則左子右集。今閣、書俱毀，無法考證。

為了便於乾隆閱覽，兩份《四庫全書薈要》分別貯藏於紫禁城乾清宮內的摛藻堂和圓明園長春園的味腴書屋。摛藻堂向來為藏書之所，據黃愛平記載，摛藻堂因位於故宮環境幽雅的御花園內，乾隆四十三年（1778）五月，第一份《薈要》即庋藏於此，『經部列架凡六，史部列架凡十，並在左；子部列架凡六，集部列架凡十，並在右』，《薈要總目》一函則置於

注

貳陸柒：［清］孫樹禮、孫峻：《文瀾閣志》卷上，第9頁。

貳陸捌：［清］錢維喬：《乾隆鄞縣志》卷首，清乾隆五十三年刻本，第6頁。

圖一二一：清光緒七年（1881）重建後的文瀾閣内景，光緒後期西方傳教士所攝。貳陸玖

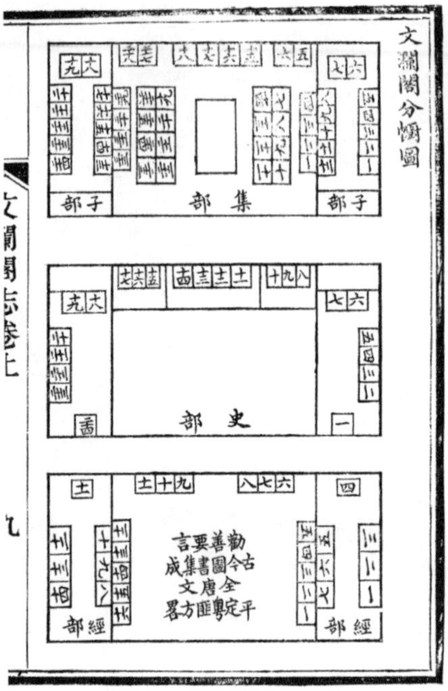

圖一二二：文瀾閣分櫥圖

圖一二三：今日文瀾閣内景 貳柒零

經部之首。……味腴書室，又稱味腴書屋，在圓明園長春園中，既是藏書之處，也是乾隆休憩看書的場所。乾隆四十四年（1779）底，第一份《薈要》告竣之後，即貯藏於此，所有列架庋置事宜，都仿照摛藻堂成例辦理。[貳柒叁]

圖一二四：今日文瀾閣内書櫥陳列（依清光緒七年（1881）文瀾閣重建時樣式擺放）[貳柒壹]

注

貳陸玖：圖一二一：清光緒七年（1881）重建後的文瀾閣内景，陳東輝主編：《文瀾閣四庫全書提要彙編》，第12頁。

貳柒零：圖一二三：今日文瀾閣内景，陳東輝主編：《文瀾閣四庫全書提要彙編》，第13頁。

貳柒壹：圖一二四：今日文瀾閣内書櫥陳列，陳東輝主編：《文瀾閣四庫全書提要彙編》，第13頁。

貳柒貳：［清］李斗：《揚州畫舫錄》卷四，第22—23頁。

貳柒叁：黃愛平：《四庫全書纂修研究》，第294頁。

第四節 《四庫全書》藏書樓園林設計

中國園林是自然山水與文人理想融合的產物。以《四庫全書》藏書樓為核心的園林山水承載了中國人繼承道統的理想，成為保持文人操守的精神家園。人們可以遠離塵囂，在藏書樓中讀書，也可在園林裡休憩，是文人藝術和園林景觀設計完美融合的體現。

以『北四閣』文津閣為例，其傳承了寧波范氏天一閣規制，同時融合了南北建築與園林的藝術風格，其園林佈局妙合天成，是一處融合了自然風光與人文思想的文人山水園林。康熙曾提出化天地之生成為造化之品匯的概念是避暑山莊的營建思想，也符合文津閣作為園中之園營建的思想。首先在園林的格局設計上，從南至北分別是殿門、假山、曲池、藏書樓、花園、月亮門，東側還設置了配殿和碑亭。行人出殿門直逼假山，既可以穿越假山之內曲折環繞的山洞到達藏書樓，也可以攀越假山到達藏書樓，不同的門徑殊途同歸。藏書樓東側設三楹配殿一座，過木橋通試馬埭。藏書樓後花園內置假山，假山之上南側設三層琉璃花壇，東側建月臺，過後院月亮門直通文津島。

藏書樓前假山對曲池呈半月形環抱狀，採用了障景的設計手法，將氣勢巍峨的藏書樓遮掩在假山之後。這種設計傳承有自，據明代造園家計成在《園冶》中載：『樓面掇山，宜最高，才入妙……閣皆四敞也，宜於山側，坦而可上，便以登眺，何必梯之。』[貳柒肆]沿假山兩側的蹬道拾階而上可登臨至頂，極目遠眺，陡然間一覽眾山小，藏書樓及遠山盡收眼底。舍直就屈，將道法自然的概念融入到古典園林設計之中。

山水相間的文津閣園林，假山占地八百平米左右，以三千餘立方米的漿石和雞骨石等堆疊而成，如臨奇峰，曲徑通幽，前後都預留門洞供人出入，以假山構築起的空間結構頗具匠心，內部空間利用孔穴做為廳堂，並設有大小不一的窗口作為向外觀覽的孔徑，不僅使假山空靈秀雅，同時具有借景的作用，使人遊走於內部空間也不覺局促狹窄，反而因為假山的窗洞和出入之門洞，可借景洞外遼闊的亭臺樓閣與山水風景，營造出悠遠的意境。洞內假山石瘦、漏、透、皺的紋理之美，洞內曲折環繞、若隱若現的空間使園林充滿了激蕩不平、豐富細膩的自然之美。假山之上溝壑縱橫、奇峰兀立，濃縮了『十八學士登瀛洲』、米芾『寶晉齋』、棒槌山、羅漢山、雙塔山等十大名山的微縮景觀，令人產生無限的遐想空間。正合了『文如看山不喜平』的藝術通感。透過假山借景觀園，

注

貳柒肆：計成：《園冶》，重慶：重慶出版社2010年版，第193—194頁。

聆聽山水谷音，放眼楊柳依依，在山石古松和雕梁畫柱之間移步換景，豁然開朗、別有洞天。假山的疊石藝術渾然天成，將無限風光納於咫尺之間。

假山之上西側建有臺基為3.8米見方的四柱黃琉璃頂攢尖亭，造型挺拔，氣勢生動，寓動於靜，飛揚的翼角則展示出空間的無限性，充分表現了中國古典園林建築的靈動俊逸之美。假山之上東側建有寬2.25米、長2.6米的月臺，中間立高2.12米的石碑，碑首、碑趺上的紋飾為形象生動的夔龍圖案，碑身一面鐫刻『月臺』兩個大字，背面及兩側則分別鐫刻乾隆的三首詩。文津閣中亭臺得勢，古樹崢嶸，整組小景占地不多，卻是『山重水複疑無路，柳暗花明又一村』。貳柒伍西有亭，東有臺，在跌宕起伏的山勢中形成了左右對峙的格局，呈現出皇家園林的莊嚴、秀雅之美，頗具廟堂之氣。同時，因形制的體量差異、建築及碑刻藝術等細微之處的詩意表達，又增加了柔和、細膩的文人藝術之美。

文津閣建築之北曲池之南的假山之上還巧妙設計了形如上弦月的縫隙，利用光線的變換，結合假山與建築的巧妙佈局，在水中形成忽隱忽現的下弦月倒影。建築設計師通過巧妙計算假山、池塘與文津閣藏書樓之間的距離，成功營造出晝夜互換的場景。陽光越強之時，假山形成的倒影越暗、越清晰，因而建築倒影在池水中形成的幽暗環境和明亮的月亮在水面形成的鏡面反射形成明度的強對比關係。同時以疊石形成的空隙造型精確模仿月相的形態，通過對光學折射和反射原理的合理運用，在白晝中營造了月夜的景象。因此，通過對自然宇宙形態的匠心運用，彰顯了極強的象徵作用，意在營造郎朗乾坤之下日月同構的『晝月』現象，以象徵乾隆的文治武功，傳達其江山永固、日月同輝的願望，對觀者產生強烈的心理暗示作用。文津閣三層供乾隆賞月的臥榻陳設也證明了文津閣的設計理念符合乾隆的設計述求。

文津閣東面立有四角攢尖頂碑亭，上覆黃琉璃瓦，內置一座5.34米高的石碑，碑正面以滿、漢兩種文字刻有乾隆御題的《文津閣記》，其他三面則刻了乾隆的三首詩。《文津閣記》

載：『輯《四庫全書》分為三類：一刊刻，一抄錄，一祇存書目。其刊刻者，以便於行世，用武英殿聚珍版刷印，但邊幅頗小。爰依《永樂大典》之例，概行抄錄正本，備天祿之儲。都為四庫：一以貯紫禁之文淵閣，一以貯盛京興王之地，一以貯御園之文源閣，一以貯避暑山莊，則此文津閣之所以作也。蓋淵即源也，有源必有流，支派於是乎分焉。欲從支派尋流，以溯其源，必先在乎知其津，弗知津，則躡迷途而失正路，斷港之譏有弗免矣。故析木之次麗乎天。龍門之名標乎地，是知津為要也。而劉勰所云，道象之妙，非言不津，津言之妙，非學不傳者，實亦先得我心之所同。然夫山莊居塞外，伊古荒略之地，而今則閭閻日富，禮樂日興。益茲文津之閣，貯以四庫之書，地靈境勝，較之司馬遷所云名山之藏，豈啻霄壤之分也哉！』[貳柒陸]

乾隆將《四庫全書》收藏在避暑山莊的文津閣與司馬遷欲將《史記》藏於名山作了比較，闡明文津閣收藏《四庫全書》在於發展塞外文教事業的意義。[貳柒柒]乾隆認為要想知其道，即瞭解和利用其規律，就必須由表及裡地去探求。』[貳柒捌]

乾隆通過立碑的方式以自己的詩文傳達了他對《四庫全書》及其文津閣藏書樓所賦予的文治教化功能的期許，認為若要通曉傳統文化，繼承文脈、傳承道統必須找到合理的方法和途徑。[貳柒玖]

對比文津閣院內和南山積雪的環

注

貳柒伍：黃灩：《文津閣園林的生態美學分析》，第132頁。

貳柒陸：中國第一歷史檔案館編：《纂修四庫全書檔案》，第2723頁，附錄二《文津閣記》。

貳柒柒：參見段會傑：《〈文津閣記〉解說與詞語辨析》，《承德民族師專學報》2001年第3期，第10頁。

貳柒捌：參見段會傑：《〈文津閣記〉解說與詞語辨析》，第11頁。

貳柒玖：參見段會傑：《〈文津閣記〉解說與詞語辨析》，第10～11頁。

境發現南山積雪亭是承德避暑山莊制高點之一，海拔較高。南山積雪亭的溫度變化範圍比文津閣的溫度變化範圍小。最高溫度出現的時間較文津閣內部更為靠前，且最高溫度低於文津閣內部的最高溫度。南山積雪亭子濕度在十一點的時候有個驟增，这與上下水流、地面和植物的水汽在這段時間迅速蒸發有關，而這個現象在文津閣內部不會出現。文津閣院內的風速要小於南山積雪的風速，且有風時間也少於南山積雪亭子的有風時間，因為南山積雪亭子海拔較高且周圍沒有封閉的遮擋物。南山積雪亭子的光照強度一直大於文津閣內部的光照強度，這與南山積雪亭子海拔較高，空氣折射和吸收光線以及遮擋物較少有關。另外它們的最大光照強度幾乎是一樣的，因為當時陽光直射，文津閣內部也沒有遮擋物。光照強度都可以滿足人們的不同需要。各生態因子使文津閣具有了可利用的地理背景，武烈河河水穿過宮牆被引入避暑山莊，至文津島時被分為兩條人工河流，沿著文津閣庭院外牆分流而下。而且文津閣園中藏書樓前後都有曲池蓄水，可通過調節大氣濕度來改善小氣候、滋潤土壤、繁殖花木。文津閣外圍環水、中間孕水的格局實際上就起到了防火減濕的作用，既可以阻止外來火源的入侵，又可以有取之不盡的滅火水源，可見造園設計者在選址規劃時對其功能性的充分考慮。……文津閣作為避暑山莊的一小部分，濕度較低，且其所處的水係位置和外觀設計使其室溫在20度到零下10度左右。在這種溫度下，書蠹的卵不易孵化，不利於害蟲的生長發育。[貳捌零]文津閣仿天一閣修建，不僅傳承了其建築的具體形制，更是對其『道法自然』『五行相生相剋』設計理念的傳承。相比天一閣，文津閣體量更為宏大，內部空間更加寬敞，南北通透，通風良好，水汽不會滯留於室內。加上其花崗岩、鸚鵡岩及青磚地基的擡升使室內地面高於建築外地面約70cm，防止了地下水汽的上升。而木質的地板和閃出建築更長的廊簷合理地調節了室內的濕度，潮濕天氣導致室內濕度大時吸收水分，乾燥天氣導致室內濕度過低時釋放水分，防止了室內過於潮濕時容易導致書籍霉變以及室內過於乾燥時容易導致書籍乾裂的問題。通過自然因素的合理利用以及建築設計的人工干預有效地保護了書籍。同時文津閣內 45% ～ 65% 的濕度是人體相對適宜的濕度範圍，這對於庫書的閱覽營造了舒適的環境。

文津閣外部的光照強度始終高於內部的光照強度，且整體呈現先升後降的趨勢，在 1 千勒克斯到 63 千勒克斯之間變化。文津閣作為藏書樓的選址具有生態性質的審美、遊覽、環保效果，體現了康熙在山莊建設之初所提出的『自然天成地就勢，不待人力假虛設』的指導思想。文津閣與周圍環境的搭配是運用『道法自然』的原則將自然景觀與人文景觀巧妙地融為一體，虛實相生，在這個典型的小山水環境中，文津閣以生動多樣的外部物質空間形態和詩意棲居的生態維度反映了人們崇尚自然、與自然和諧共處的生態美學理念。[貳捌壹] 文津閣『天一生水、地六成之』的五行相生相剋的設計理念更加強化了中國古人『天人合一』的古典哲學思想。

文津閣三面臨水，四周圍牆環繞，從南至北依次為殿門、假山、水池、藏書樓和後花園。藏書樓的東北部還設計了水門與避暑山莊的水係相聯通，亭臺樓閣，曲水環繞、怪石嶙峋。在北方相對比較枯寒的環境中營造出了江南園林優雅、空靈、精巧別緻的意境。沿著地勢佈局曲徑通幽、虛實相生，營造出了層層遞進的豐富層次感。其巧妙地依自然之勢進行佈局，意在

注

貳捌零：參見黃灩：《文津閣園林的生態美學分析》，第 133 頁。

貳捌壹：參見黃灩：《文津閣園林的生態美學分析》，第 132 頁。

營造園林幽靜的氛圍。通過模仿自然山水的格局，為文津閣營造出幽靜、雅緻的藝術格調。文津閣藏書樓作為承德避暑山莊之內最大的園中園，具有典型皇家園林的藝術風格，同時也兼具了藏書樓雅緻、樸茂的風範。《園冶》中載『雖由人作，宛自天開……自成天然之趣，不煩人工之事』[貳捌貳]，因此，避暑山莊的園林設計在地理環境上因適宜的溫度、濕度和光照而具有了高度的生態美學價值。文津閣作為承德避暑山莊的有機構成，集中體現了中國古典園林藝術美學的核心價值，是中國古典園林史上的經典案例。

文淵閣建於乾隆三十九年（1774），成於次年春天，仿天一閣建築建於紫禁城內文華殿之後，在明朝聖濟殿舊址上修建而成。閣前方形水池引金水河活水注入，其上石橋與文華殿后殿相通，周圍白石欄板上均雕有水生動物圖案，與池水之南的文華殿隔以紅牆，置藏書樓前猶如屏障，閣後設有假山點景，其間植有松柏，山後有門裡通內外。閣東側立有盝頂黃琉璃瓦碑亭，石碑上鐫刻乾隆御題的《文淵閣記》和賜宴的御製詩。乾隆四十七年（1782）第一份《四庫全書》抄成後即貯此閣。（圖一二五、一二六）

乾隆五十五年至六十年（1790—1795），《四庫全書》陸續頒齊貯閣。乾隆四十九年二月二十一日諭旨，『第恐地方大吏過於珍護，讀書嗜古之士，無由得窺美富，廣布流傳，是千緗萬帙，

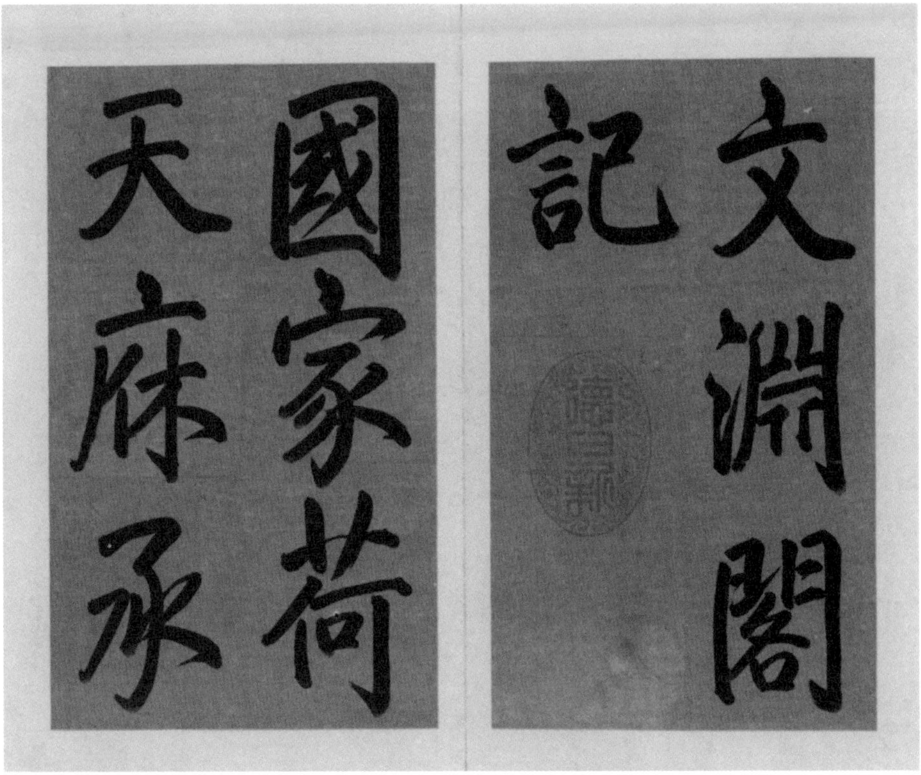

圖一二五：［清］弘曆撰：《御筆文淵閣記》冊，紙本墨筆，48.2cm×29.2cm×5.3cm，臺北故宮博物院藏。貳捌叁

注

貳捌貳：［明］計成：《園冶》，第14頁。

貳捌叁：圖一二五：［清］弘曆撰：《御筆文淵閣記》冊，宋兆霖主編：《護帙有道——古籍裝潢特展》，第133頁。

圖一二六：文淵閣御碑亭貳捌肆

徒為插架之供，無裨觀摩之實，殊非朕崇文典學，傳示無窮之意。將來全書繕竣，分貯三閣後，如有願讀中秘書者，許其陸續領出，廣為傳寫』。[貳捌伍]可見最高統治者對『南三閣』的關注程度和急於普及其文治思想的目的。

杭州西湖孤山聖因寺原為清聖祖康熙南巡時的行宮，雍正五年（1727）浙江巡撫李衛奏請將行宮改建為佛寺，同年八月雍正皇帝欽定寺名為聖因寺。其時規模頗大，為湖上四大叢林之一。第一進為彌勒殿，殿中奉康熙皇帝於南巡舟中所臨米芾書法一幀；第二進為大雄寶殿，上懸康熙皇帝所書『澤永湖山』匾額；第三進為法堂，內供朝廷欽頒《道藏》；第四進為觀音殿；第五進為禪堂，西有御碑亭，摹寫御書匾額，勒石崇奉。禪堂進內，西為御花園，拾級而上則有萬歲樓，樓後翠竹萬竿，喬松列陰。寺後即為玉蘭堂。陳輝祖、盛住實地勘察後發現玉蘭堂逼近山根，地勢潮濕，難以藏貯書籍，唯玉蘭堂之東有藏書堂，為藏貯《古今圖書集成》之處。藏書堂後地盤寬闊，後照三楹，擬仿照文淵等閣格式改建為文瀾閣，以便收貯《四庫全書》。[貳捌陸]

文瀾閣建成於乾隆四十八年（1783）年底前，據《兩浙鹽法志》卷二《文瀾閣圖說》載：『閣在孤山之陽，左為白堤，右為西泠橋，地勢高敞，攬西湖全勝。外為垂花門，門內為大廳，廳後為大池。池中一峰獨聳，名仙人峰。東為御碑亭，西為遊廊，

注

貳捌肆：圖一二六：文淵閣御碑亭，梅叢笑主編：《文瀾遺澤——文瀾閣與《四庫全書》陳列》，2015年版，第55頁。

貳捌伍：中國第一歷史檔案館編：《纂修四庫全書檔案》，第1768頁，乾隆四十九年二月二十一日上諭。

貳捌陸：參見顧志興：《文瀾閣四庫全書史》，第93—94頁。

中為文瀾閣』。[貳捌柒]文瀾閣為長方形單體建築，閣前鑿曲池亦與文淵閣相同，水池中的玲瓏剔透太湖石為美人峰，抑或名之靈芝峰。東為遊廊，西為碑亭，前為供皇帝臨時休息的起座間。南為園林，西為趣亭，右有山石砌成的月臺，南面的垂花門為文瀾閣正門。四周設圍牆，西臨行宮，東臨聖因寺。（圖一二七～一三二）

御碑亭前有蒼松一株，勢如遊龍，夭矯而上。據杭州市園文局20世紀90年代調查，樹齡在150年以上，此樹嘗閱盡文瀾閣滄桑變化，是難得的歷史見證。園中池沼依舊，仙人峰如初。閣前有四塊石頭柱礎，一字排列，為乾隆年間文瀾閣初建時舊物。東西兩個稍大的石礎上，原有銅質之鹿，

圖一二七：文瀾閣御碑亭[貳捌捌]

圖一二八：文瀾閣趣亭[貳捌玖]

圖一二九：文瀾閣假山 貳玖零

圖一三零：文瀾閣庭院 貳玖壹

圖一三一：文瀾閣園林 貳玖貳

注

貳捌柒：［清］延豐：《兩浙鹽法志》卷二《文瀾閣圖說》，《續修四庫全書》第840冊，上海古籍出版社2002年版，第685頁。

貳捌捌：圖一二七：文瀾閣御碑亭，梅叢笑主編：《文瀾遺澤——文瀾閣與〈四庫全書〉陳列》，第50頁。

貳捌玖：圖一二八：文瀾閣趣亭，梅叢笑：《文瀾遺澤——文瀾閣與〈四庫全書〉陳列》，第165頁。

貳玖零：圖一二九：文瀾閣假山，梅叢笑：《文瀾遺澤——文瀾閣與〈四庫全書〉陳列》，第166-167頁。

貳玖壹：圖一三零：文瀾閣庭院，梅叢笑：《文瀾遺澤——文瀾閣與〈四庫全書〉陳列》，第168頁。

貳玖貳：圖一三一：文瀾閣園林，梅叢笑：《文瀾遺澤——文瀾閣與〈四庫全書〉陳列》，第163頁。

圖一三二：〔清〕光緒：《『文瀾閣』御碑》[貳玖叁]

今鹿已無存，唯石上蹄痕猶在。中間兩個稍小的石礎，上有石質花瓶作為裝飾物，也是乾隆間的舊物。[貳玖肆]

文瀾閣之東，有平屋數間，即『太乙分青之室』，正門之上懸掛譚鍾麟所題匾額。太乙分青之室是專供讀書士子抄校閣本或略事休憩之所，其性質類似今之圖書館閱覽室，可見當時主事者為讀書人設想得頗為周到。[貳玖伍]其他兩閣均毀於太平天國戰亂，因此，文瀾閣的修復是對《四庫全書》文化的有效保存和延續。太乙分青之室雖為光緒年間增設的建築，然對於當初乾隆開放『南三閣』為公共圖書館的策略是重要的延續，普通士族文人得以有更多閱讀和抄錄庫書的機會，極大地增加了受眾的普及面，具有了現代圖書館的基本功能。這對於四庫全書的文化傳承有著非常重要的文化意義。（圖一三三～一三五）

圖一三三：重建後的文瀾閣貳玖陸

圖一三四：文瀾閣太乙分青室內景貳玖柒

注

貳玖叁：圖一五四：［清］光緒：《『文瀾閣』御碑》，陳東輝主編：《文瀾閣四庫全書提要彙編》，第14頁。

貳玖肆：顧志興：《文瀾閣四庫全書史》，第5—6頁。

貳玖伍：顧志興：《文瀾閣四庫全書史》，第11頁。

貳玖陸：圖一三三：重建後的文瀾閣，梅叢笑主編：《文瀾遺澤——文瀾閣與〈四庫全書〉陳列》，第96頁。

貳玖柒：圖一三四：文瀾閣太乙分青室內景，原載《文淵學報》第一集，梅叢笑主編：《文瀾遺澤——文瀾閣與〈四庫全書〉陳列》，第112頁。

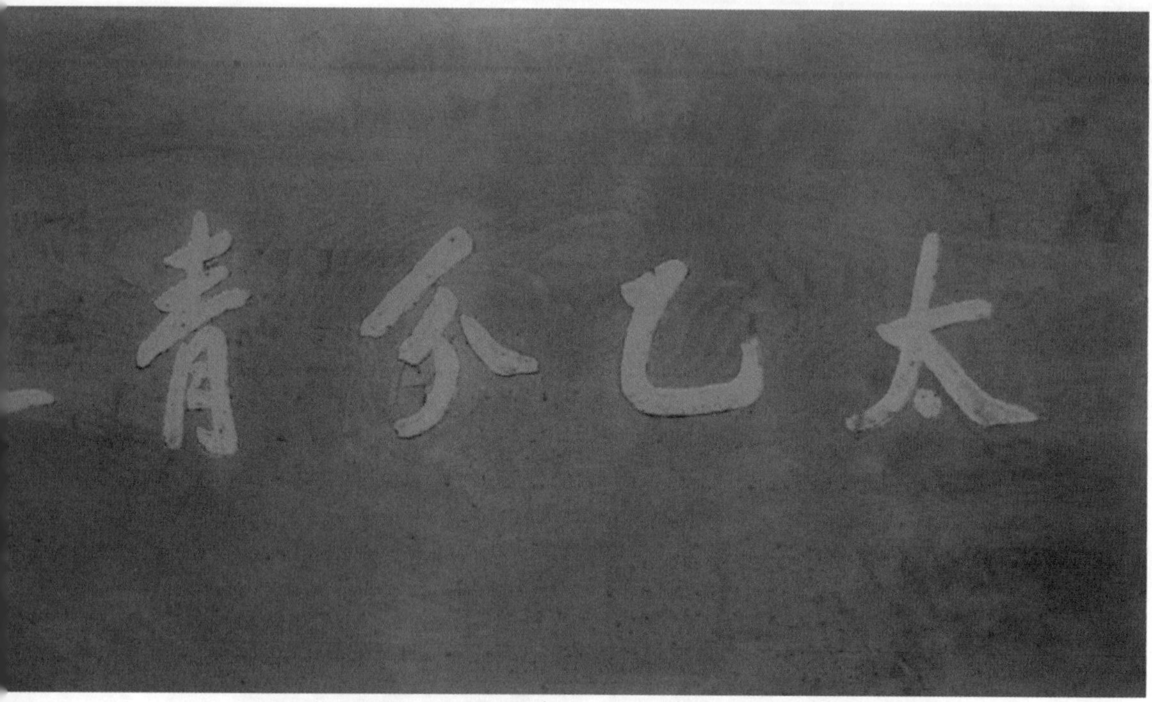

貯藏《四庫全書薈要》的摛藻堂建築位於故宮北面御花園內堆秀山東側，不僅環境寧靜幽雅，而且歷來都是皇家藏書之地，因此成爲《四庫全書薈要》貯藏的不二選擇。其主體建築黄琉璃瓦硬山頂，面闊五間，明間開門，堂前出廊，堂西牆小門可直通西耳房，次梢間為檻窗。其前有池，有浮碧亭立於池上，左建凝香亭，右植古柏樹，堂正中有乾隆御題的詩詞，門內掛有乾隆御題的『宿鳳』匾額。此處空間緊湊、環境玲瓏雅緻，與大內的宮殿形成了強烈的對比，營造了輕鬆、舒適、怡人的閱讀環境。

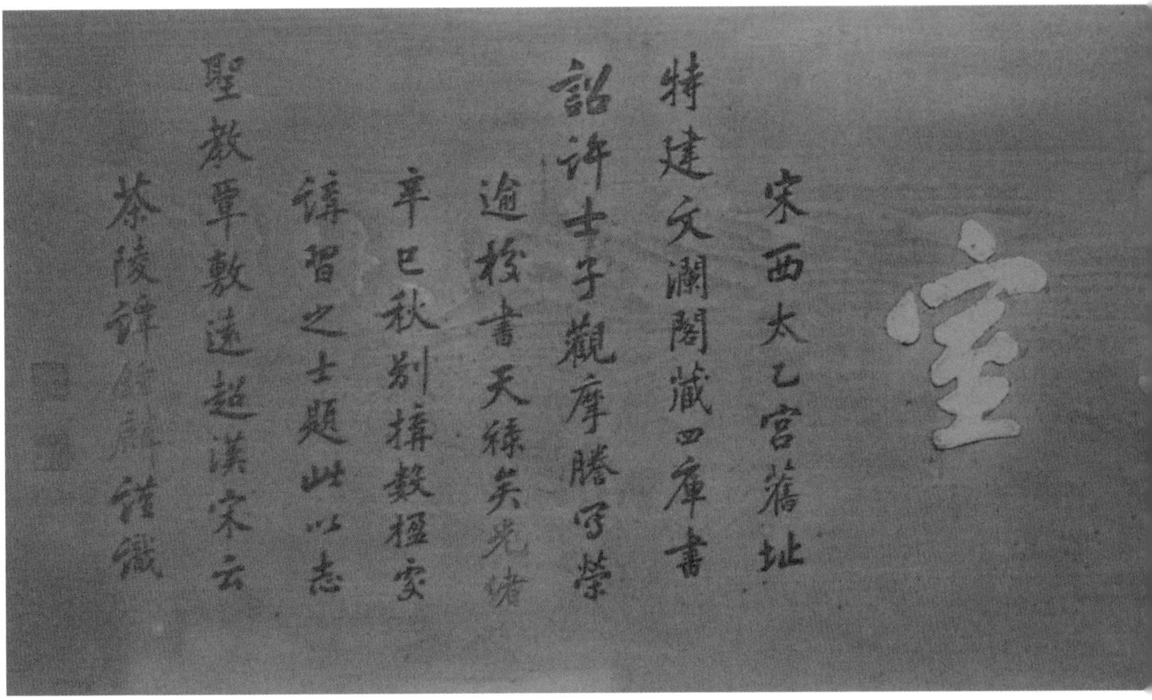

圖一三五：《太乙分青之室》木匾，浙江省博物館藏。貳玖捌

注

貳玖捌：圖一三五：《太乙分青之室》木匾，梅叢笑主編：《文瀾遺澤——文瀾閣與〈四庫全書〉陳列》，第108–109頁。

第七章 《四庫全書》設計管理

《四庫全書》設計管理貫穿於書籍設計、藏書樓設計、書籍的陳列與藏書樓的管理等方面。《四庫全書》作為清代最大的文化工程，管理的成敗直接關乎皇權意志的體現以及歷史文脈的傳承。整個《四庫全書》纂修系統中有核心的組織團隊，最高統帥和靈魂人物即是乾隆，其下就是皇族人員及負責策劃、實施的四庫館臣。其中書籍的抄寫、設計、裝潢、製作書函、書架，以及《武英殿聚珍版叢書》的活字設計及製作、刊刻以及藏書樓的設計、營建、書籍的庋藏與陳列都有專人負責管理，這成為體量龐大的《四庫全書》文化工程得以正常推進的制度保障。

第一節 《四庫全書》設計總策劃乾隆

乾隆在其統治中國的半個多世紀中，除晚年因年老體衰略有『倦勤』外，幾乎事必躬親，乾綱獨斷，一切用人聽言大權，從無旁假。在清代前期特殊的歷史條件下，專制皇權的高度集中，維護了清政權內部的穩定，也為清統治者發展經濟、加強國防、經營邊疆提供了必要的條件。貳玖玖雖然在修書的進程中產生了大量的文字獄，對典籍也造成了不可挽回的損失，但從更宏觀的角度來看，其對於中國文化的保存和傳承還是起到了積極的影響，對中華文化道統的薪火相傳起到了巨大的作用。在乾隆執政時期，社會相對穩定、政治高度集權、社會財富急劇增加、文化高度繁榮，為盛世修書提供了強有力保障。

乾隆通過一系列軍事行動使西南邊陲得以安定，並自詡為『十全老人』。強大的軍事保障是一個國家賴以存續的根本，反觀文瀾閣的滄桑歷程也可以窺見當國力積弱之時也是國破家亡之際，閣書的命運和國家的安寧緊密

注 貳玖玖：黃愛平：《四庫全書纂修研究》，第2頁。

相連。所以說，其為《四庫全書》纂修奠定安定的社會環境是修書的先決條件。乾隆通過強大的軍事震懾建立了一系列的政治制度，使國家主權得到進一步鞏固，對發展中央與地方以及同各民族之間的經濟文化交融、邊防鞏固、抵禦外侮和安定社會秩序等方面都起到了積極的作用。乾隆不僅對內、對外宣揚了其赫赫戰功，也昭示了其維護疆土和國家利益的政治願望，同時使原先的滿、漢對立情緒得到一定程度的緩和，社會逐步趨於穩定，使得其文化戰略的頂層設計得以實現。因而，通過一系列策略的實施為乾隆日後徵集《四庫全書》的底本和營建藏書樓建立了強有力的政治保障，對於前朝文獻的集大成式的整理也水到渠成。經濟方面，通過一系列經濟政策的實施，國家積累了巨額財富。編纂七部八萬餘卷的《四庫全書》沒有雄厚的經濟實力做後盾是不可能完成的，这是《四庫全書》不可或缺的物質條件。

在文化方面，乾隆順應歷史潮流，尊崇理學、提倡漢學，並制定了一系列的優厚政策，考核典章，旁暨九流，至此學術進入對傳統文化全面總結與整理階段。至乾隆時期，安定富庶的社會為學者從事典籍整理與研究提供了良好條件，學術文化得以充分積累與發展，這為從事《四庫全書》纂修這一大規模的文化工程建設創造了良好的社會氛圍、學術積累和文化場域。清代刻書業的繁榮發展使得文化繁榮昌盛，同時乾隆的文治教化通過其自身的榜樣塑造和自上而下的行政命令得以貫徹執行。乾隆政務處理、日常起居、子嗣培養、郊遊宴樂等場所都是典籍文獻的庋藏之所，這對於乾隆及其四庫館臣的學術涵養、藝術品位都起到了充分地濡養作用。乾隆作為有清一代的最高統治者，受到其先祖及前賢碩儒的教化，深知典籍具有的鑒往察來、教化人心和輔佐王政的作用，因此乾隆對漢文化無時不浸淫其中，在其執政期間把搜求、校讎與刊刻典籍作為文治的首選。清廷內府集校讎、刊刻、裝潢、藏書為一體的武英殿修書處，負責繕寫、校對、裝潢、上架等一應事宜，其長期積累的設計經驗是促成《四庫全書》衍生品《武英殿聚珍版叢書》刊刻的重要保障。武英殿修書處每項印刷工程雖然都有直接主管，但是往往為了彰顯帝王意志，皇帝也會親自參與到重要典籍的策劃和管理中來。《四庫全書》衍生品《武英殿聚珍版叢書》的刊行就是帝王直接參與的一項文化工程。其設計管理分工明確，流程清晰，操作性極強，成為《四庫全書》這一文化工程的最大附屬工程。

乾隆作為《四庫全書》的總策劃與總監督，其頒佈的二十五道聖旨就是編撰《四庫全書》的綱領，充分體現出其政治謀略和文治思想。乾隆通過軍事奠定的政治、經濟、文化的基礎及其個人的文化素養、人生智慧、決策制定和監督指導，都對纂修《四庫全書》產生了決定性的影響，進而也體現在書籍的命名、裝幀、藏書樓的設計建造及閣書陳列與管理的諸多方面。

第二節　《四庫全書》設計管理

為了促成《四庫全書》的纂修，乾隆專門設立了四庫館，遴選皇族成員和三百六十位碩學鴻儒專司其職，不僅身體力行全程主導和監管，同時還通過指派、徵召、調任、協辦的方式達成目標。乾隆及四庫館臣制定了一系列的管理條例和獎懲制度來保障修書的進度。

一、《四庫全書》寫本字體設計師管理

《四庫全書》寫本字體設計師就是參與抄寫書籍的三千餘名謄錄人員。對其團隊的管理方面制定了詳細的規制。繕寫方面的制度管理也極為詳盡，如『每人每日寫一千字，每年扣去三十日，為赴公所領書交書之暇。計每人每年可寫三十三萬字，並請照各館五年議敍之例，核其寫字多少以為等差。如五年期滿，所寫字能逾十分之三以上者，列為頭等，准咨部議敍。其僅足字數者，次之。若寫不足數，必須補寫完足，方准咨部』[叁零零]，即每人每日需寫一千字，每年寫三十三萬字，五年為一考核期，如果五年期滿能超出字數十分之三即列為頭等，交

部核議，奏請給予加級等獎勵。如果僅僅只是寫完則是次一等，如果寫不夠字數必須補全後才可以申請考核。『又有限滿時字數雖符，而核其平日字蹟訛脱記過多者，酌量再留一二年，方准咨部議敘，以示懲儆』叁零壹，即在限期内既沒有寫完，同時還字跡潦草、訛誤、少字多字，要酌情再留下繼續抄寫一到兩年，才准考核。『謄錄所交之書，校對時有應駁換者，仍駁回換寫。其訛錯多者，並須記過總核，於議敘時分別勸懲。』叁零貳即謄錄被駁回的書籍不僅要重新抄寫，同時還要酌情記過，到期進行懲罰。四庫館臣不僅在每人每日字數工作量方面做了詳細的制度考核，還將字體工整程度、繕寫有無錯誤等抄錄的質量進行考核，如果工作人員期滿且各項指標考核合格就可以得到提拔升遷，反之則要懲罰。如《纂修四庫全書檔案》記載『嗣後此項議敘人員（案：自備資斧效力繕寫人員），著照部議，彙齊五十名奏請考試一次。惟是伊等寫書時大率倩人代繕，其本人字畫未必悉能工楷……其有不到及倩人代作諸弊，仍著照部議嚴查』叁零叁『内有謄錄姚岐謨一名，曠欠至數月之多』叁零肆『查審李英賄買頂冒四庫館謄錄蔣翰一案』叁零伍。由此可見，如果是自備資糧抄錄的人，匯集夠五十人時經過考試合格後可以予以獎勵，如果是請人代寫則要嚴懲。諸如人員曠工、冒名頂替、消極怠工、延誤工期等情形乾隆都會下旨嚴辦，以儆效尤。在《四庫全書》

注

叁零零：中國第一歷史檔案館編：《纂修四庫全書檔案》，第77–78頁，乾隆三十八年閏三月十一日辦理《四庫全書》處摺。

叁零壹：中國第一歷史檔案館編：《纂修四庫全書檔案》，第377頁，乾隆四十年閏四月十五日多羅質郡王永瑢等奏摺。

叁零貳：中國第一歷史檔案館編：《纂修四庫全書檔案》，第379頁，乾隆四十年閏四月十五日多羅質郡王永瑢等奏摺。

叁零叁：中國第一歷史檔案館編：《纂修四庫全書檔案》，第1000頁，乾隆四十四年二月初六日上諭。

叁零肆：中國第一歷史檔案館編：《纂修四庫全書檔案》，第224頁，乾隆三十九年七月十四日户部尚書王際華奏摺。

叁零伍：中國第一歷史檔案館編：《纂修四庫全書檔案》，第1058頁，乾隆四十四年六月初五日浙江巡撫王亶望奏摺。

的成書過程中因考證、編纂和校對形成了黃簽，其上記載謄錄者、校對者、姓名和官職，成書時又在書前留下覆校者或者審核者的姓名黃簽，乾隆利用黃簽對四庫館臣可以進行嚴格的監督與管理。

在謄錄人員即專門負責抄寫的寫手管理方面，乾隆規定所有手鈔本俱用館閣體書寫。乾隆精於書法，其倡導的中正平和、雅緻流麗的書風從上至下影響了當時整個清代的書壇，其頒佈的以館閣體進行抄寫的方式使參與抄寫的臣工也因乾隆的喜好而形成相對統一的審美和書風，以文人抄寫的方式對傳統優秀典籍進行謄寫，對於傳統文化也體現了最高規格的禮遇，起到了穩定民心，垂範天下的政治用意。

貯藏於七座藏書樓的《四庫全書》俱採用手鈔本，關於採用館閣體鈔本的原因，民國時期的任松如在《四庫全書答問》載：『四庫館因各書原本大小不一，全刻又費時耗款，不如全用鈔本，可將長短闊狹統歸劃一，分籤插架、完整美觀。不徒省時節費，又便於更改原書』。[306]將插架整齊、省時節費的原因列在首位其觀點並不全面。我認為有以下幾個方面才最終使乾隆作出使用手鈔本作為結集《四庫全書》的決策。

（一）在文治方面，通過統一的手鈔本可以鞏固信仰體系、進行文化的傳承，進而統一思想，鞏固社會的安定與團結。修書之時伴隨著文字獄的屢次發生，有不少學者認為乾隆使用鈔本的根本原因就是方便篡改文字，這一點我不完全贊同。因為高壓政策是立國之初常見的統治策略，伴隨著國家統一進程的逐步推進，文化的統一和傳承成為穩定政治統治的必由之路，而文化信仰的建立是其核心。乾隆從小對漢族傳統文化的耳濡目染和嚴格訓練也使其成為傳承華夏文明的一份子，他必須是道統的繼承者才可以真正固守王權。所以，文字獄只是手段，而並非目的。乾隆深諳中國傳統文化，自然也會因為長期浸淫而將文化的傳承放在首位，中華文明有完整的理念和高度的精神性，即使是屢遭外族入侵仍能具有無比強大的包容性，這是基於文化理念上的高度認同。

（二）通過尊崇書法的『二王』體系，表明文脈繼承的正統與導向。手鈔本是最能體現一個人的書法觀甚至是文化觀的。通過抄寫，乾隆可以在全國上下灌輸自己的書法觀念。通過書法這種溫和而微妙的方式輸出自己的文治思想是最佳的統治方式。從乾隆一生書法的師承關係上看，二王體系即王羲之、王獻之為主導的書風和背後形成的正統、經典、儒雅的文風是乾隆最為推崇的，畢生在其書法研習上進行了廣泛實踐。他本人的書法就是取法二王的典型代表，雖然乾隆也曾師承三國時期的鍾繇、唐代的顏真卿、宋代的米芾和蘇東坡，甚至是明代的董其昌，這些書家都屬於二王的脈絡，是源與流的關係。在書法的流變中，作為支脈的書家在繼『二王』書風的同時也具有自身鮮明的特徵。乾隆時期內府書畫的收藏達到整個封建王朝的鼎盛時期，乾隆更是不遺餘力地在朝野上下進行廣泛地搜求，並在收藏的同時始終堅持臨池學書，曾臨王氏一門書法達一百六十八項，單是臨『書聖』王羲之書跡，已經有一百四十六項。[叁零柒]據《石渠寶笈續編·養心殿藏》記載：『《快雪》《中秋》《伯遠》三帖，並希世之珍，因顏三希堂以貯之，合臨不下數十本，而堂中獨無藏者，輒撿佳紙縮臨此冊，對置硯左以驗臨池工侯，丙戌（乾隆31年）小春御識。前副頁御筆：撥鐙合鉅。』[叁零捌]（圖一三六）

注

叁零陸：任松如：《四庫全書答問》，上海：上海書店1992年版，第68頁。

叁零柒：李曉敏：《乾隆書法師承研究》，第12頁。

叁零捌：《石渠寶笈續編·養心殿藏》，《續修四庫全書》1070冊，上海：上海古籍出版社2002年版，第496頁。

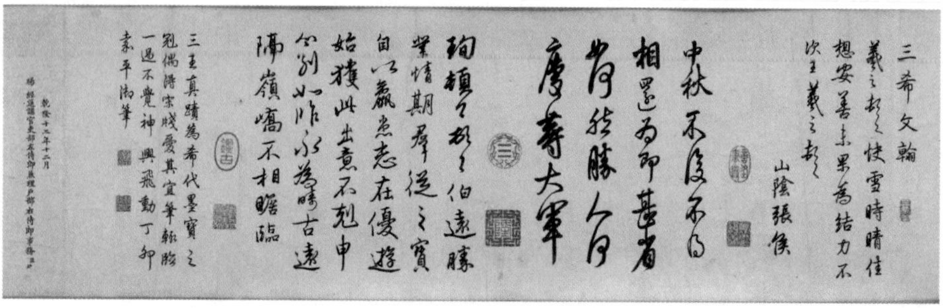

圖一三六：［清］弘曆：《臨三希文翰》卷。[叁零玖]

乾隆在臨習王羲之《樂毅論》題跋中云：『昔在書室中，日臨樂毅論，今已隔十年矣。展卷重摹，於筆法較有會心。爰題斷句四首，以志今昔之感。御筆並記，鈐寶三：御賞，乾隆宸翰，幾暇臨池。引首御筆：力追楷則。』[叁壹零]可見其早年就對王羲之的《樂毅論》心慕神馳，用力最深，且追求圓勁挺拔、秀麗端莊的藝術風格。乾隆曾評王羲之《遊目帖》云：『筆法圓勁入神，如遊龍天驕，非鉤摹所能仿佛』[叁壹壹]可見，乾隆對王羲之用筆的圓勁以及秀麗端整風格的推崇。總而言之，乾隆學習書法有著自己的取法標準，那便是將攲側的筆勢改造為端正方規的體勢，追求圓潤流麗的風格，『中和』之美，使得乾隆通過學習趙孟頫書法，以期追求東晉二王書風，追求筆正規矩、沖和淡雅的書法風格。[叁壹貳]（圖一三七）乾隆《臨王羲之帖》軸為乾隆臨王羲之胡桃、安和二帖，此書雖為臨帖，但瀟灑自運，筆法遒勁、圓潤飽滿、流暢自然，明顯帶有元代趙孟頫書法的意蘊。

由此可見，乾隆主要師承對象是王羲之，小楷、行、草書皆有大量的臨習，在題跋方面，也表現出對王羲之法帖的珍愛。乾隆取法宋代的米芾和蘇軾的法書，將攲側的筆勢進行端正化處理，追求端莊流麗的風格，對趙孟頫和董其昌書法的學習也有著同樣的追求。乾隆書法學習受上書房時期學習王羲之和顏真卿楷書的影響，乾隆對後世書家的取法離不開對晉、

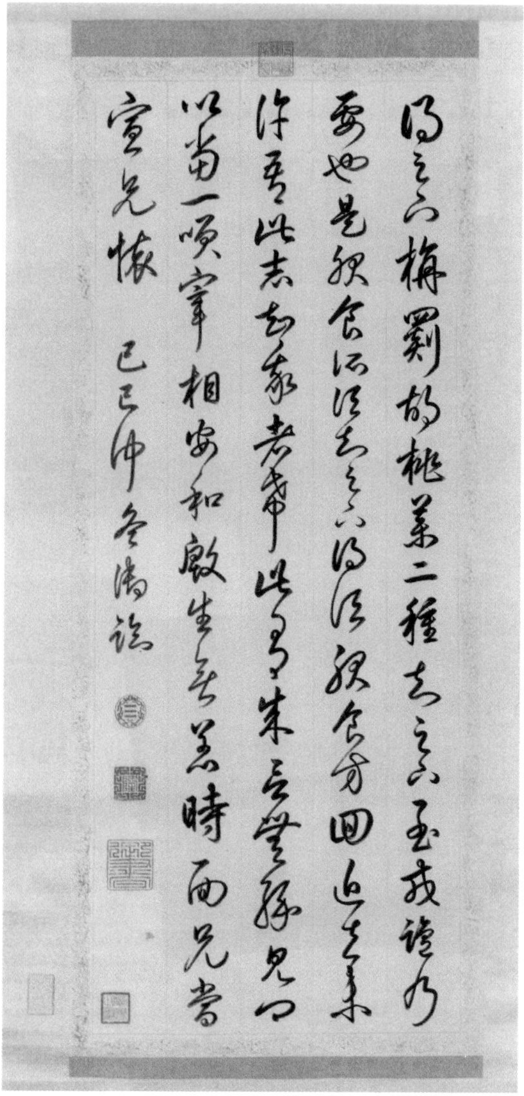

圖一三七：［清］弘曆：《草書臨王羲之帖》軸，紙本墨筆，92.5cm×39cm，故宮博物院藏。[叁壹叁]

注

叁零玖：圖一三六：［清］弘曆：《臨三希文翰》卷，轉引自李曉敏：《乾隆書法師承研究》，第10頁。

叁壹零：《石渠寶笈三編·重華宮藏》，《續修四庫全書》1071冊，第154頁。

叁壹壹：《石渠寶笈續編·淳化軒藏》，《續修四庫全書》1073冊，第485頁。

叁壹貳：李曉敏：《乾隆書法師承研究》，第12頁。

叁壹叁：圖一三七：［清］弘曆：《草書臨王羲之帖》軸，朱賽虹編：《盛世文治——清宮典籍文化展》，第89頁。

唐書風的追求，米、蘇、趙、董等人皆有取法二王、顏真卿的經歷，其書風明顯宗晉、唐法則。乾隆書法師承有著明顯的審美取向，有著濃厚的『淳古』思想，他認為魏晉法帖是最古的藝術風格，不僅因為其年代久遠，更是因為鍾繇和王羲之等人書法用筆樸素，章法自然，風格淳樸。……另外，乾隆對其他法帖的取法以及將碑刻入石等書法活動，也離不開對『古』的追求，這也正是其『近古』的過程。最後，乾隆作為忠實的佛教徒，經常參禪悟道，漸漸形成了『禪理』思想，表現在書法師承上則上升為對『神韻』的表達。乾隆對清代書法發展有著重要的影響。作為帝王，乾隆書法有著『標杆』作用，其書學思想影響著朝廷上下的書法風格，同時，藝術勢必以政治穩定為前提，乾隆的書法藝術更多的出於政治考量下的推崇。例如，館閣體作為政治作用下的藝術風格，建立了實用統一的書法審美評定標準。……在取法選擇上，乾隆有著獨特的審美取向並且影響著乾隆的書學思想和學書面貌。[叁壹肆]

（三）乾隆希望獲得歷代修書之冠的榮耀，而非以流通為目的，況且雕版印刷不僅版片浩繁同時也耗費時日，因修書時乾隆已是晚年，故進行印刷的必要性不大。

（四）藝術審美的高度統一可以彰顯盛世修書的威儀。抄寫的形式不僅使書籍具有藝術的審美，還兼具了唯一性和親和力。所以大規模的抄寫不僅標榜了乾隆朝的綜合國力和皇家修書的莊嚴敬謹，在客觀上又保持了統一的美觀形式。同時在後期的陳列中將書籍的宏大體量納入到穩定有序的視覺形式中，整齊劃一的陳列設計將傳達出恢弘萬千的氣象，經過整合的整體視覺設計系統彰顯了乾隆朝盛世的威儀。

二、《四庫全書》裝潢設計管理

在寫本《四庫全書》的紙張選擇方面，永瑢作為掛名執掌四庫的皇族成員，是溝通皇帝與大臣之間的紐帶，通常起到傳達精神、發布命令、收集成果進行工作匯報的作用。據永瑢的奏摺載：『現辦四庫全書，俱用金線榜紙，若添寫三分，仍照前項紙色，恐致牽混，且恭繹諭旨，此書分貯各處，許多士編摩謄錄，在於廣布流傳，與天府珍藏，稍有不同，擬用堅白太史連紙刷印紅格，分給繕寫，以示區別』。[叁壹伍]本奏折顯示永瑢在紙張的選擇上吸取了武英殿的工作經驗，『北四閣』因是供內廷閱覽，用金線榜紙，而『南三閣』供江南普通士子閱覽，用太史連紙，以示尊卑。

在書籍後期的裝潢上乾隆有細緻入微的思考，在其《御製詩五集·文津閣作歌》中對《四庫全書》封面色彩設計的哲學內涵和文化淵源進行了詳細地闡述。分析乾隆的御製詩可以揭示陰陽五行學說中五方配五色的理論是《四庫全書》分色的哲學依據，即為區別起見，以方位色青、赤、白、黑對《四庫全書》的四部經、史、子、集進行標識，在形象上予以甄別的同時更為其找到了哲學層面上的依據和象徵。《總目》和《考證》因其統攝全書而用五行配五色的中央土黃色作為象徵色。《四庫全書》的裝幀設計、書函製作等方面也有詳細地策劃與管理，根據實際情況製作了書函，將屬於同一部書籍的若干分冊進行了裝函皮藏。因任何一個環節的疏漏都關係到這項宏偉文化工程的成敗，面對眾多工作人員與如此繁瑣的日常事務，需要根據實際情況不斷完善管理制度，使這項浩大的文化工程得以順利圓滿推進。

注

叁壹肆：參見李曉敏：《乾隆書法師承研究》，第40頁。

叁壹伍：中國第一歷史檔案館編：《纂修四庫全書檔案》，第1616頁，乾隆四十七年八月二十日多羅質郡王永瑢奏摺。

叁壹陸：武英殿先期用雕板印刷了《易緯八種》《漢宮舊儀》《魏鄭公諫續錄》《帝範》四種二十卷，後收入《武英殿聚珍版叢書》，為方便區別活字本而稱之為初刻本。中國第一歷史檔案館編：《纂修四庫全書檔案》，第57—58頁，乾隆三十八年二月十一日上諭。

叁壹柒：中國第一歷史檔案館編：《纂修四庫全書檔案》，第74頁，乾隆三十八年閏三月十一日辦理四庫全書處奏摺。

叁壹捌：中國第一歷史檔案館編：《纂修四庫全書檔案》，第78頁，乾隆三十八年閏三月十一日辦理四庫全書處奏摺。

叁壹玖：李光濤：《記漢化的韓人》，《明清史論集》下冊，臺北：商務印書館1971年版，第639—652頁。

三、《四庫全書》設計總監金簡

纂修《四庫全書》時從《永樂大典》中輯出的珍本秘笈，為廣於流傳而進行刊印，在武英殿先期僅用雕版刻了四種[叁壹陸]後，乾隆三十八年（1773）二月又諭旨將《永樂大典》中『其有實在流傳已少，其書足資啟牖後學、廣益多聞者，……彙付剞劂』[叁壹柒]。隨後將輯出之書『分別應刊、應抄、應刪三項。其應刊、應抄各本，均於勘定後即趕繕正本進呈，將應刊者即行次第刊刻』[叁壹捌]，並將『所有武英殿承辦紙絹、裝潢、飯食及監刻各事宜，着添派金簡一同經管』[叁壹玖]。由此可見，金簡是《四庫全書》書籍設計與裝潢的具體策劃與監督者。

據臺灣李光濤的《記漢化的韓人》中記載：『實際以韓人而貴為清室寵臣者，實錄（指《朝鮮實錄》）記載之外，尚有《熱河日記》（乾隆四十五年朝鮮慶祝萬壽使者伴儅朴趾源撰）所記之金簡亦為清國的重臣，而乾隆之皇五子號「藤琹居士」者且為金簡之甥。「皇五子……藤琹居士即戶部侍郎金簡之甥。簡乃祥明之從孫，祥明之祖，義州人也，入大國，祥明官禮部尚書，雍正時人。簡之女弟入宮為貴妃，有寵。」』。[叁貳零]

從《清史稿》中金簡父子的本傳可知：『金簡，賜姓金佳氏，滿洲正黃旗人，初隸內務府漢軍。父三保，武備院卿。金簡，乾隆中授內務府筆帖式……四十八年擢工部尚書……五十七年調吏部尚書，五十九年卒……謚勤恪。金簡女弟為高宗貴妃。嘉慶初，仁宗命其族改入滿洲，賜姓。緼布，金簡子……嘉慶……五年授兵部侍郎，六年擢工部尚書鑲紅旗漢軍都統，九年署戶部尚書，十四年卒。』所以李光濤說：『金簡父子的籍貫，據本傳，一則曰「賜姓金佳氏」，再則曰「滿洲正黃旗人」，這一說法，如非《熱河日記》有所說明，則是吾人於金簡父子不免將為《清史稿》所誤而亦以「真滿洲」視之，其實，哪裡又知道他們的本籍原是韓人呢？……』《清史稿》及《國朝耆獻類徵初編》改纂修飾外來氏族籍貫的作法，個中原委很多，一時難以細說，有一點可以肯定的是歷朝統治者無不美化自己，以維護統治。像金簡一族貴為皇親，家世背景無論如何馬虎不得，須與朝廷臉面相得益彰。是故嘉慶初，皇帝賜姓金佳氏，命其族改入滿洲旗籍，也是自然而然，合乎情理的事了。[叁貳壹]

由此可見，總管其事的大臣金簡實為朝鮮義州人，入清廷後成被賜予滿洲正黃旗，先後任內務府筆貼士、內務府大臣，受乾隆的信任，最後升至《四庫全書》副總裁，總管武英殿修書的刊刻與裝潢，是設計政策的實際起草者、木活字設計的倡導者和藝術總監、《武英殿聚珍版程式》的策劃者以及《武英殿聚珍版叢書》設計與製作的監督者。

金簡比較活字與雕板兩種方法的得失利弊，在總結前代經驗教訓的基礎上提出使用木活字刊印書籍，並身體力行、親自監督完成了木活字及附帶工具的全部刊刻製造工作，這為《永樂大典》珍本秘笈的刊行，提供了極其重要的條件。乾隆三十九年下令將『武英殿現辦《四庫全書》之活字版』著名為『武英殿聚珍版』，並任命金簡為四庫全書館副總裁，專管監刻書籍事宜。其後，乾隆還專為武英殿聚珍版題詩一首，在序中自述其事說：『校輯《永樂大典》……第種類多則付雕非易，董武英殿事金簡以活字法為請，既不濫費棗梨，又不久淹歲月，用力省而成功速，至簡且捷。……茲刻單字計二十五萬餘，雖數百十種之書，悉可取給。而校讐之精，今更有勝於古所云者。第活字版之名不雅馴，因以聚珍名之而係以詩』。這樣，『武英殿聚珍版』的名稱便由此決定下來，此後凡使用活字排印的書籍，也往往被稱之為「聚珍本」。[叁貳貳]金簡前期在刻印《易緯八種》《漢官舊儀》《魏鄭公諫續錄》《帝範》四本後發現武英殿的刻書工作隨著《四庫全書》纂修工作的大規模展開，傳統的雕板印刷方式已無法適應體量浩繁的刊刻

注

叁貳零：李光濤：《記漢化的韓人》，《明清史論集》下冊，臺北：商務印書館 1971 年版，第 639—652 頁。

叁貳壹：朱琴：《金簡及其〈武英殿聚珍版程式〉——兼論古代活字印刷發展滯緩的原因》，蘇州大學 2003 年碩士學位論文，第 3—4 頁。

叁貳貳：黃愛平：《四庫全書纂修研究》，第 218—219 頁。

工作，雕板所用版片數量巨大且費時費工，因此，提出製作棗木活字進行擺板刷印書籍，認為木活字印刷完《四庫全書》後還可以繼續印製其他書籍，是相對於雕版省時、省工的一種方式，此建議立刻得到乾隆的批准。於是，金簡擬定了具體的章程和方法。按御定《佩文韻府》詩韻除生僻字不常見者不收集外，應刊刻者約六千數百餘字。虛字以及熟字，每一字加至十字或百字，共需十萬餘字，又豫備應刊的夾注小字也加至十字或百字不等，約五萬字。預計刷印書籍只需將槽版對照底本即可進行刷印。如果在此過程中遇到需要臨時加的新字，則要豫備木活字二千餘個以供臨時刊刻。其書籍行款式樣依照規定先刊刻槽版二十塊，按底本將木活字檢校後擺入木槽版內，刷印樣書，校勘無誤後刷印正式典籍。

在實際操作過程中，金簡發現木箱不便貯字，按韻取字的方法不僅浪費人力，還相互干擾，無法適應大規模印刷的需要。於是金簡不斷總結經驗，改進工藝，易木箱為字櫃，每櫃設抽屜二百個，每屜再分設八格空間以備貯存不同型號的活字。二十五萬個木活字按《康熙字典》部首分貯於字櫃抽屜中，並標明某部、某字及畫數以便於撿取。挑選通曉文義的人充供事，直接取字擺版，先預估文字在字櫃中大致的位置，然後從相應的抽屜中取字，置於專用字盤，再按照底稿逐一精準擺放。根據實際需要適當安放夾條或頂木以控制行距、字距。按規定的流程操作則多部書籍的排版可以同時進行，以此提高工作效率。

金簡將所需各項工料與雕板印刷方法加以比較後，認為每百字工料需銀八錢，而十五萬餘字約需銀一千二百餘兩。木槽版、備添空木子以及盛放的箱格等需要再增加一、二百兩用度，共計一千四百餘兩。以《史記》來算約需要版片二千六百七十五塊，如果按梨木小版例價銀每塊一錢計算，該款項共需銀量二百六十七兩五錢，如果要刻字一百一十八萬九千個，則每寫刻百字工價一錢，需要銀量一千一百八十餘兩，僅僅一部《史記》就需要一千四百五十餘兩。如果刻棗木活字、共計不超過一千四百兩，還可以繼續刷印其他各種書籍。即使刷印久了之後，字畫模糊，需要重新刊刻一份，所需銀兩也不過此數，如果還有可以繼續使用的木活字，則更加節省。因此乾隆認為此項工作事半功倍，值得使用，及遣金簡著手進行。

主辦人金簡把這次製造木活字及印書的經過和方法，寫成《武英殿聚珍版程式》，此書被收入《四庫全書》史部政書類，成為收入《四庫全書》的二十二種外國人著作之一。《武英殿聚珍版叢書》因有一定數量的印刷，結合坊間的流傳，為學術的傳播起到了推波助瀾的作用。

四庫館臣在辦理第二、三、四份全書時發現武英殿內房屋並不能存貯相應書籍，於是決定按經、史、子、集分別設局進行辦理。將東華門外雲神廟、風神廟及地安門內的簾子庫及官房分設四局進行分頭辦理。選派編修八人擔任提調，八人擔任督催，又委託八人充任收掌官，經、史、子、集各二人，供事四十八人，每局十二人，負責收發、存檔、分發紙張、搬運書籍等各項事務，由此做到條理清晰。

《武英殿聚珍版叢書》因其中沒有礙於清朝統治的書籍，更多是為珍本秘笈的廣布流傳而進行刊刻，所以其設計樸素沉靜且與內容表裡如一、相得益彰。而《武英殿聚珍版程式》用圖文並茂的方式對木活字製作、刊印的工藝流程和製作方法所做的全面而系統的總結，是對歷代印刷範式的總結，為印刷史上的集大成之作。由於武英殿木活字的大規模使用，尤其是《武英殿聚珍版叢書》大規模地印刷及民間的大量翻刻與效仿，加之乾隆的推崇，以及完備可操作的《武英殿聚珍程式》的頒行將中國的木活字印刷推向了歷史高峰。正因為有金簡的提議和長期實踐經驗的總結和實際工作的實施，才使得木活字的設計和製作順理成章地按期完成。可以說，金簡成為《四庫全書》整個設計製作系統裡厥功至偉的角色，為推動中國傳統書籍出版和文化傳承做出了不朽貢獻。

第三節　《四庫全書》藏書樓管理

中國歷史上藏書樓的興廢十分頻繁，歷代典籍的書厄使藏書家痛心疾首，如何有效保存書籍，使之流布久遠成為士大夫最關心的問題。至乾隆修四庫時，清代以前的藏書樓庫書俱存的只有明代天一閣。鑒於江南士林雅好讀書，匯集了歷代珍本秘笈的《四庫全書》及《武英殿聚珍版叢書》匹配了江南人文昌盛的文化需求。清廷仿宋代官制設置了文淵閣管理機構並頒佈了相關的各項設計管理章程。

早在乾隆三十九年（1774）杭州織造寅著就奉命去浙江寧波范懋柱（范欽八世孫）的天一閣考察，並詳細繪製了天一閣圖紙，因其頗得乾隆激賞，於是從乾隆三十九年（1774）到乾隆四十七年（1782），歷時八年仿天一閣『天一生水，地六成之』的設計理念建成了七座藏書樓，而天一閣藏書樓的管理是其存續下來的重要保障，因此天一閣的藏書樓管理對《四庫全書》也起到了範式作用。

一、《四庫全書》藏書樓管理範式

天一閣之所以久存首先是源於閣

圖一三八：天一閣禁牌 叁貳叁

主人強烈的文化傳承使命感，具體體現在藏書樓的管理方面。關於防火觀念的貫徹執行上不僅體現在藏書樓命名、設計、建造、園林佈局、配景，以及大量象徵了『以水剋火』的紋飾設計上，嚴格的管理制度是其內在更為重要的因素。

天一閣的管理經驗可以概括為『以水剋火，火不入閣；代不分書，書不出閣』。火患帶來的滅頂之災給歷代藏書家留下了慘痛的教訓，因此范欽在藏書樓防火方面窮盡思慮，無論是在防火觀念還是在實際操作中無不體現了防火的意識。『以水剋火』有兩層意思，一是在觀念形態上取『天一生水』的寓意以水制火。這一點分別體現在天一閣命名、上一、下六建築形制設計，以及水錦紋、水雲帶等帶水紋飾設計上。這樣的處理不僅具有強烈的人文指向，而且加強了防火的寓意。二是在山牆兩側築起封火牆，並在閣前鑿池蓄水，四周留空地，築圍牆，以隔絕火患，並制定了嚴格的防火制度。並設『煙酒切忌登樓』的禁牌立在一樓的樓梯口，嚴禁持煙火者登閣，減少了人為火災的因素。（圖一三八）

注

叁貳叁：圖一三八：天一閣禁牌，顧志興：《文瀾閣四庫全書史》，第63頁。

天一閣藏書歷400餘年不散，是中國現存最古老的藏書樓。著名學者黃宗羲在康熙十八年(1679)所作的《天一閣藏書記》中深有感慨：『嘗歎讀書難，藏書尤難，藏之久而不散，則難之難矣。』[叁貳肆]探究天一閣歷數代而不衰的原因，其中之一即范欽立下了『代不分書，書不出閣』的遺訓。他生前就將家財分作兩份：一份是天一閣全部藏書，一份是萬兩白銀。其次子范大沖放棄萬兩白銀而取藏書，並子承父業，定下藏書不分、為子孫共有之約，閣門和書櫥門的鑰匙分房掌管。這樣相互牽制，避免了書籍的散佚。

第一個全面、系統分析天一閣『能久』之原因的是嘉慶年間曾任浙江學政、巡撫並多次登閣的阮元。阮元認為天一閣之所以『能久』，原因有三，『不使持焰火者入其中，其能久一也』。圖籍的損壞，除禁毀、兵燹、變賣、借而不還，失竊等人為因素外，自然災害也是造成藏書亡佚的重要原因，而火災造成的損失最為嚴重。國家藏書和私人藏書毀於火災的史不絕書，這裡不再一一列舉。天一閣由於『構於月湖之西，宅之東，牆圃周圍，林木蔭翳。閣前略有池石，與闤闠相遠，寬閑靜謐，不使持煙火者入其中，其能久一也。』[叁貳伍]且『煙酒切忌登樓』消除了自然災害因素中最嚴重的隱患，天一閣『能久』的第二個原因是管理措施的嚴密和處罰的嚴厲。阮元認為『司馬歿後，封閉甚嚴，繼乃子孫各方面相約為例，凡閣廚鎖鑰，分房掌之。禁以書下閣梯，非各房子孫齊，不開鎖』。由於庫書為家族公有共管，相互制約，個人難以處理，同時又有嚴厲的懲罰措施。阮元首次在文獻中記錄了天一閣『禁約』：『子孫無故開門入閣者，罰不與祭三次；私領親友入閣及擅開廚者，罰不與祭一年；擅將書借出者，罰不與祭三年；因而典鬻者，永擯逐不與祭。』阮元由此得出結論：『其例嚴密如此，所以能久二也。』[叁貳陸]以上兩點是從管理方面入手進行分析，而制度是人訂的，需要人的遵守，否則就是一紙空文。至阮元登閣時，范氏子孫在功名、學識方面尚具有一定的地位，並能遵守古訓，維護藏書。阮元認為：『范氏以書為教，自明至今，子孫繁衍，其讀書在科目學校者，彬彬然以不與祭為辱，以天一閣後人為榮，每學使者按部必求其後人優待之。自奉詔旨之褒，而閣乃永垂不朽矣。其所以能久三也。』這是阮元多次登閣，認真分析的結果，到目前為止，對天一閣『藏之久而不散』原因的分析，尚無從根本上突破阮元的三點論。叁貳柒

深入探究天一閣歷數代而不衰的緣由，范欽立下嚴格的『代不分書，書不出閣』是庫書得以保藏至今的重要原因之一。將藏書樓的管理列入家族遺訓，使其子孫能世世代代進行維護和恪守成為藏書樓管理中至高無上的準則。家庭是中國古代維繫國家正常運轉的最小社會單元，家訓是指家庭對子孫立身處世、持家治業的教誨。是家庭成員立身處世的基本準則，也是孝道最為直接的體現。中國自古以孝治天下，上至帝王，下至平民百姓，莫不以『百善孝為先』的孝道為最高原則，即使是馳騁疆場或者正在顯耀位置上供職的大臣如果遇到父母亡故也需要馬上停職回去丁憂三年，為父母守孝。當父母故去之後，孝的體現就濃縮在家訓中，成為繼承祖先遺志的核心規範。而後代只有在祭祀祖先的過程中才能對其禮敬和表達孝心。如果被罰不與祭，在古代是極為嚴厲的懲罰，被視為逐出家門的象徵，同時更被認為是大不孝的行為。儒家極重視祭禮，因其是溝通天地，聯結先人的方式，後人通過祭祀可以敬以修身，通過與祖先神靈對話延續宗族精神和文脈。在中國傳統社會中，百善

注

叁貳肆：［清］黃宗羲：《南雷文定》前集卷二，清康熙二十七年靳治荊刻本，第2頁。

叁貳伍：［清］阮元：《揅經室集》卷七，第28頁。

叁貳陸：阮元：《揅經室集二集》卷七，《四部叢刊》本，上海：商務印書館1918年影印版，第62—63頁。

叁貳柒：虞浩旭：《瑯嬛福地天一閣》，第9頁。

孝為先，最大的不孝就是背叛家族。在被懲罰不參與家族祭祀的人不僅會遭到族人的唾棄，同時也會受到社會的譴責而難以立足。因此范氏天一閣將不與祭作為懲罰的標準是極為嚴厲的，也彰顯出其祖先對於護佑古籍的殷切之心。所以將藏書樓的管理列入家訓收到了非常好的效果。中國人歷來會有將家業留給子孫後代的傳統習俗，范欽也不例外，他生前就將家財分作兩份由長子范大沖和次媳選擇，長子選擇藏書的同時並進一步明確了管理的原則。『代不分書，書不出閣』的家訓得到了比較好的執行[叁貳捌]，並進一步明確了管理原則，即藏書不分，為子孫共有；各櫥鎖鑰分房掌管；禁書下閣樓；非各房子孫齊不開鑰。這樣子孫相互牽制，就避免了書籍的散佚。繼承者將這種模式繼續傳承給子孫後代，不僅僅是繼承了萬卷藏書，更多的是承繼了家族的文脈精神和責任期許，這是家族培育子孫最好的範例之一。這些都是天一閣庫書世代得以保存良好的重要原因，也值得後代藏書家學習和借鑒。

二、《四庫全書》藏書樓管理

（一）人事管理

天一閣為私人藏書樓，其管理主要是防火和避免子孫散失書籍，可概括為『以水剋火，火不入閣；代不分書，書不出閣』。天一閣歷數代而不衰的緣由，首先因為藏書樓遠離住宅並建立了嚴密的防火措施。『代不分書，書不出閣』，將藏書樓的管理列入家族遺訓，使其子孫能世世代代進行維護和恪守成為藏書樓管理中至高無上的準則，這是書籍保存下來的具體原因。種種措施使得天一閣及藏書歷經數代至乾隆擬建四庫藏書樓時，未罹火患，保存二百餘年，其設計管理也成為四庫全書的七座藏書樓得以模仿的範式。

與天一閣相比，《四庫全書》的藏書樓為皇家藏書樓，為使各庫書籍得以典守，關於『七閣』的管理機制、相關工作的具體職責，乾隆也做了詳細的規劃，通過仿宋代宮廷藏書的管理制度制定了各閣的官方管理制度。在藏書樓的人事管理方面，《四庫全書》藏書樓吸取了天一閣的經驗，同時還傳承了宋代藏書的管理制度，在已有的條件下，結合其藏書樓地理環境制定了適合自身的管理制度。據乾隆四十一年六月初三日諭旨載『自宜酌衷宋制，設文淵閣領閣事總其成。其次為直閣事，同司典掌。又其次為校理，分司註冊、點驗。所有閣中書籍，按時檢曝。雖責之內府宮屬，而一切職掌，則領閣事以下各任之，於內閣、翰詹衙門內兼用。其每銜應設幾員，及以何官兼充，著大學士會同吏部、翰林院定議，列名具奏，候朕簡定。』[叁貳玖]宋代設領閣、直秘閣、秘閣校理等官職進行閣、書管理。乾隆四十四年（1779），文淵閣各項職任已全部設置完畢，並制定了各項管理章程，設立了專門的管理官員。據乾隆諭旨載：『請俟《四庫全書》告竣後，於文淵閣就近酌撥房屋數間，作為閣職直舍，令校理各員，輪番日直。如有查取書籍之處，即同內府官員前往檢出收還，隨時存記，以備查核』。因此，設『領閣事二員，以大學士兼掌院者充之；提舉一員，以內務府大臣充之；直閣六員，以內閣學士、詹事、少詹事、學士充之；校理十六員，以庶子、侍讀、侍講、編修、檢討充之；檢閱八員，以內閣中書充之』[叁叁零]。領閣事上傳下達，總司其責；提舉閣事直接管理一般事務，並督率所轄司員具體從事看守、掃除等各項雜務；直閣事、校理、檢閱各員則每日輪流人值，由『官廚設饌同餐，午後乃散』[叁叁壹]。

注

叁貳捌：1673年范欽曾孫范友仲引黃宗羲破例登閣，其後又有萬斯同、全祖望、袁枚、錢大昕、阮元等四十余位學者名人登樓。乾隆三十八年（1773）開館修書，范欽八世孫范懋柱進呈庫書638種，但絕大多數並未歸還。

叁貳玖：中國第一歷史檔案館編：《纂修四庫全書檔案》，第518頁，乾隆四十一年六月初三日上諭。

叁叁零：王重民：《辦理四庫全書檔案》上冊，北平：北平圖書館1934年版，第40頁，乾隆四十一年六月初一上諭。

叁叁壹：黃愛平：《四庫全書纂修研究》，第256頁。

乾隆繼承宋代相對完備的藏書樓管理系統從高到低進行了人事的分層管理。以文淵閣為例，文淵閣領閣事總管所有業務，並設直閣事主管執行，又有校理分別管理、註冊、登記、按時檢查、曝曬書籍，領閣事以下為內閣、翰林院等官署衙門內人員兼任其職。關於《四庫全書》及兩份《薈要》的貯藏，乾隆及四庫館臣也制定了嚴密的計劃，體現在設計的層面就是書架陳列和藏書樓的相關管理。

（二）庫書管理

關於文瀾閣《四庫全書》的管理，乾隆四十九年（1784）二月初一日，永瑢向乾隆上奏摺，主要是因為在江浙三份全書的抄寫過程中發現校對人員不足，請旨要求在監生中召募分校，同時提到：『校對後業經呈進御覽之書，臣等擬即遵旨發交各該省，並將木匣紙絹式樣一並發去，令其就近陸續照式裝潢。如此則發運較為便易，而各該省辦理亦復裕如矣。』[叁叁贰]全書如要送往北京裝潢則費時費力，索性發往江浙二省裝潢，則可事半功倍，乾隆末年《四庫全書》在入庫貯藏前，將需要重新加以裝潢的『毛坯』陸續發往浙江。乾隆五十二年（1787）文瀾閣庫書陸續繕成，由兩浙鹽政官運至杭，邊裝潢邊庋閣，三年後大體完成。

在文津、文源、文淵、文溯等閣次第落成之後，因全書未成，乾隆令模仿四庫書函的樣式裝潢《古今圖書集成》，並先貯藏於四閣。書成之後於文淵閣、文溯閣、文源閣、文津閣先後貯藏，但貯藏次序與閣成次序並不一致。乾隆四十六年（1781）年底第一份全書告成，次年春天於文淵閣貯藏，為便於查檢翻閱，還另外繪製了《四庫全書排架圖》一並置於其中。現全書藏臺北故宮博物院，閣書分離。乾隆四十八年（1783）春，第二份書連同《古今圖書集成》貯藏於文溯閣。沿途由直隸總督派地方官雇傭民夫挑運至山海關，後交與盛京將軍及奉天府尹沿途接運，並由陸費墀專程赴文溯閣陳設書籍。據《盛京通志》卷二十載，由於路途遙遠且書籍裝潢考究，途中雇傭民夫沿途運送並由各地方官按站接運。庋置完畢後《四庫全書》牙籤錦麗，插架雲連。1966年全書遷至甘肅省圖書館，至今仍存甘肅，閣書分離。第三份全書貯圓明園內文源閣，於四十九年（1784）春裝潢陳設完畢。全書已毀，無法考證。第四份全書於乾隆五十年(1785)春裝潢完畢，依據文溯閣全書的送藏辦法，由陸費墀負責貯藏承德避暑山莊文津閣內。全書現藏中國國家圖書館，閣書分離。乾隆四十三年(1778)五月，第一份《薈要》告成後貯藏於摛藻堂，次年年底第二份《薈要》告成後依據摛藻堂陳列樣式貯藏於味腴書屋。

民國初年，清室借住北平禁宮，負責清宮內務府事務的紹世耆曾於民國六年(1917)點檢文淵閣《四庫全書》，並將清查結果寫成《四庫全書架槅函卷考》四卷，依經、史、子、集分裝成四冊，各冊封面分色及朱絲欄印紙，係一遵全書原式，字體也甚爲講究。[叁叁叁]

文瀾閣的管理制度十分嚴格，有鑰匙兩副，一掌於鹽政衙門，一掌於文瀾閣管理部門，平時出入有一定的規定，防火措施亦十分嚴密。庫書萬一有失去數卷或無御璽者，需即報鹽政衙門並註明於冊，加蓋鹽政衙門印章，以便清查。根據乾隆歷次上諭，文瀾閣實行對外開放。在辦妥一切手續後，允許士子入閣讀書抄錄或借閱歸家研讀，不僅對浙江十一府士子如此，外省人欲讀庫書亦同樣對待。

文瀾閣《四庫全書》面向社會開放之舉對後世學者的涵養以及文化的交流與傳播起到了非凡的作用。因戰亂導致庫書傾圮，具體的檔案材料無

注

叁叁貳：中國第一歷史檔案館編：《纂修四庫全書檔案》，第1767頁，乾隆四十九年二月初一日質郡王永瑢等奏摺。

叁叁叁：參考吴哲夫：《四庫全書的配件》，第70—71頁。

存，無法窺知當日傳抄的盛況，但僅就當時的文人士子的筆記等也可窺見一斑。如江蘇金山錢熙祚、南匯張文虎等記載，庫書既可在館閱讀、又可外借，甚至可逾月歸還。為使常年經費及日常開支得以充分保障，『南三閣』管理層面的工作由浙江鹽政部門負責。

然而管理制度的執行並不理想，有兩個例子可窺一斑，乾隆因官員辦事效率不高而下令將管理書閣的事務交提舉閣事一人專為管理，其領閣、直閣、校理、檢閲等官，俱作為兼充虛銜，而不辦理庫書事務。而關於每年的十天的曝書，乾隆認為『各書裝貯匣頁用木，並非紙背之物，本可無虞蠹蛀。且卷帙浩繁，非一時所能翻閲，而多人抽看曝曬，易至損污，入匣時復未能詳整安貯，其弊更甚於蠹蛀』，又取消了曝書的成例。[叁叁肆]究其原因，我認為皇家的藏書畢竟仍屬於皇帝的私有財產，並不是現代意義的公共財產，管理制度也任憑乾隆個人意願進行隨意更改，管理的官員首要任務仍然是保管書籍，所以看似合理、嚴密的制度卻缺乏有效的監督機制。

庫書的存亡只在旦夕之間，清咸豐年間（1851—1861）太平軍入江浙，江蘇文宗閣、文匯閣閣書俱毀，咸豐十一年（1861）杭州文瀾閣和庫書遭到了同樣的命運，閣圮而書毀。先是經過丁氏兄弟等浙江士人的搶救，庫書保存了四分之一，其後丁氏兄弟於光緒七年（1881）主持重建了文瀾閣。又經丁丙及民國早期的錢恂、張宗祥主持的三次補鈔，文瀾閣所貯《四庫全書》才得以復全。清嘉、道以後浙江人文之盛，文瀾閣《四庫全書》起了重要作用。今日文瀾閣《四庫全書》集原本及丁、錢、張之三抄，實為一『百衲本』。唯其如此，價值更高，概因丁抄係丁丙多借彼時藏書名樓及盡出八千卷樓家藏而補鈔，中多善本、珍本；錢抄、張抄除借文津閣本外，又就浙江圖書館的善本補鈔，亦頗具特色。若與文淵、文津、文溯諸閣本相較長短，學界有人以為文瀾閣本實勝於其他諸閣之本。張宗祥先生當年主持『癸亥補鈔』，得寓滬及全省各地文化界、藏書界、企業界人士鼎力相助，終成其功。歷數自清以來浙江巡撫譚鍾麟及民國以來浙省地方官員

對文瀾閣之重建、庫書之補鈔亦盡全力支持，此亦勝跡得以重現，文獻得以保存。[叁叁伍]（圖一三九～一四四）

文瀾閣《四庫全書》能在戰亂的浩劫中得以存續，丁氏兄弟厥功至偉。丁申（1829—1887），字竹舟，錢塘人，與其弟丁丙同為杭州八千卷樓樓主，著有《武林藏書錄》等。丁丙（1832—1899），字松生，號松存，別署書庫抱殘生、錢塘流民等，著有《武林金石志》《禮記集解》《松夢寮詩》等。丁丙於開辦事業救民的同時，致力於地方文獻、文物的保護。曾與胡雪岩同創錢江義渡，其建立的世經繅絲廠、大綸製絲廠皆為浙江最早的民族資本企業。然其淡於名利，朝廷因其護佑《四庫全書》有功特獎以知縣官銜，不受。

注

叁叁肆：中國第一歷史檔案館編：《纂修四庫全書檔案》，第2142頁，乾隆五十三年十月二十三日上諭。

叁叁伍：顧志興：《文瀾閣四庫全書史》，第3—5頁。

圖一三九：文瀾閣藏書樓，攝於20世紀90年代。叁叁陸

圖一四零：錢恂像（主持乙卯補鈔）叁叁柒

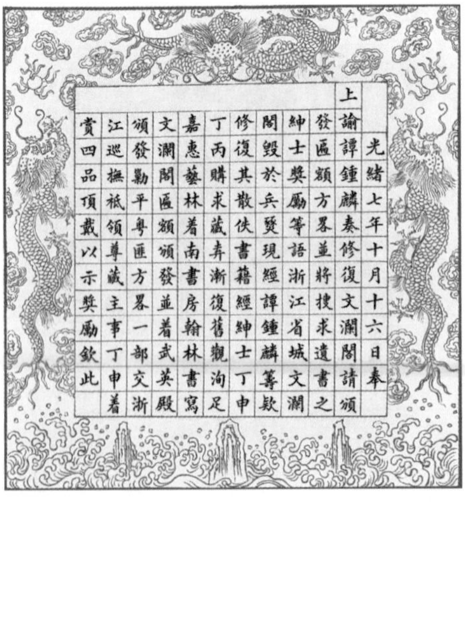

光緒七年十月十六日奉
上諭譚鍾麟奏修復文瀾閣請頒
發匾額方畧並將搜求遺書之
紳士獎勵等語浙江省城文瀾
閣毀於兵燹現經譚鍾麟籌款
修復其散佚書籍經紳士丁申
丁丙購求藏弆漸復舊觀洵足
嘉惠藝林着南書房翰林書寫
文瀾閣匾額頒發並着武英殿
頒發勦平粵匪方畧一部交浙
江巡撫祗領尊藏主事丁申着
賞四品頂戴以示獎勵欽此

圖一四一：［清］佚名：《文瀾補書圖》卷首謄錄清光緒七年（1881）十月十六日諭旨叁叁捌

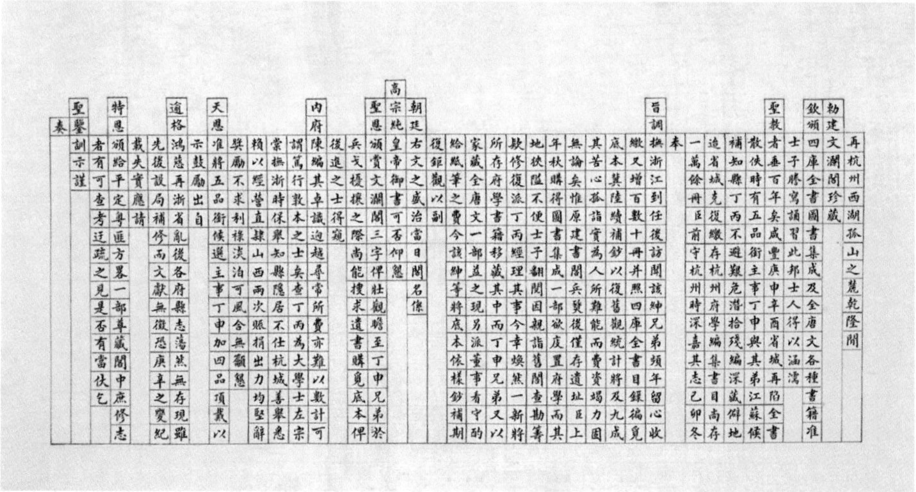

再杭州西湖孤山之麓乾隆間
勅建文瀾閣珍藏
欽頒四庫全書圖書集成及全唐文各種書籍准
士子謄寫誦習此邦士人得以涵濡
聖教者垂百年矣咸豐庚申辛酉省城再陷全書
散佚時有五品銜主事丁申與其弟江蘇候
補知縣丁丙不避艱危潛拾殘編深藏僻地
迨省城克復繳存杭州府學編集書目尚存
一萬餘冊臣前守杭州時深嘉其志乙卯冬
奉
旨調撫浙江到任後訪聞該紳兄弟頻年留心收
繳又增百數十冊并照四庫全書目錄徧覓
底本冀陸續補鈔以復舊觀統計將及九成
其苦心孤詣實爲人所難能而費資竭力固
無論矣惟原建書閣兵燹後僅存遺址臣上
年秋購得圖書集成一部欲庋置府學而其
地狹隘不便士子翻閱因親詣舊閣查勘籌
款修復派丁丙經理其事今幸煥然一新將
所存府學書籍移藏其中而丁申兄弟又以
家藏全唐文一部益之現另派董事看守酌
給紙筆之費今該紳等將底本依樣鈔補期
復鉅觀以副
朝廷右文之盛治當日閣名係
高宗純皇帝御書可否仰懇
聖恩頒賞文瀾閣三字俾壯觀瞻至丁申兄弟於
兵戈擾攘之際尚能搜求遺書購覓底本俾
後進之士得窺
內府陳編其卓識迥越尋常所費亦難以數計可
謂篤行敦本之士矣查丁丙爲大學士左宗
棠撫浙時保舉知縣隱居不仕杭城善舉悉
賴以經營直隸山西兩次賑捐出力均堅辭
獎勵不求利祿淡泊可風合無籲懇
天恩准將五品銜候選主事丁申加四品頂戴以
示鼓勵出自
逾格鴻慈再浙省亂後各府縣志蕩然無存現雖
先後設局補修而文獻無徵恐庚辛之變紀
載失實應請
特恩頒給平定粵匪方畧一部尊藏閣中庶修志
者有可查考迂疏之見是否有當伏乞
聖鑒訓示謹
奏

圖一四二：［清］佚名：《文瀾補書圖》卷首所附清光緒七年（1881）浙江巡撫譚鍾麟奏文。叁叁玖

注

叁叁陸：圖一三九：文瀾閣藏書樓，梅叢笑：《文瀾遺澤——文瀾閣與〈四庫全書〉陳列》，第149頁。

叁叁柒：圖一四零：錢怡像（主持乙卯補鈔），陳東輝主編：《文瀾閣四庫全書提要彙編》，第11頁。

叁叁捌：圖一四一：［清］佚名：《文瀾補書圖》卷首謄錄清光緒七年（1881）十月十六日諭旨，陳東輝主編：《文瀾閣四庫全書提要彙編》，第10頁。

叁叁玖：圖一四二：［清］佚名：《文瀾補書圖》卷首所附清光緒七年（1881）浙江巡撫譚鍾麟奏文。陳東輝主編：《文瀾閣四庫全書提要彙編》，第10頁。

圖一四三：［清］楊晉藩：《書庫抱殘圖》卷，紙本設色，34cm×153.5cm，杭州博物館藏。叁肆零

圖一四四：［清］陳錦仁：《文瀾補闕圖》叁肆壹

據俞樾《丁君松生家傳》載，咸豐十年（1860）春太平軍攻入杭州，丁氏兄弟集合城中千餘錫箔工匠奮力抵抗而使城中黎民百姓得以喘息。丁氏兄弟家學深厚，其先世丁顗藏書八千卷、先祖丁國典創八千卷樓，藏書甚富。因此，在家學的薰陶之下，丁丙喜整理鄉邦文獻，刊刻有《武林往哲遺著》《武林掌故叢編》等，為清末著名藏書家和出版家，與其兄丁申畢生從事藏書事業，其八千卷樓位列清末四大藏書樓。時太平軍破城之時，丁氏兄弟易服走免，避地西溪，振恤流亡。（圖一四五～一四七）

舊時市肆賣物常以字紙包裹，丁申購物時偶爾發現包物紙『皆四庫書

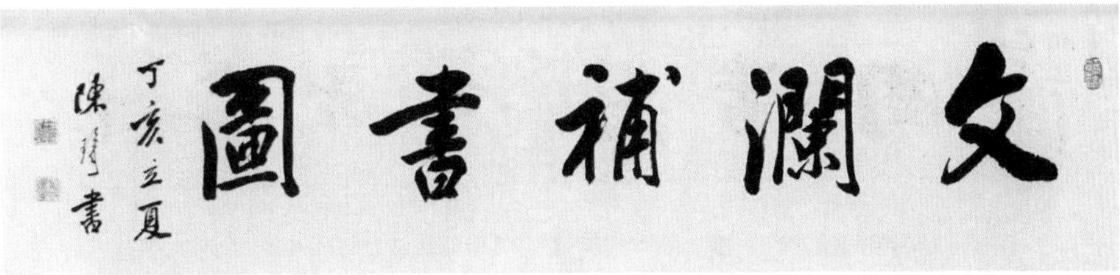

圖一四五：［清］陳璚：《文瀾補書圖》卷引首題字，紙本墨筆，29cm×98.3cm，光緒十三年（1887）書，杭州博物館藏。叁肆貳

圖一四六：［近代］樊熙：《文瀾補書圖》卷，紙本設色，杭州博物館藏。叁肆叁

注

叁肆零：圖一四三：［清］楊晉藩：《書庫抱殘圖》卷，梅叢笑：《文瀾遺澤——文瀾閣與〈四庫全書〉陳列》，第91–92頁。

叁肆壹：圖一四四：《文瀾補闕圖》，顧志興：《文瀾閣四庫全書史》，第228頁。

叁肆貳：圖一四五：［清］陳璚：《文瀾補書圖》卷引首題字，陳東輝主編：《文瀾閣四庫全書提要彙編》，第9頁。

叁肆叁：圖一四六：［近代］樊熙：《文瀾補書圖》卷，陳東輝主編：《文瀾閣四庫全書提要彙編》，第9頁。

圖一四七：［清］沈鍇：《松存老人著書圖》卷，紙本設色，杭州博物館藏。[叁肆肆]

也。驚曰：「文瀾庫書得無零落在此乎？」隨地檢拾，得數十大冊。君之搜輯文瀾閣遺書實始此矣」。丁氏兄弟見此情狀，決心冒險搶救文瀾閣《四庫全書》。[叁肆伍]因杭州人即使是不識字的普通百姓也有『敬惜字紙』的習俗，即帶有文字的紙張不輕易丟棄，會在日常生活中繼續使用，於是就出現了市井之民用流散出來的《四庫全書》書頁包裹油條的情形，民風如此純樸是文化之幸事，也是文瀾閣庫書得以能重新被掇拾殘編的民間基礎。於是畢生藏書的丁氏兄弟冒著性命之虞，投袂而起，夜潛文瀾閣，掇拾四庫殘卷，肩挑背負，運藏善地。其後丁丙得知焦山藏書尚空四櫥，遂募書以充收藏，『檢嘉惠堂所藏、所刊、所寫諸書，又從朋好分別乞家集凡四百五十一部，計二千六百卷，綜一千冊，繕目弆置其中』。[叁肆陸]光緒十四年（1888），丁丙在主持補鈔文瀾閣《四庫全書》後，檢點出家藏四庫著錄之書，築嘉惠堂以貯之。……四庫著錄之書，則藏之八千卷樓，以經、史、子、集分，按《四庫簡目》排列，合計有3500部，《古今圖書集成》《欽定全唐文》同藏於此。後八千卷樓主要藏四庫未採錄之書，以甲、乙、丙、丁標目，共得8000多種，內含制藝、釋藏、道書，以至傳奇、小說悉附藏之。……丁丙除藏書外，還致力於刊刻杭州鄉邦文獻，所刊書甚多，堪稱清末浙江刊書巨擘。叁肆柒（圖一四八）

丁申、丁丙兄弟於同治元年（1862）二月間開始搶救文瀾閣《四庫全書》，然後將書護送至上海保管。據慕騫《丁松生大事年表》所記：丁丙於同治元年（1862）『正月廿十一日渡江至留下鎮，與兄竹舟同收集四庫書殘本，暫妥乃父殯宮。三月由紹至甬，五月渡滬，七月往泰州省外舅疾，八月自如皋返滬編集書目』。在如皋至泰州途中於冷攤上亦曾購得零星庫

图一四八：［近代］樊熙：《松存老人著書第二圖》卷，紙本設色，杭州博物館藏。叁肆捌

注

叁肆肆：圖一四七：［清］沈鎔：《松存老人著書圖》卷，梅叢笑：《文瀾遺澤——文瀾閣與〈四庫全書〉陳列》，第83頁。

叁肆伍：顧志興：《文瀾閣四庫全書史》，第141—142頁。

叁肆陸：李希泌、張椒華：《中國古代藏書與近代圖書館史料（春秋至五四前後）》，北京：中華書局1982年版，第84頁。

叁肆柒：顧志興：《文瀾閣四庫全書史》，第136—137頁。

叁肆捌：图一四八：［近代］樊熙：《松存老人著書第二圖》卷，梅叢笑：《文瀾遺澤——文瀾閣與〈四庫全書〉陳列》，第85-86頁。

書。同表又記『同治二年（1863）正月移家滬上』，所以護送《四庫全書》殘編當在這兩次上海之行中，由於所記簡略，無可考知。關於丁氏兄弟護庫書殘編至上海的經過，王同《文瀾閣補書記》中所記最為具體：『事必豫定於幾先，而後盡力為之，十可得其八九，若吾杭丁氏之於文瀾閣補書是也。杭郡當辛酉再陷，出圍城中者，救死扶傷之不暇，而竹舟主政、松生徵君賙恤其親故，更能不避艱險，每夕往返數十里，摭拾文瀾閣殘編運至西溪，亟思所以寶守之，若逆料赭逆之滅在旦夕者，是非其識定歟？及由西溪至歇浦，道出烏戍，經逆黨踞要隘盤詰，見朱璽累累，知為官家物，虎視蜂擁，舉白刃相向。同舟者咸心悸目瞪，而二君獨從容剖辯，卒能保其所深藏者，出虎穴而達滬瀆。又若逆知天未喪斯文而威武不屈、聲色不動者，則其神定也。』叁肆玖光緒十四年（1888）丁丙補鈔完文瀾閣《四庫全書》，於二十年（1894）前後貯藏於文瀾閣供士子閱覽。重建的文瀾閣新增了供閱讀和休息的太乙分青室，在堅持對外開放的步伐上又邁進一步。至民國四年（1915）錢恂『乙卯補鈔』，國家從帝制走向共和，文瀾閣及其《四庫全書》由私化公，成為文化遺產的重要組成。民國元年（1912）時任浙江圖書館館長的錢恂將庫書遷入浙江圖書館孤山館舍，大大改善了《四庫全書》的貯藏條件，文瀾閣遂庫書分離。錢恂（1853—1927），初名學嘉，號

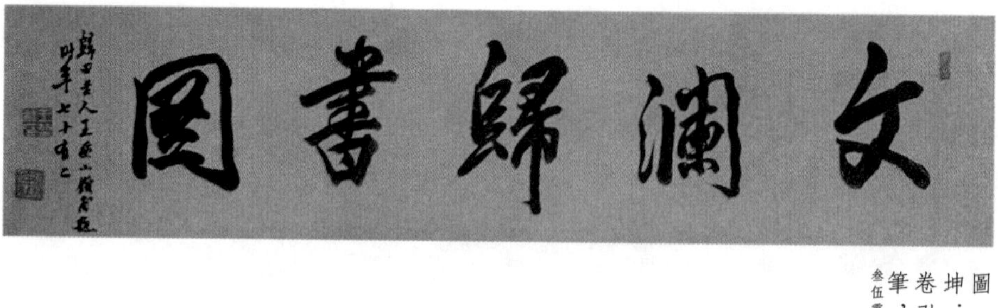

圖一四九：［清］王坤：《文瀾歸書圖》卷引首題字，紙本墨筆，杭州博物館藏。叁伍零

圖一五零：[清]張溥東：《文瀾歸書圖》卷，杭州博物館藏。叁伍壹

念劬，浙江歸安（今湖州）人，出身於書香世家。其間編寫了《壬子文瀾閣所存書目》，離浙後赴京前籌集公款4000元用於補鈔庫書費用，又私募千餘元以補鈔書費之不足。同時商借文津閣本《四庫全書》作為補鈔的底本。於北京設立補鈔文瀾閣四庫全書館，並董其事，另聘請浙江單丕、陳瀚為杭州補鈔文瀾庫書的分館校理，自民國四年（1915）至民國十二年（1923），歷時8年的『乙卯補鈔』除錢恂私募的款項外還耗銀6200餘兩，共抄成待訪書13種、待訪卷20種，回購舊鈔本182種286卷。其中《補繪離騷全圖》和《西清硯譜》皆以圖畫為主，錢恂特邀請畫家包公超住其家進行圖繪，繪畫精妙絕倫，遠超原圖。叁伍貳（圖

注

叁肆玖：顧志興：《文瀾閣四庫全書史》，第143—144頁。

叁伍零：圖一四九：[清]王坤：《文瀾歸書圖》卷引首題字，陳東輝主編：《文瀾閣四庫全書提要彙編》，第9頁。

叁伍壹：圖一五零：[清]張溥東：《文瀾歸書圖》卷，陳東輝主編：《文瀾閣四庫全書提要彙編》，第9頁。

一五一～一五四）

文瀾閣《四庫全書》的補鈔猶如文化搶救的接力賽，賴以丁丙、丁申、錢恂、張宗祥的接力使得文瀾閣庫書得以復全，有的文獻因選擇了沒有經過刪削的底本而超過了原庫書的版本價值。張宗祥（1882—1965），原名思曾，字閬聲，號冷僧，別署鐵如意館主，杭州府海寧州（今浙江海寧）硤石鎮人，光緒二十八年（1902）舉人，因仰慕文天祥的氣節而改名宗祥。曾任浙江軍政府教育司課長、教育部視學、京師圖書館主任、浙江省教育廳廳長、重慶交通部部長、文瀾閣《四庫全書》保管委員會委員、浙江圖書館館長、西泠印社社長等職。其能書擅書、尤喜抄校古書，曾抄寫古籍

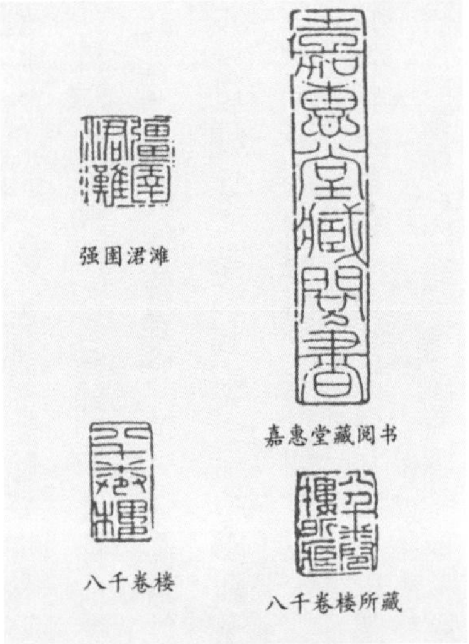

圖一五一：丁丙藏書印 叁伍叁

9000餘卷，校勘古籍300餘種，對於文瀾閣《四庫全書》的補鈔和保藏作出了突出的貢獻。為補鈔文瀾閣四庫，張宗祥在募捐章程上做了詳細的策劃與籌備，其主要的募捐對象為浙江軍、政、實業界、藏書界、文化界熱愛浙江文化，對保護文瀾閣《四庫全書》

圖一五二：清後期西湖行宮舊址，原載《西湖風景畫》 叁伍肆

圖一五三：民國時期西湖行宮舊址，原載《西湖舊蹤》[叁伍伍]

圖一五四：［清］吴濤：《書庫抱殘圖》卷[叁伍陸]

注

叁伍貳：參見顧志興：《文瀾閣四庫全書史》，第207—215頁。

叁伍叁：圖一五一：丁丙藏書印，顧志興：《文瀾閣四庫全書史》，第131頁。

叁伍肆：圖一五二：清後期西湖行宮舊址，原載《西湖風景畫》，梅叢笑主編：《文瀾遺澤——文瀾閣與〈四庫全書〉陳列》，第113頁。

叁伍伍：圖一五三：民國時期西湖行宮舊址，原載《西湖舊蹤》，梅叢笑主編：《文瀾遺澤——文瀾閣與〈四庫全書〉陳列》，第113頁。

叁伍陸：圖一五四：［清］吴濤：《書庫抱殘圖》卷，陳東輝主編：《文瀾閣四庫全書提要彙編》，第8頁。

具有共識之人，在其號召之下共募得款項一萬六千元有餘。[叁伍柒]

張宗祥在具體細節的籌劃上更是煞費苦心：一是去京後聯繫抄書用紙的印刷問題，必須紅格且經水不褪色；二是到北京後覓寫抄人員，字體須工整秀麗，抄書工資視情況酌定，不可過高亦不能過於苛刻，後來又規定遇有金石文字等難抄的，抄費可酌加；三是必須校對兩道，而且要在冊後蓋章以示負責；四是裝訂須選擇可靠店鋪加工。[叁伍玖]民國十二年（1923）至民國十三年（1924）的『癸亥補鈔』抄書四千四百九十七卷，二千四十六冊。次年又重校丁抄213種五千六百六十卷，二千二百五十一冊，其經費全由浙籍人士募集。至此文瀾閣庫書的補鈔大功告成。

图一五五：張宗祥像（主持癸亥補鈔）[叁伍捌]

關於『癸亥補鈔』就北京文津閣庫書補鈔情況，工竣後堵申甫[叁陸零]（1884 - 1961），回杭之後作了書面報告，頗簡明，茲錄以存文瀾史實：『福誂承前教育廳長（按，張宗祥其時已卸職教育廳長，任甌海道尹）委派監理補鈔文瀾閣四庫闕漏各書，於十三年（1788）一月十四日啟行，十六日到京。即與教育部及京師圖書館諸人會商，並蒙部派二等部員赫春林照料，又京師圖書館主任徐鴻寶等熱心贊助，如商借辦事地點，選錄寫生等事，煞費經營，始克就緒。至二月四日，即行著手抄寫，寫生達二百十八人，校理二十人，繪圖、滿文、篆隸十五人。中間水災兵燹，接續相遭，人心惶懼，幸諸員毅然進行，始終勿懈，至十二月十六日將闕部、闕卷、闕始頁，終次第告成，應行繪圖及應書篆隸、滿文、曲直界線等手續，隨抄隨辦，更不延誤。其有圖樣複雜者，則以石印法為之注解，仍用人工抄寫以符體制，如《金石經眼錄》《新演算法》（按，應為明徐光啟等與西洋龍華民等同撰之《新法算書》）是，然極少數。其餘多數圖畫如《熬波圖》等皆另行聘人精繪，共抄書二百十一種，凡四千三百零八卷，陸續郵寄到杭。福詵以京津戰禍繞道回杭。十四年一月至四月，續辦裝訂，計裝一千九百九十三冊。尚有餘款。於五月間復由浙紳周慶雲、沈銘昌、張元濟、吴士鑒、吴憲奎函請教育廳，計以丁抄文瀾閣書籍舛誤極多，擬擇其尤者，重為校訂，並由廳中加派委員沈光烈協同照料，延請校理十人，寫生四人，搜集別本及善本詳加校對，並擇要重抄，凡校竣者二百十三種、五千六百六十卷、二千二百五十一冊，重鈔五百七十七頁。福詵將新舊書籍分類整理，與四庫書目較，尚闕六種，於是年十月，復赴北京向文津閣補鈔，凡一百八十九卷，裝五十三冊，合前後計之共抄二百十七種，凡四千四百九十七卷，計二千四十六冊。以上抄校兩（次），共計四百三十種、一萬一百五十七卷、四千二百九十七冊。於是全書告成，已在十五年四月月終矣。惟查文瀾與文津之書，卷數不同，而內容亦稍有歧異，故有《待訪書目》中當抄補而文津所藏往往原闕，以致無從鈔補，與文津較亦可謂完善無闕矣。除呈明教育廳，轉報省長、教育部備案外，理合將成績報告如右。

與此同時在杭州由浙江圖書館館長章

注

叁伍柒：參見顧志興：《文瀾閣四庫全書史》，第216—218頁。

叁伍捌：图一五五：張宗祥像（主持癸亥補鈔），陳東輝主編：《文瀾閣四庫全書提要彙編》，第11頁。

叁伍玖：張宗祥：《補鈔文瀾閣〈四庫全書〉史實》，浙江省政協文史委員會編：《浙江文史集粹》，浙江人民出版社，1996年版，第238頁。

叁陸零：堵申甫，名福詵，字申甫。

箴主持，就館藏善本又補鈔12種，亦應列入『癸亥補鈔』」。[叁陸壹]

至民國十五年（1926）歷時65年，文瀾閣《四庫全書》經過丁氏兄弟的搶救與補鈔，譚鍾麟、錢恂、張宗祥的接力，終成全璧。然十一年後抗日戰爭爆發，庫書踏上了漫漫西遷之路，其間幸得浙江圖書館館長陳訓慈及諸同仁護佑，庫書才得以保全。陳訓慈（1901—1991），字叔諒，浙江慈溪官橋村（今屬餘姚）人，歷任上海商務印書館編譯所編譯、中央大學史學係講師、浙江大學史地係教授及浙江圖書館館長，在組織轉移文瀾閣庫書上作出了突出貢獻。

在兵荒馬亂之際為能保全文瀾閣庫書，幾代學者付出了常人無法想像

圖一五六：文瀾閣《四庫全書》戰時西遷圖[叁陸貳]

圖一五七：陳訓慈像（主持抗戰時期文瀾閣《四庫全書》西遷）[叁陸叁]

圖一五八：貴陽地母山洞藏書處 叁陸肆

的艱辛與努力，不僅不遺餘力補鈔全書，甚至冒著生命危險保護庫書輾轉避難，將為人、為學和家國命運緊密關聯起來，不僅體現了中華民族綿延不絕的人文精神和道德操守，同時文明的延續也滋養了中國人的內在精神。作為研究四庫的後世學者，有責任和情懷將這種精神繼續傳遞下去。

（三）閱覽管理

關於庫書管理方面，清乾隆四十七年（1782）七月初八曾下諭旨，因思江浙為人文淵藪之地，士子涵濡教澤，允許其間力學好古之人、願讀中秘書者可以登閣閱覽，以期文化可以廣布流傳，以光文治。揚州大觀堂的文滙閣、鎮江金山寺的文宗閣、杭

注

叁陸壹：顧志興：《文瀾閣四庫全書史》，第227—229頁。

叁陸貳：圖一五六：文瀾閣《四庫全書》戰時西遷圖，梅叢笑主編：《文瀾遺澤——文瀾閣與〈四庫全書〉陳列》，第138頁。

叁陸叁：圖一五七：陳訓慈像（主持抗戰時期文瀾閣《四庫全書》西遷），陳東輝主編：《文瀾閣四庫全書提要彙編》，第11頁。

叁陸肆：圖一五八：貴陽地母山洞藏書處，梅叢笑主編：《文瀾遺澤——文瀾閣與〈四庫全書〉陳列》，第139頁。

叁陸伍：參見中國第一歷史檔案館編：《纂修四庫全書檔案》，第1692頁，乾隆四十七年十二月初九日富勒渾奏摺。

叁陸陸：中國第一歷史檔案館編：《纂修四庫全書檔案》，第523—528頁，乾隆四十一年六月二十六日大學士舒赫德等人奏摺。

叁陸柒：中國第一歷史檔案館編：《纂修四庫全書檔案》，第518頁，乾隆四十一年六月初三日舒赫德奏摺。

州聖因寺的文瀾閣，可以令江浙士子就近觀摩謄錄。同日乾隆又下諭旨給和珅與福隆安，令閩浙總督兼浙江巡撫陳輝祖、兩淮鹽政伊齡阿、浙江布政使署理杭州織造盛住落實三閣藏書及閱覽等事宜。將杭州聖因寺玉蘭堂交陳輝祖、盛住負責改建成文瀾閣備用。[叁陸伍]

自乾隆五十五年至六十年（1790—1795），《四庫全書》陸續頒齊貯閣。為管理全書專門辟出值班場所[叁陸陸]，為防止書籍潮濕、蟲蛀仿照宋代秘書省制定每年仲夏曝書的制度，於每年九月曝書十天。對於全書的公開閱覽及利用，僅限於『南三閣』藏書和翰林院的底本。乾隆於四十一年（1772）六月初一上諭：『翰林原許讀中秘書，即大臣官員中，有嗜古勤學者，並許告之所司，赴閣觀覽。第不得攜取出外，致有損失』。[叁陸柒]乾隆四十九年又頒諭旨重申：『第恐地方大吏過於珍護，讀書嗜古之士，無由得窺美富，廣布流傳，是千緗萬帙，徒為插架之供，……將來全書繕竣，分貯三閣後，如有願讀中秘書者，許其陸續領出，廣為傳寫。全書本有總目，易於檢查，祇須派委妥員董司其事，設立收發檔案，登註明晰，並曉諭借鈔士子加意珍惜，毋致遺失污損，俾藝林多士均得殫見洽聞，以副朕樂育人才、稽古右文之至意』[叁陸捌]。『如遇疑誤，須對正本者，令其識明某書某卷某葉，匯書一單，告之領閣事，酌派校理一員，同詣閣中請書檢對』[叁陸玖]。『但地方有司恐士子等繙閱污損，或至過為珍秘，阻其爭先快覩之忱，則所頒三分全書，亦僅束之高閣，轉非朕搜輯羣書、津逮嚳髦之意。……著該督撫等諄飭所屬，俟貯閣全書排架齊集後，諭令該省士子，有願讀中秘書者，許其呈明到閣抄閱，但不得任其私自攜歸，以致稍有遺失。』[叁柒零]從中可見乾隆反復宣導『南三閣』要向公眾開放，並制定了具體的管理細則。

（四）資金管理

關於續抄《四庫全書》並在揚州、鎮江、杭州建閣貯藏，乾隆深知『北四閣』均在宮禁之內，平民及士子並無緣閱覽，於是建議江浙商人捐『南三閣』的舊屋改建和書格置辦等費用。

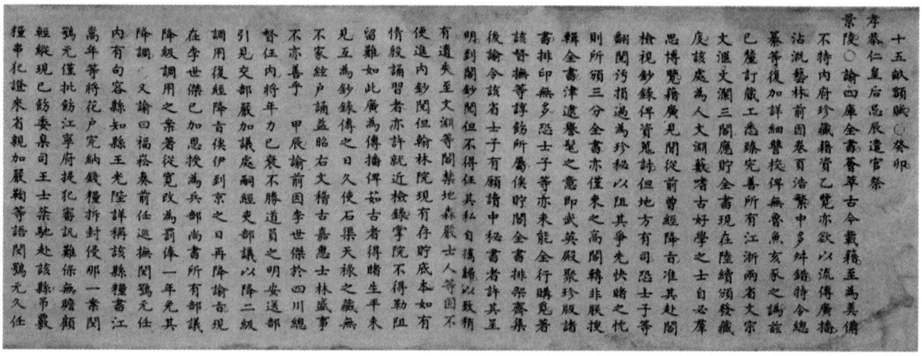
十五畝額賦○癸卯
孝慈仁皇后忌辰遣官祭
景陵○諭四庫全書薈萃古今載籍至為美備
不特內府珍藏藉資乙覽亦欲以流傳廣播
沾溉藝林前因卷頁浩繁中多舛錯特令總
纂等復加詳細讐校俾無魯魚亥豕之譌茲
已釐訂藏工悉臻完善所有江浙兩省文宗
文匯文瀾三閣應貯全書現在陸續頒發藏
庋該處為人文淵藪嗜古好學之士自必羣
思博覽藉廣見聞從前曾經降旨准其赴閣
檢視鈔錄俾資蒐討但地方有司恐士子等
翻閱汙損過為珍秘以阻其爭先快睹之忱
則所頒三分全書亦僅東之高閣轉非朕搜
輯全書津逮譽髦之意即武英殿聚珍版諸
書排印無多恐士子等亦未能全行購覓著
該督撫等諄飭所屬俟貯閣全書排架齊集
後諭令該省士子有願讀中秘書者許其呈
明到閣鈔閱但不得任其私自攜歸以致損
有遺失至文淵等閣禁地森嚴士人等固不
便進內鈔閱但翰林院現有存貯底本如有
情殷誦習者亦許就近檢錄掌院不得勒阻
留難如此廣為傳播俾茹古者得睹生平未
見互為鈔錄傳之日久使石渠天祿之藏無
不家絃戶誦益昭右文稽古嘉惠士林盛事
不亦善乎　甲辰諭前因李世傑於四川總
督任內將年力已衰不勝道員之明安送部
引見交部嚴加議處嗣經吏部議以降二級
調用復經降旨俟伊到京之日再降諭旨現
在李世傑已加恩授為兵部尚書所有部議
降級調用之案著從寬改為罰俸一年免其
降調　又諭回福崧奏前任巡撫閔鶚元任
內有句容縣知縣王光陞詳稱該縣糧書江
嵩年等將花戶完納錢糧折封侵那一案閔
鶚元僅批飭江寧府提犯審訊雖係無瞻顧
輕縱現已飭委臬司王士棻馳赴該縣吊[illegible]
糧串犯證來省親加嚴鞫等語閔鶚元久任

圖一五九：《乾隆五十五年上諭》局部[叁柒壹]

後來事實證明僅江南三閣《四庫全書》抄書費用即達白銀100萬兩，全由國庫開支，可見乾隆將《四庫》編纂作為國家文化工程來實施的。[叁柒貳] 乾隆四十七年（1708）陳輝祖經過實地勘探後呈報浙江總商何永和願意承擔此項費用：『商等世業浙鹺，身蒙恩遇，愧無絲毫報效，今恭逢聖主加惠兩浙人文，特頒曠典，實係商等分應承辦之事。且改建等項，需費無多，所有雇覓書手繕寫全書之費，商等亦理宜按數呈繳，何敢上費天心，動支帑項。』[叁柒叁]至於繕書費用，仍動用官帑開支。乾隆四十七年（1708）十二月初九日富勒渾在奏摺中寫道：『先經估需工料銀一千五百二兩零。』可以看出此費用仍由國庫開支[叁柒肆]

注

叁陸捌：中國第一歷史檔案館編：《纂修四庫全書檔案》，第1768頁，乾隆四十九年二月二十一日上諭。

叁陸玖：［清］王先謙輯：《東華續錄》（道光朝），清光緒十年長沙王氏刻本，乾隆八十三條，第43頁。

叁柒零：中國第一歷史檔案館編：《纂修四庫全書檔案》，第2189頁，乾隆五十五年五月二十三日上諭。

叁柒壹：圖一五九：《乾隆五十五年上諭》局部，梅叢笑主編：《文瀾遺澤——文瀾閣與〈四庫全書〉陳列》，第72–73頁。

叁柒貳：參見中國第一歷史檔案館編：《纂修四庫全書檔案》，第1589頁。

叁柒叁：中國第一歷史檔案館編：《纂修四庫全書檔案》，第1611頁，乾隆四十七年八月初十日陳輝祖奏摺。

叁柒肆：中國第一歷史檔案館編：《纂修四庫全書檔案》，第1692頁，乾隆四十七年十二月初九日富勒渾奏摺。

乾隆四十七年（1782）諭旨同意浙商贊助書籍裝潢費用，隨即按照四庫館所發書函式樣購料並進行裝潢，以使庫書及早可供學子閱覽與傳抄。然而其後因乾隆校出文津閣《四庫全書》中的訛誤，需對相應書籍重行校勘，凡有『違礙』之處旋即修改而下令暫停了裝潢事宜。並決定文淵、文源、文津三閣《四庫全書》所有應換寫的裝訂、挖改費用由紀昀、陸錫熊二人進行賠付。而對『北四閣』、『南三閣』總校官陸費墀責罰最重，令文瀾、文匯、文宗三閣庫書的面頁、裝訂、木匣、刻字等費用全由其承擔，並警告江浙鹽商等不得協助其承辦。

由於杭州所領回的部分《四庫全書》浙江商人已開始設局裝潢，浙江巡撫琅玕遂命商人們將已費工本核價折算，轉售於陸費墀；剩餘之物料及設局費用，令鹽道秉公估價，核實所用工本銀錢，令陸費墀交納道庫，歸還商人，以杜弊端。琅玕在認真落實乾隆諭旨後，於七月十二日奏摺上報乾隆。自此，陸費墀常往來於江浙兩地，料理『南三閣』《四庫全書》『賠辦事宜』，直至陸費墀於乾隆五十五年（1790）逝世之後，江浙兩地督撫才將書籍裝潢之事委派商人接辦，浙江商人自此始有效勞機會。[叁柒伍]

文瀾閣《四庫全書》排架貯藏後，由浙江鹽政衙門負責派員管理，並撥付費用，咸豐十一年（1861）閣圮以前，常年經費為白銀600餘兩，包括工作人員薪水、護書所用的冰麝樟腦藥料費及夏日曝書費用等。

（五）《四庫全書》及其藏書樓的影響

文瀾閣《四庫全書》的入藏及庫書的對外開放對杭州及江浙的文化普及和學術風氣倡導都起到了極大地推動作用，皇家藏書樓的對外開放不僅在中國歷史上前所未有，即使在世界圖書館歷史上也是開創之舉。

現代著名國學大師馬一浮先生曾於文瀾閣遍覽《四庫全書》並主持復性書院。馬浮，（1883—1967），字一浮，號湛翁、被褐，晚號蠲叟、蠲戲老人，浙江紹興長塘（今屬上虞）人，通曉英、法、德、日、西班牙語及拉丁文，是教育家、思想家、哲學家，新儒家代表人物之一，擅文章、詩詞、書法。提出『六藝該攝一切學問』，振聾發聵。有《擬刊書目》，純屬義理一門。後刊印多種行世。馬一浮既以宋學為宗，又復讀書萬卷，蓋能借詞章考據補義理之不足者也。博觀廣收，實事求是，民國間曾任浙江大學教授、四川樂山復性書院院長。自清光緒三十二年（1906）起，長期居杭州，潛心文獻研究，飽覽文瀾閣《四庫全書》。王謇《續補藏書紀事詩·馬浮》贊曰：『復性書院刊擬目，徹底澄清道學家。書讀孤山窮四庫，生也有涯知無涯。』詩下有注：『馬一浮，會稽人。』[叁柒陸]

中國古代的皇室藏書歷來僅供皇族和朝廷要員閱覽，而私人藏書又通常秘而不宣，導致了知識的傳播途經不暢。乾隆為了使其文治思想通過藏書樓的開放而獲得充分的傳播，特意建立『南三閣』，並配套相應的管理制度。這樣的制度給知識的傳播和思想的引導帶來一定的方便，客觀上對於古籍的流傳也起了積極的作用。可以說是中國歷史上第一次將皇家的藏書比較大規模地讓民間使用，具有了現代公共圖書館的雛形。

由此『南三閣』成為十八世紀世界公共圖書館史上規模最大、藏書量最多、圖書最精美的公共圖書館。所謂公共圖書館，它至少應具有以下三個特徵：一是它由政府出資主辦的（其中也有個人創辦捐建政府的）；二是所藏的圖書向全民開放，讀者的對象不分階層，沒有任何限制；三是非營

注

叁柒伍：顧志興：《文瀾閣四庫全書史》，第94—98頁。

叁柒陸：顧志興：《文瀾閣四庫全書史》，第124頁。

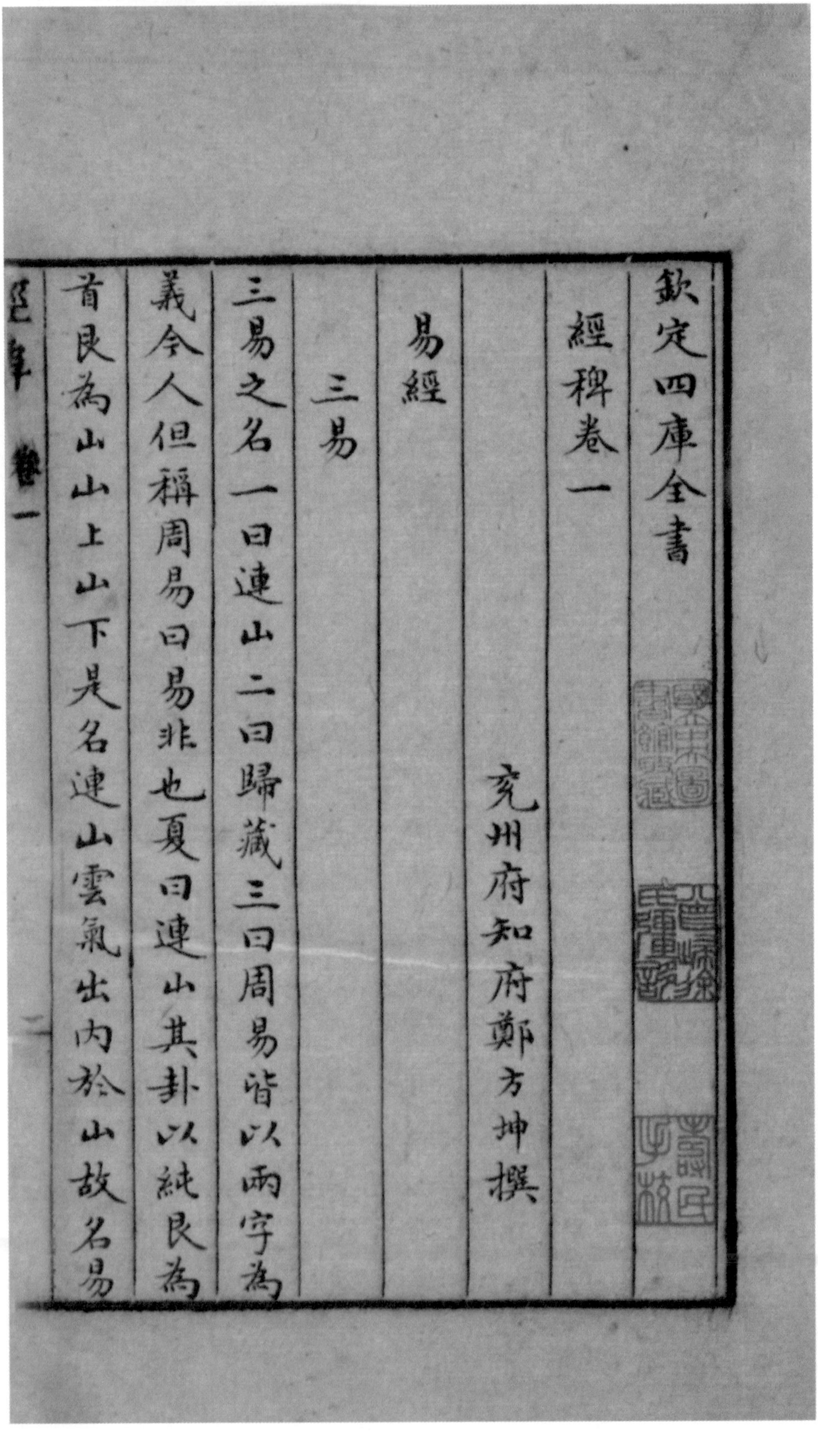
欽定四庫全書

經稗卷一

兗州府知府鄭方坤撰

易經

三易

三易之名一曰連山二曰歸藏三曰周易皆以兩字為義今人但稱周易曰易非也夏曰連山其卦以純艮為首艮為山山上山下是名連山雲氣出內於山故名易

經稗 卷一

圖一六零：〔清〕鄭方坤撰：《經稗》書影，傳鈔四庫全書本，『國家圖書館』藏。叁柒柒

圖一六一：浙江圖書館新館叁柒捌

注

叁柒柒：圖一六零：［清］鄧方坤撰：《經稗》書影，［清］俞小明主編：《四庫縹緗萬卷書——『國家圖書館』館藏與〈四庫全書〉相關善本敘錄》，第242頁。

叁柒捌：圖一六一：浙江圖書館新館，梅叢笑主編：《文瀾遺澤——文瀾閣與〈四庫全書〉陳列》，第141頁。

利性，創辦圖書館是為國家培養人才。『南三閣』完全符合這三個主要標準，其中的文宗、文滙兩閣由於不可抗拒的戰爭原因被毀，無法考證其圖書館功能的具體實施詳情。

江浙人文薈萃，宋室南渡後促進了南北文化交流，為《四庫全書》的編纂，全國獻書最多的四家浙江就占其三，而杭州於浙江中又占半壁江山，因此乾隆御賜《古今圖書集成》予以褒獎，杭州藏書事業進入鼎盛時期。文瀾遺澤，惠及後世，在潛移默化的影響下，尤其是文瀾閣庫書向公眾開放之後，各地的藏書樓也競相效仿，紛紛化私為公。其中嘉慶年間的餘姚五桂樓承諾海內願窺秘冊者皆可登樓閱覽，不僅可以恣意閱覽，而且提供膳宿。咸同年間溫州玉海樓《玉海樓藏書約》的閱覽管理條例中規定只要有讀書之材、讀書之志，而能遵守條約，皆可以登樓閱覽。清末全國四大藏書樓之一的湖州皕宋樓也向公眾開放。因此私人藏書家的公共善舉究其根源和文瀾閣具有的普世功能不無關聯。

受文瀾精神的指引，清光緒間兩浙創辦的杭州藏書樓就是近代意義上的公共圖書館。張亨嘉在《浙江藏書樓碑紀》中說得更為清楚明白：『光緒二十八年，余來視學浙中，俯仰文瀾閣遺跡，思有以敬承之。而杭之東城，故有書樓，蓋本講舍之遺址也。余以邵吉士章、胡部郎煥等言，躬往案視，見其地僻左，屋宇湫隘，且儲書未廣，無以饜閎閱者之心，因謀擴充其制，度地於城之中央。商之撫部聶公緝槻、行省翁公曾桂，借官錢奏請改進，增拓規模，廣置圖籍儀器，俾官紳士之願學者，均得恣其漁獵，以冀讀書者眾，而豪傑之士出於其眾，稍闡文瀾閣藏書之精意，非僅規撫西法已也。從來國家之興，務必明教育而開知識，乃能自衛其群，而愛國之心益固。……東西各國，強弱有時，大小不一，然學優則民智，學拙則民愚，智者日著富強之效，愚者立見危亡之憂，此其彰明較著者也。書樓之法，輔學堂以行，在各國最稱善政，豈知夫中國聖人已先百年為之者！人臣侈談西法，顧於本朝掌故昧焉弗詳，非所謂大恥也耶！抑文瀾閣之書，仰蒙聖人睿鑒，故收藏富而別擇精。』[叁柒玖]

光緒三十年（1904）三月建立的海寧圖書館成為中國歷史上第一個縣級公共圖書館。與此同時，浙西嘉湖兩府的嘉郡圖書館、湖州府的海島圖書館、寧紹地區典藏圖書的攬秀堂（寧波公共圖書館前身）也都紛紛效仿。光緒二十八年（1897）紹興藏書家徐樹蘭創辦古越藏書樓（紹興圖書館的前身），這是中國首例以個人之力創辦並向政府捐贈的公共圖書館，而民國元年（1912）浙江圖書館的建成更是開啟了浙江公共藏書史上的新篇章。

文瀾閣作為世界上第一個公共圖書館，其光輝足以垂範千古。

注

叁柒玖：顧志興：《文瀾閣四庫全書史》，第264—265頁。

第八章 結　論

華夏文明綿延不絕，至今仍然煥發著蓬勃生命力，這與中國記史和修書的文化傳統密切關聯。在王朝的興衰迭起中，文獻的留存鑲嵌在帝王的文治武功之中，因此，帝王敷治，文教是先，編纂典籍成為昭示盛世、繼承道統的文化象徵。

十八世紀的中國社會，經過康熙、雍正兩朝的積累，至乾隆時期，進入政治、經濟、文化高度繁榮時期，為編纂《四庫全書》提供了雄厚的基礎。在文化方面，乾隆朝強化文治，順應樸學之風，並制定了一系列優厚政策，為《四庫全書》的纂修打造了良好的社會氛圍、奠定了豐厚的學術積累、建立了廣闊的文化場域。同時，清代刻書業的繁榮發展以及清廷內府集校讎、刊刻、裝潢、藏書為一體的武英殿修書處的完備管理和長期積累的設計經驗是促成《四庫全書》相關設計的重要保障。而《武英殿聚珍版程式》的頒行使書籍設計分工明確，流程清晰，操作性極強，成為《武英殿聚珍版叢書》的設計規範。

《四庫全書》作為中國古代規模最大、卷帙最多的一部綜合性叢書，對乾隆朝以前中國歷代典籍文獻作了全面的整理，是中國古代思想文化遺產的重要組成部分。《四庫全書》作為乾隆朝最大的文化工程，為使其得到妥善的保存和發揮應有的作用，專門營建了七座藏書樓，即『七閣』用於書籍的庋藏。《四庫全書》的編、修、印、藏整體關聯的做法是獨特的中國文化景觀，有著深厚的文化淵源。《四庫全書》的設計不僅體現於書籍本身，還延伸到藏書樓和園林設計等環節，該工程設計管理過程中特殊的組織管理結構與模式使得各設計環節之間有機整合、密不可分、互為依存。其系列化的設計因背後設計理念的統一而呈現出完整的系統性，不僅承載了《四庫全書》浩瀚廣博的內容和博大精深的思想，同時也將中國古代社會的文化特徵、皇權意志予以最大程度的彰顯。整個系統的有效運行則構成特殊的設計生態，使得《四庫全書》這一浩大的文化工程得以順利實施，成為《四庫全書》纂修系統的重要組成部分。

其中『七閣』中文瀾閣不同時期的補鈔本生生不息、綿延不絕，值得書籍設計界和藏書界學習、珍惜和傳承。設計的範式並沒有因為朝代的更迭和歷史的演進而消亡，即使是在戰亂頻仍、四方離亂、資金缺乏的情況下，書籍設計依然保持了穩定的範式和基本的審美要求。這既是中國文人核心的信仰所在，是道德操守的不懈堅守，更是中國人對於中華傳統審美價值的高度認可和持續傳承使然。這在世界書籍設計史、藏書樓建造史上都具有非常特殊的意義，值得予以更多的關注和研究。

《四庫全書》設計系統的全方位、立體化研究成果將對當代大型文化出版工程的設計、實施、管理提供學術參考，为中華傳統文化的繼承與創新提供傳統的哲學思考和完善的整體價值觀，在全球視野、多元文化並立之下，為實現中華文化的復興提供內在精神的指引。

一、《四庫全書》書籍設計

綜合考量了《永樂大典》和《古今圖書集成》裝幀的優缺點後，《四庫全書》的裝幀方式揚長避短，選擇了介於蝴蝶裝和線裝之間的紙撚壓釘包背裝形式。這種裝幀方式集歷代裝幀之大成，其內部紙撚壓釘的方式保障了書籍的牢固，而外部採用軟質絹面進行包背則又將這種粗放的形態做了溫和的收斂，傳達出宮廷修書莊嚴、典雅的氣息。『南三閣』全書因政治地位和乾隆重視程度較低，僅將毛坯發往江南，自行裝潢入函，但設計還是基本不離規範。

《四庫全書》書籍封面設計的典型特點就是將經、史、子、集和《四庫全書總目》以『五色』青、赤、白、黑、黃進行分色設計。『五色』的選擇有著深遠的文化淵源和深厚的哲學內涵。陰陽五行學說中『五色』配『五方』、『五色』應『五味』、『四色』喻『四德』

的理論是《四庫全書》分色的哲學依據，在形象上予以甄別的同時更為其找到了思想道德層面上的依據和象徵。《四庫全書》封面版式設計在嚴格的禮制下高度統一，同時又不失變化。封面版式設計中簽條內的文字排列呈現出鮮明的等級差異，使書籍呈現出嚴謹肅穆的質感，而逐冊不同的字體設計又使整部書籍在嚴格的規制下呈現出靈動活潑、變化萬千、富有書卷氣的美學特徵。

《四庫全書》的書籍導向設計創新性地繼承了古代優秀傳統。寫本從右向左的翻閱設計、文字在行格內從上至下的縱向排列、從右至左的橫向展開，都源自於先秦竹木簡的書寫格式和審美心理。天頭、地腳與版面形成的虛實空間源白中國古代『天、地、人』的三才學說，不僅彰顯了中國古人敬天畏地、天人合一的哲學理念，還傳達出修身成聖、為天地立心的儒家思想。行格導向設計則傳承了歷史上經典的八行經注合刻本範式，傳承經典樣式的同時也與儒家的立命擔當做了關聯。其版心處的圖文導向設計傳達了基本的視覺導覽功能，而版面裝飾中的魚尾不僅具有折疊的實用功能，同時兼具了『以水剋火』的隱喻意義。《四庫全書》文字的大小體例和降格、升格的導向設計將書籍的體例導覽得異常清晰。通過縱向行格空間內的導引，視覺隨著文字升降而遊走，氣息暢達、行雲流水。行格內字體大小變化不一，界格的限定又將這種變化收斂在有限的空間尺度內，使得變化有節，張弛有度。版框內因文字數量多寡形成的灰度空間，其形狀和大小的差異使版面充滿了虛實變化和無窮張力，結合文字的大小及高低變化，在版框圍合空間之內形成了強烈的韻律感，這種有節制的變化使得流動的翻閱設計具有了跌宕起伏的藝術效果。

在紙張選擇方面，『北四閣』庫書內文用金線榜紙，『南三閣』用太史連紙，『南三閣』紙張不僅次於『北四閣』，而且其尺幅也較之略小，這一點也體現了南北庫書的等級差別。文瀾閣不同時期的補鈔本囿於經費問題紙張也比原本略差。在開本設計方面，《四庫全書》開本繼承前代的優秀設計成果，並結合實際翻閱功能做了改良。同時，各閣全書高寬比例沿用《永樂大典》《古今圖書集成》接近黃金分割的比例。度量輕重，關乎天道，古人在書籍的開本尺度設計上將這一宇宙法則與天道關聯在一起。

在《四庫全書》內文版式設計中天頭、版面及地腳的上、中、下的層級構成不僅具有實用的功能，同時兼具了藝術審美功能，這種審美的形成源自《周易》中『天、地、人』的三才學說。人作為主體與自然、宇宙的關係，是中國古人對時空關係的思考，是順應天時、地利、人和的天人合一的哲學觀念。其中天頭、地腳和版框圍合形成的『白』與『黑』、『有』與『無』的對比關係反映了中國道家思想中天下萬物有無相生的思想，『有』、『無』的相對性及其可以相互轉化的原理揭示了宇宙間的恒常大道，留白是其藝術的精髓。天頭、地腳虛空間內的『白』可以襯托版框內實空間的『黑』，將文字的神韻烘托出來，虛空間延伸的無限性聚焦了實空間聚合的有限性，以廣闊的虛空間無形性襯托出了內斂的實空間有形性。版框內空間的虛實和文字的大小及高低變化在版框圍合的空間之內形成了強烈的韻律感，這種有節制的變化使流動的閱讀具有了微妙的藝術對比效果。將天時、地氣、工巧完美融合並投射在設計造物上，是中國古籍設計呈現出的相對穩定的美學特徵。

在內文行格設計上，因早期的竹簡逐步被紙張替代，曾經長期流行並穩定下來的韋編形式被版框替代，而竹簡編聯形式則被行格取代。書籍縱向的行格形式由早期的實物逐漸抽象並演化成為一種穩定的視覺審美形式，這種形式給人們的心理感受與早期祭祀和巫術中刻在甲骨和竹簡上給人的敬畏感一脈相承。文字與先民的生活、戰爭以及占卜密切聯繫，人們對於天地的敬畏、對死亡的恐懼均因為占卜結果的驗證和文字發生了特殊的心靈溝通，這種心理的穩定記憶通過血緣以及文獻的記錄而被世代傳承下來，成為一種文化的基因。這種依附文字而形成的心理及視覺審美感受也通過這種穩定的形式被反復地驗證，從而被穩定地固化在書籍的版式設計之中，最終形成了迥異於西方書籍設計的東方古籍審美特徵。其設計雖然隨著朝代的更迭而有所變化，但是繼承傳統，在傳統的根基上不斷微調成為中國古籍設計的典型特徵，這種守成式的設計哲學也反映了深受農耕文化影響的中華文明的特質。

《四庫全書》寫本的館閣體字體設計受到乾隆倡導的雅正、流麗書法觀的影響，形成相對統一的書風，整體呈現出工整、對稱、均衡的形式美，通篇流暢清晰、視覺統一。而抄手不同的書寫習慣及涵養氣質又形成了不同的書寫風格，在統一中有了變化。館閣體的抄寫不僅注重書法的點畫和結構的視覺審美，同時為便於排版而具備了易於識別等視覺傳達的實用功能，成為溝通漢字字體設計與書法藝術的橋梁，在傳統印刷業時代自動承擔起了信息傳達的角色。寫本正文為墨書，在整齊劃一、莊嚴肅穆的行格排列中，不同顏色的夾寫使視覺感官得到提示，同時也因色彩的變化而增加了審美的趣味。乾隆以文人手鈔本的方式對傳統優秀典籍進行全面的整理，不僅體現了設計的最高規格，更加強化了其穩定民心，倡導社會思想範式的政治用意。

在內文版式裝飾方面，『七閣』《四庫全書》均為朱絲欄，白口，紅色單魚尾，四周雙邊。《四庫全書》版面裝飾中的紅魚尾，除了具有在裝訂時用於對齊的實用功能外，還在視覺心理上起到了防火警示和『以水剋火』的隱喻意義。其白口設計傳承了宋版書的設計，將紅色面積控制得極為有限，減弱了書籍的版面色彩對比，使得書籍彰顯出寧靜雅緻的格調。而白口費時費力的製作工藝也表明了纂修《四庫全書》配套資金的雄厚，體現了皇權意志的至高無上。《四庫全書》的版面裝飾設計汲取了前代優秀成果，結合皇家禮制要求和實際閱讀功能需求而進行了創新，既有《古今圖書集成》的內斂純淨又有《永樂大典》的富麗堂皇，具備了宮廷書籍典雅、中正的特點。

關於《四庫全書》的插圖設計，乾隆專門遴選了精於繪畫的專業畫家參與插圖的繪製，並設專家進行圖樣校勘。滿版的插圖和文本形成相輔相成的關係，獨立插圖結合點題作用的文字說明使構圖本身具有了強烈的視覺導向功能，文本與插圖形成了有機的章法組合。白描雙勾的插圖具有了高古遊絲描的精微用筆，借助西洋光影畫法的插圖則三維立體感極強，有的繪畫插圖還具有了文人畫的審美趣味。結合手繪和多色套印等多種表現形式的插圖異彩紛呈，變化豐富。因閱讀時可以按圖索驥，插圖對文本的文意起到了絕佳的視覺化傳達作用，插圖與文本平分秋色，不再只是附屬功能，具有了獨立表達意向。圖文排列不僅嚴格遵從禮制，同時在有限的空間內按照實際需要和視覺規律進行了豐富的變化，顯示出設計師對視覺審美規律成熟的把握能力和高超的藝術造型水準。

鈐印是《四庫全書》內文版式設計的有機組成部分。乾隆專為《四庫全書》的設計製作了十六方璽印，由於「七閣」所處地方不一，全書繕成及入藏時間有先後之別，加之其受重視程度的不同而導致各閣全書上的璽印也有所不同。其中對《四庫全書薈要》的重視程度最大，「北四閣」次之，「南三閣」最小，體現了嚴格的等級差別。各閣的朱文方形璽印，其篆書字體筆畫停勻、格局規整、章法穩健，以寬邊入印則體現了乾隆的九五之尊，彰顯了宮廷修書的皇家尊嚴。各閣全書的不同鈐印既可用作識別的標誌，同時印鑒本身也是一種藝術，增加了書籍設計的內涵。不過，將如此碩大的璽印加蓋在書籍上，也折射出乾隆徵服者的心態。

作為中國古代最大的一部官修書目，《四庫全書總目》有寫本和刻本兩種，其開本都要比《四庫全書》小，版框和行款也與《四庫全書》有差別，相對比較素雅沉靜。而《四庫全書簡明目錄》由於體量更小，因而在形式和包裝方面較為靈活，同時又是專為乾隆編纂的案頭參考書，兼具了把玩欣賞的性質，在書籍設計及庋藏方面都受到特別的禮遇。

《武英殿聚珍版叢書》作為《四庫全書》的有機組成部分，與《四庫全書》相比，開本適中，「天地」疏朗、欄線清晰、墨色沉穩，同時版框較粗、魚尾墨色清晰、字體寬博，版面極具視覺衝擊力，整體設計與內容相得益彰，樸素而沉靜。其所用宋體字方正寬博、點劃飽滿、筆鋒犀利，撇長而尖，捺拙而肥，已具有了當代印刷體規整、嚴謹與程式化的特點。同時通篇木活字的紋理變化也增加了宋體字的親和力，顏色深淺的微妙變化使統一的版面富有了生機，在嚴肅中透出活潑靈動之氣。這種有所克制的審美是迥異於西方跳躍式、創新大於繼承的書籍設計審美特徵，其大規模的刊印成為《四庫全書》纂修工程的重要組成部分，同時其書籍設計的版式、字體等成為官修書籍的經典範式，是中國古代書籍設計的集大成之作。為《武英殿聚珍版叢書》的刊印專門策劃和設計的《武英殿聚珍版程式》以插圖的方式，形象而傳神地對木活字製作、刊印的工藝流程和製作方法做了全面、系統地闡述。

《四庫全書》及其配套的衍生品以及《武英殿聚珍版叢書》整體從內而外的導向設計、版式構造、行格數目、字數字體、降格升格等組成的嚴格設計規範為體量巨大的書籍設計提供了穩定的模式和結構，這種相對永恆的、穩固的骨骼為整套書籍的穩定性提供了基本保障，為其設計細節變化和節奏韻律的生成提供了穩固的基礎。該設計規範使各種設計元素在嚴格的禮制和有限的空間內按照實際需要和視覺規律展開豐富變化。書籍設計系統遵守了嚴格的書儀制度，形成了穩定的格式和嚴密的結構體系。逐冊檢視，秩序井然、變化萬千，彰顯了皇家修書典雅、中正的特點。嚴格的等級差別，使其成為中國古代書籍設計史上的典範。

中國古籍長期保持相對穩定的設計形式，這與中國古人在農業社會中形成的穩定文化心理有重要關係。以黃河流域為核心建構起的華夏文明形成了守成、穩定、溫和的文化心理，與之相關聯的藝術則相應地呈現出靜謐古樸、溫文爾雅的審美特徵。不變是永恆的，變化是相對的，在宏大的不變中追求微妙的變化才是守成之道，傳承文化為首要之務，因而集歷代之大成的《四庫全書》的設計就顯得意義重大。其背後『天』、『地』、『人』的哲學觀念始終貫穿於中國人的人倫和日用之中，並牢固地培育了中華民族與天地合一、與自然和諧的精神，折射了人作為主體對天地、自然的敬畏之心，以及人在其中為天地立心的擔當。《四庫全書》書籍設計折射出中國古人小到個體，大到宇宙，萬物同根同源、天人合一的思想。這種從內到外，從個體到宇宙的循環往復的辯證思想是中國古人仰觀宇宙、俯察地理、內省人事、外法自然的總體思維體系，是獨特的體察萬物的方式，也是儒家堅守的立命擔當。

二、《四庫全書》藏書樓設計

典籍承載了士人道統延續的使命，而對貯藏典籍的藏書樓設計和管理就成為保存文化的重要舉措。《四庫全書》與藏書樓互為依存，藏書樓為典籍提供了儲藏和陳設的場所，成為書籍的『外包裝』，同時藏書樓在命名、設計理念和建築形制等方面也體現出藏書的價值和精神。藏書樓不僅庋藏了豐富的典籍圖書，與園林藝術一起還共同營造了可讀、可遊、可居、可思的詩意空間，成為中國古代典型的文化場所，承載了文人的理想與精神，也成為博大精深的中國文化的典型代表之一。

『七閣』俱以范式『天一閣』為範。天一閣重簷硬山式的建築採用偶數六開間制，這與傳統的奇數開間的營建方式不同，樓上相通成一間，樓下分為六間，閣的裝飾上也採用了水錦紋和水雲帶等紋飾，從觀念上樹立起了『以水剋火』的理念。在天一閣藏書樓前鑿池引水，不僅成為具有防火功能的蓄水儲備，還成為滋養園林的植被生態系統的組成部分，同時閣前的水景將『以水剋火』的意嚮導入到人們的心理需求上，在視覺審美層面對於營造園林幽遠的意境和雅緻的文人藝術趣味意義重大。

七閣傳承天一閣『天一生水，地六成之』的設計理念，從而體現在七閣的命名和建築的形制上，建築主體也採用一層六間、三層通間的形制。同時又因營建目的、實際功能、乾隆重視程度的不同，以及皇家禮制、南北建築地域性差別的原因，在建築結構、外觀裝飾等方面實施了差異化設計的策略，其中主要的變化就是因藏書量的增加而易天一閣兩層的構造法為明二暗三的『偷工造』法。藏書樓室內空間精心構築的書架排列系統則體現了其功能、形式、文化的需求，構成聯接書籍與藏書樓之間的橋梁。書架的逆時針排列源於中國傳統的五行學說，同時以御案為中心的左右對稱陳設則彰顯了帝王的九五之尊。『七閣』與天一閣一脈相承，同時又與其相異，於統一中有變化，形成了中國藏書樓建築史上絕無僅有的一道奇觀。

以《四庫全書》藏書樓為核心營建的園林既體現了皇家的意志，也承載了文人的理想與精神。『北四閣』在雄渾的自然氣勢中營建了依山傍水、雕梁畫棟、曲水環繞、奇峰迭起的景觀。園林整體設計節奏鮮明，佈局緊湊合理，於山水之間營造出了幽靜、閒適、雅緻、空靈的審美藝術境界。磚木混合的建築在設計上做到了功能與審美、傳承於創新、物象與象徵、自然與人文的完美統一，使園林具有了閒適、安然、平和、幽靜、渾然大化的藝術境界。『北四閣』皇家園林將『天一閣』文人園林沖淡平和的意境融入到北方的山水之中，傳達出深厚的哲學思想和藝術追求。『南三閣』中的文瀾閣皇家園林，其藏書樓在園林格局中佔據的空間體量相對較小，序列簡單，遊走的路線也更為簡潔。但文瀾閣背靠孤山，因山而氣象高遠，面臨西湖，因湖而意境氤氳，將整個園林融入到了西湖的大格局之中，成為西湖盛景的核心文脈之一。

『七閣』俱以范氏天一閣為範，有著深厚的文化情懷和深層的政治考量。天一閣主人范欽將詩書傳家奉為圭臬，符合中國文人情懷和君子風範的標準，是中國古代典型的文人士大夫。天一閣作為江南園林特色的藏書樓，不僅具有良好的防火功能，同時還將園林營造觀念提升到文人山水的高度，置身其中，可進可退，窮則獨善其身、達則兼濟天下；進可治國平天下，退可著書立說、寄情山水，將保持文人的道德操守與修身成聖的至高理想作為造園的內在精神，由此使天一閣不僅是一座實體的藏書樓，更是後世文人退隱山林的理想範式與精神家園。因此，天一閣的設計理念、建築形制、園林設計幾乎完美地體現了藏書家的理想，成為公、私藏書家公認的楷模。因此乾隆仿天一閣建築及園林規制的主要原因是傳承其修身、齊家、治國、平天下的理想。藏書樓的營建歷來為皇家和文人所高度重視，而以藏書樓為核心的園林營建則成為藏書家的精神指歸。『七閣』的命名不僅承載了《四庫全書》的內涵、藏書家對於文化的態度及其思想境界和藝術修養，更彰顯了其修身立德的理想。『七閣』閣名以文為中心以及『以水剋火』的寓意，彰顯了乾隆朝傳承文化的理念。

《四庫全書》藏書樓皇家園林以樓閣、亭臺、遊廊、假山、曲水、花木等元素架構起來的綜合園林藝術傳承了『無園不山』、『無園不水』、『山中有園』、『園中有山』的傳統造園思想。在意境的營造上，點景、借景和對景遙相呼應，山石、曲水相映成趣。在移步換景中可寄情山水，將園林的文化性、詩意性、藝術性進行完美地融合，體現了文人精神與自然山水的結合。園林虛實相生，動靜相宜，以小見大，承載了文人墨客寧靜淡泊、醇厚素雅、樸茂高遠的精神氣質，在生命的律動中，通過廣袤的自然空間生態和詩意山水園林藝術相結合，傳達了中國古人道法自然、天人合一的綜合生態美學。『七閣』的象徵性、儀式感和使命感是皇家藏書樓效仿民間藏書樓的精神內核，也成為中國藏書樓建造歷史上的孤例。

三、《四庫全書》設計管理

《四庫全書》的設計管理是設計生態裡至關重要的組成部分，其核心組織團隊即四庫館臣對書籍設計、謄錄、裝潢、刊刻及藏書樓的設計、營建和書籍庋藏等方面都設專人進行管理，因此使各個環節之間密切關聯、有機整合，是體量龐大的《四庫全書》這一文化工程得以正常推進的根本保證，因此也受到乾隆的高度重視。

在人事管理方面，乾隆作為《四庫全書》纂修總策劃充分體現了其政治謀略和文治思想。通過軍事奠定的政治、經濟、文化基礎及其個人的文化素養、人生智慧、決策制定和監督指導都對纂修《四庫全書》產生了決定性的影響，進而也體現在書的命名、裝幀、藏書樓的設計建造及庫書陳列與管理上，其在各個環節的高度參與是設計得以實現的有效保證。為了促成《四庫全書》的纂修，乾隆專門設立了四庫館，遴選皇族成員和碩學鴻儒專司其職，不僅身體力行全程主導和監管，還制定了一系列的管理條例和獎懲制度。乾隆通過纂修《四庫全書》貫徹了其文治教化思想，並通過自身的榜樣作用和自上而下的行政命令使其文化策略得以執行。乾隆開放『南三閣』，從道義上和知識分子作了精神層面的溝通，使其自身也成為道統傳承序列中的一份子，這也是其後文瀾閣每每命運多舛之秋都有士人冒著生命危險去護佑的最大內因。

設計管理的人員結構中，永瑢作為掛名執掌四庫的皇族成員，是溝通皇帝與四庫館臣之間的紐帶，通常負責傳達精神、發布命令、匯報工作。而金簡作為《四庫全書》副總裁則實際負責設計政策的起草、《四庫全書》的刊刻與裝潢、木活字的設計與製作、《武英殿聚珍版叢書》《武英殿聚珍版程式》的設計與刊行。作為政策的制定者和踐行者，金簡在整個運行系統裡的地位舉重輕重。金簡將刊刻過程和經驗心得總結成為《武英殿聚珍版程式》，為實際操作提供了直接的指導與借鑒作用，不僅總結並繼承了宋明以來各種活字印刷經驗，同時通過技術改革把我國古代活字印刷術做了進一步完善，這是歷史上第一次由國家頒佈的印刷格式與標準，成為中國古代印刷技術發展、普及的又一個標誌。由於武英殿木活字的大規模使用，再加上最高統治者的提倡，尤其是《武英殿聚珍版叢書》大規模的印刷和完備可操作的《武英殿聚珍程式》的頒行，以及《武英殿聚珍版程式》在海外的流布，推動了中國出版及印刷事業的發展，為保存和傳播人類文明作出了不可磨滅的貢獻。而負責寫本抄錄的謄錄人員作為書籍字體設計的親自踐行者，因其人群數量龐大，且其書寫的態度和水準直接關乎到鈔本的質量，因此對其整個群體的文化修養、書法水準、書法風格、時間規劃、抄校流程建立嚴格的規範成為書籍纂修的基本保障。

在藏書樓管理中，乾隆繼承宋代藏書樓管理模式從高到低進行了人事的分級管理。領閣事總其成，直閣事主管執行，又設校理對書籍註冊、登記、檢查、曝曬等環節分別進行管理，領閣事以下則為內閣及翰林院等官署衙門內的人員兼任其職。為防止書籍受潮、蟲蛀，四庫館制定了每年仲夏曝書的制度，但在後期的執行過程中部分打了折扣。對兩部《四庫全書薈要》的貯藏也制定了詳細的閣、書管理章程。『南三閣』中文瀾閣建立了嚴格的對外開放管理制度，鑰匙分掌於鹽政衙門和文瀾閣管理處，並建立了詳細的報備、註冊、清查、績效管理規定，實施了嚴密的防火措施，庫書不僅對浙江開放，同時也對外省開放，既可在館閱讀、又可以外借，甚至可以逾月歸還。為使常年經費及日常開支得以充分保障，『南三閣』具體管理層面的工作由浙江鹽政部門負責。為防止書籍潮濕、蟲蛀，仿照宋代秘書省設置每年仲夏曝書制度。經費管理方面，『南三閣』庫書補鈔費用全由國庫開支，而續抄的『南三閣』全書貯藏陳列所用書格費用則來自於浙江商人捐款。然而，乾隆因校出文津閣全書中的訛誤，遂將相關庫書及其裝潢等費用責令負責人進行了賠付。文瀾閣《四庫全書》排架貯藏後則由浙江鹽政衙門負責派員管理，常年日常費用的開支由政府撥款支持。

這種管理模式，不僅使《四庫全書》的纂修成為皇家傳播政治文化教育功能的主要途徑，同時對皇權在思想和信仰層面起到重要的鞏固作用，營造了良好的社會文化氛圍，為清代學術提升提供了豐厚的土壤，使歷代優秀典籍文化得到了繼承和發揚。尤其是『南三閣』的對外開放，使石渠天祿之藏家弦戶誦，嘉惠士林。文瀾閣由政府出資主辦，所藏圖書對全民開放，讀者不分階層。文瀾閣規模之浩大、藏書之精美，使其成為當時中國乃至世界歷史上第一個公共圖書館。其人才培育及其非營利性的管理方式對於中國文化血脈的保存、道統的繼承至關重要。

然而，典籍的存亡只在旦夕之間，咸豐年間文瀾閣在太平軍的烽火中閣圮書毀，其後經過丁氏兄弟、譚鍾麟、錢恂、張宗祥主持的三次補鈔，在浙江省各地文化界、藏書界、企業界人士襄助下，庫書得才以補全，而丁氏兄弟其後募資重建的文瀾閣於民國成立後成為浙江省博物館的一部分。文瀾閣庫書能在戰亂的浩劫中得以存續，丁氏兄弟厥功至偉。其後抗日戰爭又使其踏上漫漫西遷之路，其間幸得陳訓慈等仁人志士冒著生命危險進行護佑才得以保全。庫書在戰火中顛沛流離所激起的民族自強、自立的精神曾點亮了整個國家在困厄中的鬥志和凝聚力，這是文化內在的道統傳遞，也是中華民族生生不息的源動力。其後，在文瀾精神潛移默化影響下，各地藏書樓都競相效仿、化私為公。

策府縹緗，煌煌華章，文瀾遺澤，百代流芳。

附錄

附錄一：圖表目錄

一、圖片目錄

文瀾閣《四庫全書》經部
圖十四：《舊五代史》封面書影，文津閣《四庫全書》史部，清乾隆時期鈔本
圖十五：《古史》封面書影，文瀾閣《四庫全書》史部，清乾隆時期鈔本
圖十六：《書影》卷一封面書影，文瀾閣《四庫全書》子部，清乾隆時期鈔本
圖十七：《漢魏六朝百三家集》封面書影，文瀾閣《四庫全書》集部，清乾隆時期鈔本
圖十八：《舊五代史》內頁書影一，文津閣《四庫全書》史部
圖十九：[唐]杜甫撰、[宋]郭知達集注：《九家集注杜詩》書影
圖二十：《舊五代史》內頁書影二，文津閣《四庫全書》史部
圖二十一：《舊五代史》內頁書影三，文津閣《四庫全書》史部
圖二十二：[清]蔣廷錫、陳夢雷等輯：《古今圖書集成》內文書影
圖二十三：《春秋地名考略》天頭、地腳設計
圖二十四：《毛詩講義》內頁書影
圖二十五：《舊五代史》內頁書影四，文津閣《四庫全書》史部
圖二十六：《舊五代史》內頁書影五，文津閣《四庫全書》史部
圖二十七：《舊五代史》內頁書影六，文津閣《四庫全書》史部
圖二十八：文瀾閣《四庫全書》乙卯（1915年）補鈔本書影
圖二十九：文瀾閣《四庫全書》癸亥

圖四十七：《韶舞九成樂補》內頁三十一書影，文溯閣本《四庫全書》經部

圖四十八：《韶舞九成樂補》內頁三十書影，文溯閣本《四庫全書》經部

圖四十九：《九德之歌義圖二》，《韶舞九成樂補》內頁十書影，文溯閣本《四庫全書》經部

圖五十：《河圖洛書》，《韶舞九成樂補》內頁十七書影，文溯閣本《四庫全書》經部

圖五十一：《奇器圖說》卷三內頁十書影，文淵閣本《四庫全書》子部

圖五十二：《奇器圖說》卷三內頁十三書影，文淵閣本《四庫全書》子部

圖五十三：《思益梵天所問經》梵夾裝

圖五十四：《緬甸貝葉經》（巴利文文法書）貝葉裝

圖五十五：《藏文甘珠爾經》貝葉裝外包裝，清乾隆三十五年內府泥金藏文寫本

圖五十六：《律藏初分第三》卷局部

圖五十七：［唐］皇甫智岌：《春秋穀梁傳》卷

图五十八：《藏文甘珠爾經》貝葉裝

圖五十九：《珞琭子賦注》卷上封面書影

圖六十：文瀾閣《四庫全書》夾板

圖六十一：四庫全書書函

圖六十二：中國國家圖書館文津閣《四庫全書》庫房

圖一四七：［清］沈鍇：《松存老人著書圖》卷

图一四八：［近代］樊熙：《松存老人著書第二圖》卷

圖一四九：［清］王坤：《文瀾歸書圖》卷引首題字

圖一五零：［清］張溥東：《文瀾歸書圖》卷

圖一五一：丁丙藏書印

圖一五二：清後期西湖行宮舊址

圖一五三：民國時期西湖行宮舊址

圖一五四：［清］吴濤：《書庫抱殘圖》卷

图一五五：張宗祥像（主持癸亥補鈔）

圖一五六：文瀾閣《四庫全書》戰時西遷圖

圖一五七：陳訓慈像（主持抗戰時期文瀾閣《四庫全書》西遷）

圖一五八：貴陽地母山洞藏書處

圖一五九：《乾隆五十五年上諭》局部

圖一六零：［清］鄧方坤撰：《經稗》書影

圖一六一：浙江圖書館新館

二、表格目錄

附錄二：參考文獻

一、古籍

[漢]班固：《漢書》，北京：中華書局 1962 年點校版。

[漢]鄭玄：《周易鄭注》卷七，胡海樓叢書本。

[後晉]劉昫等撰：《舊唐書》，北京：中華書局 1975 年點校版。

[唐]魏徵撰：《隋書》，北京：中華書局 1973 年點校版。

[明]計成：《園冶》，重慶：重慶出版社 2010 年點校版。

[清]黃宗羲：《南雷文定》，清康熙二十七年靳治荊刻本。

[清]鄂爾泰：《國朝宮史》，文淵閣《四庫全書》本。

[清]弘曆：《御製文二集》，清乾隆間武英殿刊本。

[清]弘曆：《御製文三集》，清乾隆間武英殿刊本。

[清]董誥等輯：《皇清文穎續編》，清嘉慶武英殿刻本。

[清]慶桂：《國朝宮史續編》，清嘉慶十一年內府鈔本。

[清]金簡：《武英殿聚珍版程式》，清乾隆武英殿聚珍版叢書本。

[清]錢維喬：《乾隆鄞縣志》，清乾隆五十三年刻本。

[清]胡虔：《柿葉軒筆記》，中華民國五年趙氏刻峭帆樓叢書本。

[清]王傑等撰：《石渠寶笈續編·養心殿藏》，《續修四庫全書》1070冊，上海：上海古籍出版社2002年影印版。

[清]王傑等撰：《石渠寶笈續編·淳化軒藏》，《續修四庫全書》1073冊，上海：上海古籍出版社，2002年影印版。

[清]王傑等撰：《欽定石渠寶笈續編》（第2冊），海口：海南出版社2001年影印版。

[清]姚文田等撰：《石渠寶笈三編·重華宮藏》，《續修四庫全書》1071冊，上海：上海古籍出版社2002年影印版。

《大清高宗純皇帝實錄》，臺北：華聯出版社1964年影印版。

[清]阮元：《揅經室集》卷八，《皇清經解》本。

[清]阮元：《揅經室集二集》卷七，《四部叢刊》本，上海：上海商務印書館1918年影印版。

[清]李斗：《揚州畫舫錄》，清乾隆六十年自然盦刻本。

[清]延豐：《重修兩浙鹽法志》，清同治刻本。

[清]王先謙輯：《東華續录》（道光朝），清光緒十年長沙王氏刻本。

[清]康有為：《廣藝舟雙楫》，《歷代書法論文選》上海：上海書畫出版社1979年點校版。

[清]孫樹禮、孫峻：《文瀾閣志》，

錢塘丁氏嘉惠堂，光緒二十四年戊戌（1898）《武林掌故叢編》本。

二、現代書籍

王重民：《辦理四庫全書檔案》，北平：北平圖書館1934年。

郭伯恭：《四庫全書纂修考》，上海：商務印書館1937年版。

李希泌、張椒華：《中國古代藏書與近代圖書館史料（春秋至五四前後）》，北京：中華書局1982年版。

黃愛平：《四庫全書纂修研究》，北京：中國人民大學出版社1989年版。

吴哲夫：《四庫全書纂修之研究》，臺北：臺北故宫博物院1990年版。

梁思成：《文淵閣測繪圖說》，《梁思成全集》第3卷，北京：中國建築工業出版社2001年版。

周振甫：《周易譯注》，北京：中華書局1991年版。

任松如：《四庫全書答問》，上海：上海書店1992年12月據啟智書局1935年版影印。

張宗祥：《補鈔文瀾閣〈四庫全書〉史實》，浙江省政協文史委員會編：《浙江文史集粹》，杭州：浙江人民出版社，1996年版。

四庫全書研究所編：《欽定四库全書總目·凡例》，北京：中華書局1997年版。

中國第一歷史檔案館編：《纂修四庫全書檔案》，上海：上海古籍出版社1997年版。

任繼愈主編：《中國國家圖書館古籍

珍品圖錄》，北京：北京圖書館出版社1999年版。

浙江圖書館編：《浙江圖書館館藏珍品圖錄》，杭州：西泠印社2000年版。

浙江圖書館編：《浙江圖書館館藏珍品圖錄》，杭州：西泠印社2000年版。

虞浩旭：《嫏嬛福地天一閣》，桂林：灕江出版社2004年版。

朱賽虹編：《盛世文治——清宮典籍文化展》，北京：紫禁城出版社2005年版。

李常慶：《四庫全書出版研究》，鄭州：中州古籍出版社，2008年版。

王紅：《明清文化體制與文學關係研究》，成都：巴蜀書社2010年版。

張登本：《全注全譯黃帝內經》，北京：新世界出版社2010年版。

嚴迪昌：《清詩史》，北京：人民文學出版社2011年版。

虞浩旭：《嫏嬛福地天一閣》，寧波：寧波出版社2011年版。

吳璧雍主編：《皇城聚珍——清代殿本圖書特展》，臺北：臺北故宮博物院2012年版。

俞小明主編：《四庫縹緗萬卷書——「國家圖書館」館藏與〈四庫全書〉相關善本敘錄》，臺北：「國家圖書館」2012年版。

宋兆霖主編：《護帙有道——古籍裝潢特展》，臺北：臺北故宮博物院2014年版。

梅叢笑：《文瀾遺澤——文瀾閣與〈四庫全書〉陳列》，北京：中國書店2015年版。

陳東輝主編：《文瀾閣四庫全書提要

彙編》，杭州：杭州出版社 2017 年版。
顧志興：《文瀾閣四庫全書史》，杭州：杭州出版社 2018 年版。

三、未刊文獻

浙江省寧波市天一閣博物館編：《天一閣『四有』檔案資料》，全國重點文物保護單位內部資料。
浙江省博物館編：《文瀾閣『四有』檔案資料》，全國重點文物保護單位內部資料。
朱琴：《金簡及其〈武英殿聚珍版程式〉——兼論古代活字印刷發展滯緩的原因》，蘇州大學 2003 年碩士學位論文。
李曉敏：《乾隆書法師承研究》，渤海大學 2019 年碩士學位論文。
李靚：《乾隆文學思想研究》，中央民族大學 2013 年博士學位論文。

四、論文

李光濤：《記漢化的韓人》，《明清史論集》下冊，臺北：商務印書館 1971 年版。
徐鎮：《文津閣》，《古建園林技術》，1983 年創刊號。
吴哲夫：《四庫全書的兄弟》，臺北：《故宫文物月刊》一卷五期，1983 年 8 月。
吴哲夫：《圖書的裝潢——歷代圖書型制的演變》，《故宫文物》月刊一卷十二期，1984 年 3 月。

吳哲夫：《武英殿本圖書》，臺北：《故宮文物月刊》二卷八期，1984年11月。
吳哲夫：《四庫全書的配件》，臺北：《故宮文物月刊》五卷二期，1987年5月。
吳哲夫：《縹緗羅列、連楹充棟——四庫全書特展詳實》，臺北：《故宮文物月刊》五卷五期，1987年8月。
章采烈：《文溯閣與乾隆御製詩》，《圖書館學刊》1989年第6期。
吳哲夫：《四庫全書修纂動機的探討》，臺北：《故宮文物月刊》七卷四期，1989年7月。
陳東輝：《〈四庫全書〉絹面顏色考辯》，《社會科學戰線》1997年第3期。
段會傑：《〈文津閣記〉解說與詞語辨析》，《承德民族師專學報》2001年03期。
張德鍾、李曉峰：《乾隆盛世的歷史啟迪》，《承德民族師專學報》2004年第3期。
王傳龍：《『開化紙』考辯》，《文獻》2015年第1期。
張春國：《日藏文瀾閣〈四庫全書〉殘本四種考略》，《文獻》2015年第1期。
黃灩：《文津閣園林的生態美學分析》，《美術大觀》2017年第3期。
琚小飛：《清代內府鈔本〈四庫全書〉考證考論》，《文獻》2017年9月第5期，第151—155頁。
張群：《〈四庫全書〉南北閣本形制考》，《圖書館雜誌》2017年第11期。
孫國軍、趙益峰、薛素铎、李江、李

曉輝：《復合榫卯節點連接特性擬靜力試驗研究》，《天津大學學報（自然科學與工程技術版）》2018年S1期。

五、電子文獻

未曾：《毛詩講義》，卷一至二書影，《欽定四庫全書》零本，經部，《毛詩講義》卷一至二，清乾隆時期文津閣鈔本，2019年05月08日，https://f4.shuge.org/wl/?id=m7J9NfAzbaetSr8Ta9OeccJMDw7FUCWs，2021年4月24日。

未曾：《春秋地名考略》書影，《欽定四庫全書》零本，經部，《春秋地名考略》卷六至卷八，清乾隆时期文瀾閣鈔本，2019年05月08日，https://f4.shuge.org/wl/?id=m7J9NfAzbaetSr8Ta9OeccJMDw7FUCWs，2021年4月24日。

未曾：《韶舞九成樂補》書影，《欽定四庫全書》零本，經部，《韶舞九成樂補》一卷，清乾隆時期文溯閣鈔本，2019年05月08日，https://f4.shuge.org/wl/?id=m7J9NfAzbaetSr8Ta9OeccJMDw7FUCWs，2021年4月24日。

未曾：《漢魏六朝百三家集》書影，《欽定四庫全書》零本，集部，《漢魏六朝百三家集》卷四十，清乾隆時期文瀾閣鈔本，2019年05月08日，https://f4.shuge.org/wl/?id=m7J9NfAzbaetSr8Ta9OeccJMDw7FUCWs，2021年4月24日。

未曾：《古史》封面書影，《欽定四庫全書》零本，史部，《古史》卷二十八至卷三十一，清乾隆時期文瀾閣鈔本，2019年05月08日，https://f4.shuge.org/wl/?id=m7J9NfAzbaetSr8Ta9OeccJMDw7FUCWs，2021年4月24日。

未曾：《周易函書別集》卷首鈐印『古稀天子之寶』，《欽定四庫全書》，零本，經部，《周易函書別集》［清］胡煦撰，十六卷，缺卷15–16，清乾隆时期文瀾閣鈔本，2019年05月08日，https://f4.shuge.org/wl/?id=m7J9NfAzbaetSr8Ta9OeccJMDw7FUCWs，2021年4月24日。

未曾：《珞琭子賦注》封面書影，《欽定四庫全書》零本，子部，《珞琭子賦注》卷上，清乾隆時期文瀾閣鈔本，2019年05月08日，https://f4.shuge.org/wl/?id=m7J9NfAzbaetSr8Ta9OeccJMDw7FUCWs，2021年4月24日。

未曾：《書影》卷一封面書影，《欽定四庫全書》零本，子部，《書影》十卷，［清］周亮工撰，清乾隆時期文瀾閣鈔本，2019年05月08日，https://f4.shuge.org/wl/?id=m7J9NfAzbaetSr8Ta9OeccJMDw7FUCWs，2021年4月24日。

未曾：《舊五代史》內頁書影，《欽定四庫全書》零本，《舊五代史》卷一至二，清乾隆時期文津閣鈔本，2019年05月08日，https://f4.shuge.org/wl/?id=m7J9NfAzbaetSr8Ta9OeccJMDw7FUCWs，2021年4月24日。

未曾：《雁門集》書影，《欽定四庫全書》零本，集部，《雁門集》，四卷，清乾隆時期文溯閣鈔本，2019年05月08日，https://f4.shuge.org/wl/?id=m7J9NfAzbaetSr8Ta9OeccJMDw7FUCWs，2021年4月24日。

未曾：《楚辭章句》書影，《欽定四庫全書》零本，集部，《楚辭章句》，卷一至二，清乾隆時期文津閣鈔本，2019年05月08日，https://f4.shuge.org/wl/?id=m7J9NfAzbaetSr8Ta9OeccJMDw7FUCWs，2021年4月24日。

未曾：《旋宮之圖・瑟譜》內頁書影，《欽定四庫全書》零本，經部，《瑟譜》，六卷，清乾隆時期文溯閣鈔本，2019年05月08日，https://f4.shuge.org/wl/?id=m7J9NfAzbaetSr8Ta9OeccJMDw7FUCWs，2021年4月24日。

未曾：《奇器圖說》卷三內頁書影，《欽定四庫全書》，零本，子部，《奇器圖說》，卷三，清乾隆時期文淵閣鈔本，2019年05月08日，https://f4.shuge.org/wl/?id=m7J9NfAzbaetSr8Ta9OeccJMDw7FUCWs，2021年4月24日。

後記

本書《策府縹緗——〈四庫全書〉設計系統之研究》是在中央美術學院碩士學位論文基礎上經過十餘年增删而成，雖然有著漫長時間的積累，但是成書的難度還是遠遠超出了預期。首先是《四庫全書》成書後的兩百多年裡，《四庫全書》書籍設計及其藏書樓設計方面可資參考的研究成果非常欠缺。其次，國家一級文物《四庫全書》實物的查閱異常艱難。三是用繁體字直接行文的方式對本書的出版也造成一定困難，異體字的辨析和原始文獻的校對工作耗費了諸多時日。

回望自己的成長之路，首先要感恩我的父母。兒時，父親端坐在煤油燈前寫毛筆字的形象以及密密綿綿的蠅頭小楷定格在我童年的記憶裡。父親一生醉心於筆墨丹青，年青時還寄情於攝影。父親常常會臨時將卧室改造成攝影暗房，用寫春聯的紅紙包裹燈泡，使整個房間瀰漫成溫暖的紅色！至今我還記著臉盆中顯影液裡的底片慢慢顯色時神奇的效果。父親在那個容易餓肚子的年代裡，白天上班，晚上演電影，空餘時間還做設計，為養育一家老小恪盡職守！而今耄耋之年，依然筆耕不輟，始終是我學習的楷模。母親自幼追隨外公學中醫、寫得一筆好字，下得一手好棋，走到哪裡都受人愛戴。母親一生勤勉，性格堅毅，邏輯思維很強，這對我性格影響很大。高中升大學，我以文化課全省第一的成績考上了山西大學的視覺傳達設計專業，從此開啟了我的藝術設計之路。一路走來，無限感恩家庭對我的文化藝術濡養，以及父母親給予的寬鬆、祥和的家庭氛圍。

中學時代是培育一個人的關鍵時期，能得遇恩師郭志宏是我此生的幸運。在那個相對封閉的八十年代，老師的開明和不拘小節常常使我朝氣蓬勃、意氣風發。老師像陽光一樣照耀著我，不止是在我的青春期，在我日後消極、失意、困頓之時都是我整裝待發的動力。在父母、老師和煦的目光流轉中，小小的我常常覺得世界之廣大、人生之快意。高中，我讀的是理科，因此也得遇張麗、閆生祥、劉建彪、孟向謙、王俊達、王志剛諸位恩師。張老師作為我的班主任，嚴謹而理性，雖對學生從無半句苛責，但是同學們還是對老師極為敬畏，張老師這一點像極了我的母親。生物課上閆老師妙趣橫生，現在還依稀記得那些泡在盤子裡有著長長鬍鬚的洋蔥，在物質匱乏的年代，老師帶著學生們極盡可能地做實驗，是多麼難能可貴！歷史課劉老師而今雖然兩鬢飛霜，但是老師在樓下籃球場上的奔跑和黑板前的揮斥方遒都是我記憶中最具魅力的師者形象。而今，無論寒暑，每次回老家我和愛人都會去聆聽老師的啟迪和教誨。陽光明媚的孟老師當年就像大哥一樣，講課生動有趣，毫無間隙地陪伴著青春年少的我們。語文課上王志剛老師流著眼淚為我們吟誦的《將進酒》事過多年後依然讓我心有戚戚然！數學王俊達老師在自習課時瞭望到我在交頭接耳，旋即把我叫到辦公室，『愛玲，不準備考大學了？！』老師的神情如同孔子般的『溫而厲』，這句問話一直伴隨著我、警醒著我！若干年後得知王老師車禍遇難，我都沒來得及報答老師，這是我一直梗在心裡的結。高中時代的理科背景培養了我相對嚴謹、理性的思維習慣，這對我日後從事設計和設計史研究奠定了理性思維的基礎。時光荏苒，如今，老師們依然在默默地守護著我的成長。

大學裡，史秉有老師的工筆花鳥畫，喬金老師的大寫意，韓植墨老師的油畫超寫實伊維爾畫法，劉彩軍老師的油畫人體藝術等，這些鮮活純藝術課程的教學總是令人流連忘返。在冀榮德老師的課堂上，我至今還記得那木版上厚厚的色彩，以及木板和紙張分離時欲語還休的感覺。雖然同學們學的是設計專業，但是大量的實踐性純藝術課程還是大大地打開了同學們的視野，豐富了設計的底蘊。多年以後我在研究《四庫全書》的藏書樓文化時，慢慢體會到中國古典園林與傳統文人山水畫的異曲同工之妙，這跟當年我求學之路上的藝術課程不無關聯。教授中國美術史和中國工藝美術史的張明遠老師是研究山西彩塑和天龍山石窟藝術的學者，老師嚴謹理性，而今我能慢慢體悟到中國傳統設計的博大精深亦得益於老師給我們上過的課。不激不厲的大學生活賦予了我一顆飛翔的心，以及一雙自由馳騁的翅膀。

在中央美院申請碩士學位的三年時光是令人動容的，每個夜晚、週末以及一切瑣碎的空隙時間我都在做作業、學外語中度過，在美院和新東方之間來來回回地穿梭，即使中午和傍晚之後也依然奔走在樓道裡，如饑似渴地搜尋著各種實驗性課程和不同專業的學術講座，尤其是各個導師工作室邀請的來自海內外的專家、學者的開放性課程，這些屬性完全不同的課程大大地拓寬了我的視野。在導師宋協偉先生精心策劃的實驗性課程中，研究生、本科生、國內外進修生這些來自五湖四海的人帶著自身的學養和傲氣共聚一堂，彼此的碰撞和交融深刻地觸動到了我，改變了我的觀念，讓我深深地愛上了設計！宋老師時時以敏銳的眼光捕捉最前沿的設計信息，老師邀請的法國設計師呂迪·鮑爾帶來的法國機場形象設計、譚平老師的實驗版式設計以及各種見縫插針的講座涉及面極為廣闊。僅僅一門『以訪談的名義』為題的版式設計課老師們就邀請了韓國設計師安尚秀、當代版畫家方力均、書法家王鏞、第六代導演賈樟柯、平面設計師王序等享譽海內外的專家分別進駐我們的課堂，實驗課程結束後隨即將課堂新鮮的設計成果進行了公開出版。我多年後反思，一門基礎課，老師們課外花费了多少心思！動用了多少資源！學生的收穫有多大！對設計界的影響多麼至深！而薛永年、尹吉男、邱振中、黄河清等諸位先生更是將我們的視野延伸到了更為廣闊的領域，為我們未來的探索提供了多元視角，讓我深切地感悟到設計只是表達情感、抒發情懷以及承擔責任的窗口，這與當下形式主義至上的浮誇之風形成了強烈對比。

中央美院的許平先生對我影響至深，先生學識淵博、為人淳樸，深受學生愛戴。當年曾於設計史和設計管理兩個方向開啟了我的學術探索之門。先生曾發出感慨『設計史上值得研究的問題猶如散落在塵埃裡的珍珠』，因為研究設計史不如做設計賺錢，真正治史的人並不多。先生研究設計史，同時關注當下的設計管理和設計政策，曾聘請各行各業裡精通管理的企業家進駐我們的設計課堂，希冀能打通設計史和當下的設計實踐，將古今中外的設計經驗融匯於當下的設計之中，為振興中國設計奠定理論基礎。先生課上邀請零點調查的袁嶽先生所做的時間管理課令人記憶尤新。先生一顆拳拳之心，一份赤子之情，多年以後我才有所體悟，也對我的教學觀念影響至深。我的碩士論文也傾注了先生和師母的殷切期望。先生不僅對我時時勉勵和勤加指導，還專門去臺北故宮為我測量《四庫全書》書籍的尺寸，令人感佩。先生希望我能醞釀百餘篇相關《四庫全書》設計的論文，每每思及，總覺得愧對先生的囑託，希望本書的出版可聊以慰藉。本書付梓在即，又幸得先生賜序，感激之情無以言表。當年在我碩士論文答辯會上老師們對我的勉勵也歷歷在目，尤其是西川教授說『這篇論文即使拿到人文學院也是一篇上乘的論文』，杭間教授說他還可以推薦我的論文在雜誌上發表，恩師們的鼓勵成為我繼續前行途中莫大的鼓舞。當年讀書期間還常常得到薛永年先生和師母的勉勵，論文選題也曾受到先生的肯定。論文撰寫過程中亦得到海軍師兄的悉心指正，師兄將一張張修改建議的便簽粘貼在論文裡，至今回憶起來依然令我無比動容。其間葉芳師妹不僅為我遠道郵寄參考書，還幫我提出詳細的修改意見，也令我受益匪淺。劉金庫師兄則為我修改英文提要，費心費力。當年恩師、同門對我的指正都是本書得以成形的基礎。

十多年來丁敬涵先生、馬仲嗣先生、馬琳、孔祥清、趙品紅、姜雅君、吴瑤香、許山、李峰、胡劍萍、方芳諸師友在學術上的指引與陪伴亦使我獲益良多。多年來我身體的修養則得益於師父祝臥龍先生的教導，恩師精通楊氏太極拳、為人善良淳樸，對弟子們更是關愛有加，不僅在拳術上對我們要求精益求精，更是在為人處世上率先垂範！諸位太極拳同門對我一路上的勉勵成為我前行之路上的共學夥伴。而臨海中斗宮的真諦師父和陳寶剛兄多年來不僅對我身心的修養影響很大，亦同攝影家鄭林溪以及摯友鄭友忠等同道一起助力我們的公益出版。工作上亦得到詹俊、鄭林欣、俞曉群、屈德印、吴春勝、葉玲紅、宋眉、鄒少芳、俞膺傑、蔡素燕以及學院、環藝系諸同仁的幫助。與諸位同門的志同道合常使我身心兩忘、鑽之彌堅。

本書的出版得到浙江大學出版社宋旭華老師的鼎力相助，宋老師熱心傳播中華文化，也曾助力我們進行公益出版，在此深表敬佩與感激。吴慶老師則不捨晝夜為我提供專業指導和文稿校對，令人無比感佩。沒有出版社諸師友的慨然襄助和無私奉獻，本書的出版萬不能成行。本書初稿亦得到在韓國攻讀博士學位的王奔學棣的悉心校對。奔君校稿時感慨『四庫精神點畫間，千緗萬軸校簽斑。功成七閣今殘半，始悟佑文多苦艱。』亦引起我強烈共鳴。同時參與文稿校對和錄入工作的還有林渝凱、翟宇婷、翟倩、翟宇航、翟雲倩、邱旭、方學強諸位學棣。書稿的排版設計則得到趙娜老師的鼎力相助，部分圖片的提供則要感謝浙江省文物局李新芳、浙江省博物館桑椹、浙江大學陳東輝、大涵文化陳鑫等諸位老師的幫助。在後期書稿的校對過程中亦得兄長翟明剛、翟建剛及兩位嫂嫂的勉勵。父母大人耄耋之年身心兩安完全得益於兄、嫂們常年的照顧，在此亦深表感謝。

陪伴我一路成長的愛人吳曉明，在書法古文字上用力最深，其金文、章草古樸而淳厚。曉明君經年累月倡導文字寫簡識繁，書寫回歸經典，十餘年來在公益事業上尤為用心，近年來則沉潛於馬一浮學術文獻整理，這對我影響至深。我曾為其參與整理的《孤神獨逸——丁敬涵捐贈馬一浮先生書法集》做書籍設計，這也是我十餘年來探索中國傳統古籍設計當代轉化的實踐成果，我為能參與馬一浮先生學術思想的弘揚甚感欣慰。曉明君不僅在生活上照顧和容忍我，其善良、豁達的心性常使我如沐春風，其對事物的省察也常使我醍醐灌頂。本書的成形亦得益於愛人多年的鼓勵，尤其是本書繁體、豎排方式的出版更是受到其持續地鼓舞和幫助。

我的兒子吳弗居從會說話之日起即開始了經典誦讀，孩子的成長亦成為家庭共學的契機。孩子的奶奶常年對我們的期望與鼓勵是家庭穩定和諧的保障，奶奶作為六十年代的老中專生，不僅極為勤勉，同時對家庭教育尤為重視，此生都是我學習的榜樣。孩子的爺爺曾任臨海蔬菜公司的經理，退休後全部精力用於照顧家庭飲食起居，每次寒暑假回去都能深刻地體會到老人家對我們深切地關愛。在此，向父母大人跪安，感激之情無以言表！

本書出版之際亦是我的老父親七十四歲壽辰之時，念及父母大人多年的養育之恩以及長達八年為我照顧孩子的恩情，不禁淚眼婆娑。僅以此書獻給我雙方的父親、母親！同時也獻給在我成長之路上給予我幫助的家人、恩師和同道。

辛丑暮春翟愛玲記於汭明閣

策府縹緗

四庫全書設計系統之研究

圖書在版編目（CIP）數據

策府縹緗：《四庫全書》設計系統之研究／翟愛玲著．－－杭州：浙江大學出版社，2018.12

ISBN 978-7-308-18866-1

Ⅰ．①策…　Ⅱ．①翟…　Ⅲ．①《四庫全書》－書籍裝幀－設計－研究　Ⅳ．①TS881

中國版本圖書館CIP數據核字（2018）第293765號

策府縹緗——《四庫全書》設計系統之研究

翟愛玲　著

責任編輯　宋旭華

責任校對　吴　慶

裝幀設計　翟愛玲

出版發行　浙江大學出版社

（杭州市天目山路148號　郵政編碼310007）

（網址：http://www.zjupress.com）

排　版　杭州九溪文化傳播有限公司

印　刷　杭州高騰印務有限公司

開　本　787mm×1092mm　1/16

印　張　20.5

字　數　266千

版印次　2021年4月第1版　2021年4月第1次印刷

書　號　ISBN 978-7-308-18866-1

定　價　138.00圓

浙江大學出版社市場運營中心聯繫方式：（0571）88925591；http://zjdxcbs.tmall.com